U0634650

# 中华英杰

## 传世金言家训精选

杨孟才 ◎ 编著

中国出版集团
中国民主法制出版社
全国百佳图书出版单位

**图书在版编目(CIP)数据**

中华英杰传世金言家训精选 / 杨孟才编著 . —北京：中国民主法制出版社，2023. 12

ISBN 978-7-5162-3441-9

Ⅰ . ①中… Ⅱ . ①杨… Ⅲ . ①家庭道德—格言—汇编—中国 Ⅳ . ① B823.1

中国国家版本馆 CIP 数据核字（2023）第 217350 号

**图书出品人**：刘海涛
**出 版 统 筹**：石 松
**责 任 编 辑**：张佳彬 吴若楠

---

**书 名** / 中华英杰传世金言家训精选
**作 者** / 杨孟才 编著

---

**出版 · 发行** / 中国民主法制出版社
**地址** / 北京市丰台区右安门外玉林里 7 号（100069）
**电话** /（010）63055259（总编室） 63058068 63057714（营销中心）
**传真** /（010）63055259
**http:** // www.npcpub.com
**E-mail:** mzfz@npcpub.com
**经销** / 新华书店
**开本** / 16 开 710 毫米 ×1000 毫米
**印张** / 30 **字数** / 350 千字
**版本** / 2024 年 1 月第 1 版 2024 年 1 月第 1 次印刷
**印刷** / 三河市宏图印务有限公司

---

**书号** / ISBN 978-7-5162-3441-9
**定价** / 105.00 元

# 序言

在我国沧桑浩瀚的五千年文明史中，中华优秀传统文化熠熠生辉，博大如海，精深似渊。在历史长河中涌现的众多英杰志士、圣人先哲是我们民族的风骨、国家的脊梁，他们留下的慷慨豪迈、见解精辟、深谋远虑、洞察世事的嘉言慧语，是人类知识的积累，民族智慧的提炼。其中既有诲人不倦的哲理名言，也有振聋发聩的强势呐喊，辞约而旨丰，事近而喻远，其文辞之美、状物之精、明理之深、阐意之透，令人叹为观止，百读不厌，每读一次便有一次的了悟、深省和享受，是我们中华民族乃至世界人民用之不竭的智慧瑰宝和精神财富。

家训是家庭、家族对子孙后代忠国爱民、立身处世、持家治业、行善自律的谆谆教诲，是无数人生命历练的升华和思想智慧的结晶，是中华传统文化的重要组成部分，对个人、家庭、家族乃至社会风气都有重要的引导、规范作用。其在岁月的积淀中形成的诸多治家教子、为人处世、爱国为民的名言警句，成为世人企慕的治家良策和“修身”“齐家”“治国”的准则、典范。虽世代交替，但赓续延绵，代代受益无穷。

2022 年 4 月 25 日，习近平总书记在中国人民大学考察时指出：要深入挖掘古籍蕴含的哲学思想、人文精神、价值理念、道德规范，推动中华优秀传统文化创造性转化、创新性发展。为了让浸润在典籍里的中华英杰的金言瑰宝和清廉故事“活”起来，便于广大读者特别是青年人借鉴、吸纳、应用、传承中华优秀传统文化的精华，借以知古鉴今，启迪智慧，撷取精神营养，成就一番事业，为中华民族伟大复兴做出自己的贡献，我们经数年辛勤耕耘，精心编撰了本书。

本书分为中华英杰传世金言（含附录）和家训两个部分。“金言”部分收录了英杰志士、圣人先哲乃至诸子百家的名言警句，分为忠国、爱民、改革、法治、廉洁、道德、意志、情感、做人、处世、为学、察人、哲理等十五部分，并附有简明扼要、精练易懂且联系实际的“释义”；“附录”特别选取了脍炙人口、值得流传后世的《岳阳楼记》《正气歌》《寒窑赋》《出师表》《诫子书》等传世名作，以使读者能领略中华优秀传统文化的博大精深和丰富多彩。“家训”部分收录了多篇传世著名家训，如《包拯家训》《朱熹家训》《钱氏家训》《范仲淹家训》《曾国藩家书》等。

本书从忠国爱民到为人处世，从改革法治到廉洁察人，从道德哲理到意志情感，处处闪烁着中华民族智慧的光芒，读者在阅读、深思、体悟中以英杰圣贤为师、与经典同行，如同听智者教诲、与挚友交谈，如同撷取一颗颗绚烂的珍珠，使人在这一过程中受到震撼人心的启迪、激励和鞭策。这不仅对个人的立志、修身、为人、处世、创业大有裨益，而且能进一步激发个体的民族自豪感、爱国热情和社会责任感。

本书在编选中对受时代局限、已不适应当代社会或宣扬封建迷信的部分作了删除。为了使“释义”准确明白，我在编选中请教了有关专家，并参考了多种版本的释文。张正刚、杨毅、刘湘娟、何婷婷参加了本书的编撰和有关资料的收集、录入工作，在此一并表示衷心的感谢！

中华传统文化卷帙浩繁，底蕴深厚，我们虽精心耕耘，奋力而为，但因学力、水平有限，所选材料还不够广泛，在注释、释义及编排等方面，可能还存在不少不当之处，敬祈广大读者批评指正。

杨孟才

2023 年 5 月

# 目 录

## 中华传世金言

## 附录　中华金言选编

## 中华传世家训

# 中华传世金言

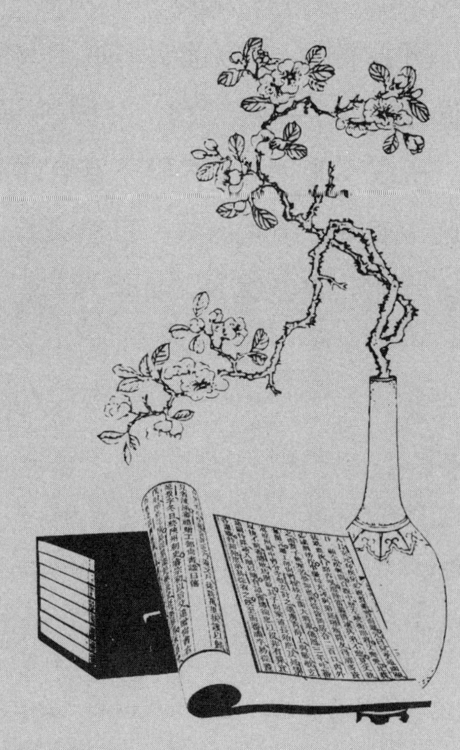

# 忠国

贞观六年，太宗谓侍臣曰："看古之帝王，有兴有衰，犹朝之有暮，皆为敝其耳目，不知时政得失，忠正者不言，邪谄者日进，既不见过，所以至于灭亡。朕既在九重，不能尽见天下事，故布之卿等，以为朕之耳目。莫以天下无事，四海安宁，便不存意。可爱非君，可畏非民。天子者，有道则人推而为主，无道则人弃而不用，诚可畏也。"魏徵对曰："自古失国之主，皆为居安忘危，处治忘乱，所以不能长久。今陛下富有四海，内外清晏，能留心治道，常临深履薄，国家历数，自然灵长。臣又闻古语云：'君，舟也；人，水也。水能载舟，亦能覆舟。'陛下以为可畏，诚如圣旨。"

——摘自唐·吴兢《贞观政要·政体》

**【释义】**贞观六年，太宗对侍臣们说："察看古代帝王的统治，有兴也有衰，就像有了早晨必有傍晚一样。衰败者皆因遮蔽了自己的耳目，不了解当时治国理政的得与失，忠诚正直的人不敢直言劝谏，邪恶谄媚的人却一天天得势，君主听不到自己的过失，所以导致最后的灭亡。我深居皇宫，不能完全了解天下事，所以以你们为我的耳目。不要因为天下无事，四海安宁，就不留意。受人敬爱的不只是君主，使人敬畏的不只是百姓。天子如果有道，百姓就会拥戴他；如果无道，百姓就会弃之而去，这的确是十分可怕的。”魏徵答道：“自古以来，亡国之君都是因为居安忘危，身居太平之时而忘记了动乱，所以统治不能长久。现在陛下拥有四海，内外清平安定，还能尽心治国理政，经常保持如临深渊、如履薄冰的姿态，国运自然会昌盛不衰。臣曾听古人讲，‘君主如同舟，百姓好像水。水既能载舟也能使舟倾覆’。陛下认为百姓的力量可畏，确实讲得很对。”

### 路漫漫其修远兮，吾将上下而求索。

——摘自战国·屈原《离骚》

**【释义】**在追求真理、实现自己的抱负方面，前方的道路还很漫长，但我将百折不挠、不遗余力地去追求和探索。

### 吾不能变心而从俗兮，固将愁苦而终穷。

——摘自战国·屈原《九章·涉江》

**【释义】**我不会改变自己的心志与世俗同流合污，我宁愿这样愁苦地终生不得志。

### 人生自古谁无死？留取丹心照汗青。

——摘自宋·文天祥《过零丁洋》

**【释义】**自古以来，谁都难免有一死，为报国我不惧死亡，且将一片爱国的赤胆忠心留在青史上！

### 壮心欲填海，苦胆为忧天。

——摘自宋·文天祥《赴阙》

**【释义】**我的壮心像精卫填海一样，为了国家我不惜卧薪尝胆。表现了文天祥忧国忧民的爱国主义精神、坚贞不渝的民族气节和不屈不挠的英雄气概。

### 镜里朱颜都变尽，只有丹心难灭。

——摘自宋·文天祥《酹江月·和友驿中言别》

**【释义】**此词是作者于广东五坡岭兵败为元军所俘后，被押送至燕京途中所作。战败被俘，中兴国家大计破灭，自是悲痛万分，故“朱颜都变尽”；但仍未改对朝廷的一片忠心，故“只有丹心难灭”。这是作者自明心迹的爱国宣言。

◣ **千年成败俱尘土，消得人间说丈夫。**

——摘自宋·文天祥《金陵驿》

**【释义】**历史上的成功与失败都已经过去，能够经得起后人的称道，才是真正的大丈夫。

◣ **山河破碎风飘絮，身世浮沉雨打萍。**

——摘自宋·文天祥《过零丁洋》

**【释义】**此诗表达了作者被元军所俘后的忧国感怀之情。大好河山已然支离破碎，就像在狂风中飘散的柳絮；自己的身世动荡不安，就像暴雨击打下的浮萍。作者既叹息国家的危难，又慨叹与之紧密相连的自身遭际的艰困，语调极为沉痛悲凉。

◣ **男子千年志，吾生未有涯。**

——摘自宋·文天祥《南海》

**【释义】**男子汉要有远大的志向，要永远为国家的事业奋斗下去。

◣ **岂因徼后福，其肯蹈危机?**

——摘自宋·文天祥《答元将》

**【释义】**怎么能为了求得个人的名利福分，就丧失为正义事业而牺牲的精神?

◣ **痛定思痛，痛何如哉!**

——摘自宋·文天祥《指南录后序》

**【释义】**痛苦过去后，再去追思当时的痛苦，这是何等的悲痛啊!

◣ **青春岂不惜，行乐非所欲。**

——摘自宋·文天祥《山中感兴》

**【释义】**怎能不珍惜青春年华?及时行乐并不是我所追求的。

◣ **时穷节乃见，一一垂丹青。**

——摘自宋·文天祥《正气歌》

**【释义】**历史上许多忠臣义士，在国家有难时，他们忠于祖国的节操就显现出来，能够经受住生死考验，一个个名垂青史，流芳百世。

注：1283 年文天祥慷慨就义，其妻欧阳氏收殓丈夫的遗体时，在他的衣袋中发现其遗言："孔曰成仁，孟曰取义，唯其义尽，所以仁至。读圣贤书，所学何事！而今而后，庶几无愧！"

## 生当作人杰，死亦为鬼雄。

——摘自宋·李清照《夏日绝句》

**【释义】**活着应当做人中的豪杰，死后也要成为鬼中的英雄。表现出诗人的豪迈气魄和刚毅性格，是千古名句。

## 有益国家之事虽死弗避。

——摘自明·吕坤《呻吟语·卷上》

**【释义】**对国家有利的事情要勇敢地去做，就算有死亡的危险也不躲避。

## 平生铁石心，忘家思报国。

——摘自宋·陆游《太息·宿青山铺作》

**【释义】**我平生的意志如铁石般坚硬，甚至将家庭置之脑后，一心只想建功报国。

## 人固有一死，或重于泰山，或轻于鸿毛。

——摘自西汉·司马迁《报任安书》

**【释义】**人总有一死，但死的价值不同。为了正义的事业而死，其价值比泰山还重；而那些自私自利、损人利己的人之死，其价值比鸿毛还轻。古往今来，多少仁人志士在这句话的鼓舞下为国强民富而不懈奋斗。

## 不临难不见忠臣之心，不趋利不知义士之节。

——摘自南宋·李邦献《省心杂言》

**【释义】**不遇到艰难困苦，不能显示忠臣的心志；不面对利益，不能知晓义士的节操。

## 苟利国家生死以，岂因祸福避趋之。

——摘自清·林则徐《赴戍登程口占示家人》

【释义】如果对国家有利，我便会不顾生死去做，怎么能因是福就趋向，是祸就逃避呢？林则徐被称为中国近代史上“开眼看世界”第一人。

## 欲安其家，必先安于国。

——摘自唐·武则天《臣轨上》

【释义】如果想建立个人幸福的小家，必须先让国家安定、繁荣。

## 天下兴亡，匹夫有责。

——梁启超

【释义】此语源于明代顾炎武《日知录·正始》(参见下一条)，梁启超将其概括为以上八个字，意谓国家的兴盛衰亡与每个人都有关系。此语将个人命运同国家民族的命运紧密联系起来，架起了个人实现自我价值和社会价值的桥梁，激励人们为国家努力奋斗。

## 保天下者，匹夫之贱，与有责焉耳矣。

——摘自明·顾炎武《日知录·正始》

【释义】民族的危亡是全民族的大事，每一个人都有责任。此语反映了顾炎武的社会主张：民族的存亡，与每个人息息相关。要求我们一切“从我做起”，办实事，为国家富强、民族振兴、人民幸福尽到应尽的义务。

## 先天下之忧而忧，后天下之乐而乐。

——摘自宋·范仲淹《岳阳楼记》

【释义】为国家分忧比别人先、比别人急；享受幸福、快乐让别人先，自己居后。

庆历六年(1046)，谪守巴陵的太守滕子京重修岳阳楼，范仲淹应邀写了流传千古的《岳阳楼记》。范仲淹幼年家贫，青年入仕途，官至参知政事。后遭保守派参劾，被贬任陕西四路宣抚使。幼年的贫穷，仕途的沉浮，晚年的遭贬，使他经受了人间冷暖，世态炎凉；看到了国事艰危，体会了民众疾苦。因此，他才能在《岳阳楼记》中写出“先天下之忧而忧，后天下之乐而乐”的千古名句。在我国的历史长河中，许多仁人志士抱着“先天下之忧而忧，后天下之乐而乐”的崇高精神，以悯待民，以忠报国，为后人留下了几多悲壮、几多感慨、几多敬仰、几多忧思。

◣ 不以物喜，不以己悲。居庙堂之高，则忧其民；处江湖之远，则忧其君。

——摘自宋·范仲淹《岳阳楼记》

【**释义**】品德高尚的人不因外物好坏和自身得失而或喜或悲。在朝廷做官就为百姓忧虑，处于市井或退隐则为国君忧虑。

◣ 小来思报国，不是爱封侯。

——摘自唐·岑参《送人赴安西》

【**释义**】从小就想着报效国家，而不是想着要封侯。

◣ 封侯非我意，但愿海波平。

——摘自明·戚继光《韬钤深处》

【**释义**】封侯并不是我的本意，我平生所愿只有一个，那就是把倭寇赶走，使海上安宁。

◣ 忧劳可以兴国，逸豫可以亡身。

——摘自宋·欧阳修《五代史·伶官传序》

【**释义**】忧虑操劳可以让国家繁荣昌盛，安逸奢侈可以让自身堕落灭亡。

◣ 风萧萧兮易水寒，壮士一去兮不复还。

——摘自《战国策·燕策二》

【**释义**】荆轲去刺杀秦王，临行前在易水边慷慨悲歌：风萧萧地吹啊，易水寒气逼人；壮士从此远去啊，就再也回不来了！

◣ 烈士之爱国也如家。

——摘自东晋·葛洪《抱朴子·广譬》

【**释义**】有抱负、有作为的人热爱国家，就如同热爱自己的家庭一样。

◣ 大丈夫宁可玉碎，不能瓦全。

——摘自唐·李百药《北齐书·元景安传》

【**释义**】大丈夫宁可做被打碎的玉器，也不要做完整的陶罐。此语常用以比喻为保持人生气节，宁可牺牲。

◣ 苟利国家，不求富贵。

——摘自《礼记·儒行》

【释义】只求有利于国家，不求个人富贵。

◣ 报国之心，死而后已。

——摘自宋·苏轼《杭州召还乞郡状》

【释义】报效国家的志向至死都不会改变。

◣ 三生不改冰霜操，万死常留社稷身。

——摘自明·海瑞《谒先师顾洞阳公祠》

【释义】世世代代也不改变冰霜一样清白的节操，死上一万次也要保持捍卫国家的身心。

◣ 安得广厦千万间，大庇天下寒士俱欢颜！风雨不动安如山。

——摘自唐·杜甫《茅屋为秋风所破歌》

【释义】若能够建千万间房屋，使天下贫寒的人士都能住进去而喜笑颜开，任凭风雨吹打也安然得像山一样。

◣ 孔子曰：“君使臣以礼，臣事君以忠。”无忠无礼，国何以立！

——摘自西晋·陈寿《三国志·魏志·明帝纪》

【释义】君主以礼对待臣子，臣子忠心耿耿做事以报答君主。若没有忠诚和忠心，没有必要的礼制仪式，国家何以能屹立于世呢！

◣ 忧国忘家，捐躯济难，忠臣之志也。

——摘自三国·曹植《求自试表》

【释义】忧虑国家大事而忘记小家庭，为拯救国家危难而捐躯献身，这就是忠臣的志向。

◣ 捐躯赴国难，视死忽如归。

——摘自三国·曹植《白马篇》

【释义】在国家有危难的时候要敢于挺身而出，把赴死当作回家一样。

◣ 君王莫听捐燕议，一寸山河一寸金。

——摘自《金史·左企弓传》

【释义】国家的一寸山河比一寸黄金还要宝贵，绝不能让给外人。表达了誓死捍卫国家领土，寸土不让的爱国之情。

◣ 治国常富，而乱国常贫。

——摘自《管子·治国》

【释义】治理好的国家往往富足，而混乱的国家常常很贫穷。

◣ 铁肩担道义，辣手著文章。

——摘自明朝著名谏臣杨继盛临刑前写的名联

【释义】要以坚强的决心和毅力，用毕生的力量担起弘扬道德和正义这副重担。"著文章"指寻求真理，宣传远大的理想和进步的政治主张，以唤起民众的觉悟。"铁肩担道义"是形容品质，"辣手著文章"是形容能力。

◣ 位卑未敢忘忧国，事定犹须待阖棺。

——摘自宋·陆游《病起书怀》

【释义】虽然自己地位低微，但是从不敢忘记忧国忧民的责任。到底如何评价一个人，尚需盖棺定论。

◣ 国者，天下之利势也。得道以持之，则大安也，大荣也，积美之源也。

——摘自宋·司马光《资治通鉴·周纪四》

【释义】国家集中了天下的权势和力量，有得道之人的主持，就会使得国家安定、繁荣，是积累幸福的源泉。

◣ 公私之交，存亡之本。

——摘自战国·商鞅《商君书·修权》

【释义】如何处理公与私的问题，是关乎国家存亡的根本问题。

◣ 公家之利，知无不为，忠也。

——摘自《左传·僖公九年》

【释义】对国家有利的事，只要知道了就没有不去做的，这便是忠国。

◣ 慎无冒利而忘害，不以国家为意也。

——摘自宋·司马光《资治通鉴》

【释义】千万不要贪图权力而忘记了祸患，不为国家考虑。

◣ 苟使国家有利，吾何避死乎？

——摘自北魏·魏收《魏书·古弼传》

【释义】如果对国家有利，我怎么能怕死呢！

◣ 人生孰无死？贵得死所耳。

——摘自明·夏完淳《狱中上母书》

【释义】人生一世，谁能免于一死？重要的是死得有价值。

◣ 有谔谔争臣者，其国昌；有默默谀臣者，其国亡。

——摘自西汉·韩婴《韩诗外传》

【释义】有敢于直言进谏的大臣，国家就会繁荣昌盛；没有直言之士而多阿谀奉承之徒，国家就会走向衰败。

◣ 朝无诤臣，则不知过；国无达士，则不闻善。

——摘自东汉·班固《汉书·萧望之传》

【释义】如果朝廷里没有敢于直言规劝的臣子，那么君主就不知道自己有什么过失；如果一国之中没有通达的人士，那么君主就听不到有益的建议。

◣ 家贫知孝子，国乱识忠臣。

——摘自《名贤集》

【释义】家中贫穷才能知道谁是孝子，国家出现动乱才能看出谁是忠臣。

◣ 夫国家做事，以公共为心者，人必乐而从之；以私奉为心者，人必咈而叛之。

——摘自唐·陆贽《奉天请罢琼林大盈注二库状》

【释义】管理国家政事，如果能从民众的利益出发，民众必定乐意支持他；

如果只是为国君的私人利益行事，民众就会违抗他、背叛他。

◣ **一夫得情，千室鸣弦。**

——摘自南朝·范晔《后汉书》

**【释义】**从政者体恤民情、深得民心，千千万万老百姓的日子就会安宁富足。

◣ **治民能使大邪不生，细过不失，则国治，国治必强。**

——摘自战国·商鞅《商君书·开塞》

**【释义】**治理人民能够使大的罪行不发生，小的罪过不漏网，国家就安定了。国家安定，就必定强大。

◣ **政者，口言之，身必行之。**

——摘自《墨子·公孟》

**【释义】**为政的人，不仅仅嘴上要说，而且还要以身作则，身体力行。

◣ **人欲自见其形，必资明镜；君欲自知其过，必待忠臣。**

——摘自宋·司马光《资治通鉴·唐贞观元年》

**【释义】**人们要想看到自己的形象，必须用明镜来自照；君王要想知道自己的过失，一定要听忠臣的进谏。

◣ **丈夫须兼济，岂能乐一身。**

——摘自唐·薛据《古兴》

**【释义】**男子汉大丈夫，要身怀匡济国家和人民的志向，怎么可以只图自身的快乐呢？

◣ **苛政猛于虎也。**

——摘自《礼记·檀弓下》

**【释义】**文章通过一个妇人叙述其祖孙三代死于虎口的故事，深刻揭示出苛政之害比猛虎还要厉害得多，有力地批判了当时官僚政治横征暴敛的腐败和劳动人民生活在水深火热中的严酷社会现实。

◣ **孰知赋敛之毒，有甚是蛇者乎？**

——摘自唐·柳宗元《捕蛇者说》

**【释义】**柳宗元在《捕蛇者说》一文中，通过捕蛇者蒋氏述说六十年来其乡邻因苛赋被悍吏逼得家破人亡、流离失所的惨象，蒋氏的祖父、父亲都死于捕蛇，可他宁可继续捕蛇也不愿恢复田赋，发出了“赋敛之毒有甚是蛇者乎”的感叹！通过活生生的事实揭发统治者横征暴敛害民的罪恶，无情地鞭挞了弊政和贪官污吏。

◣ **物格而后知至，知至而后意诚，意诚而后心正，心正而后身修，身修而后家齐，家齐而后国治，国治而后天下平。**

——摘自《大学》

**【释义】**对事物深入研究以后，知识就能丰富；知识丰富以后，意念就能诚实；意念诚实以后，心志就能端正；心志端正以后，自身修养就能提高；修养提高以后，家庭就能管理好；家庭管理好以后，国家就能治理好；国家治理好以后，天下就能太平。

◣ **君兼听纳下，则贵臣不得壅蔽，而下情必得上通也。**

——摘自唐·吴兢《贞观政要·论君道》

**【释义】**英明的国君应广开言路，这样显贵的大臣就不能阻塞君王获取信息的途径，民情必然能够上达。

◣ **大智兴邦，不过集众思；大愚误国，只为好自用。**

——摘自清·金缨《格言联璧》

**【释义】**大智慧能治国安邦，兴利除弊，只不过是因为集思广益；大愚蠢能够误国，只不过是喜欢刚愎自用。

◣ **有理而无益于治者，君子弗言；有能而无益于事者，君子弗为。**

——摘自《尹文子·大道》

**【释义】**有道理但对治理国家没有什么帮助的话，君子是不会说的；有行动，但不能解决国家面临的实际问题的，君子是不会做的。比喻无论是说还是做，都要有实际效果。

**虚谈废务，浮文妨要。**

——摘自南朝·刘义庆《世说新语·言语》

**【释义】**空洞无物的谈话会荒废掉政务，浮华而不实际的文章会妨碍国家大事。比喻做人做事不可浮夸，要实事求是。

**用贤则理，用愚则乱。**

——摘自唐·白居易《策林·去谄佞从谠直》

**【释义】**任用贤德的人，国家就能治理得好；而任用愚蠢的人，则会使国家混乱。

**为人臣下者，有谏而无讪，有亡而无疾。**

——摘自《礼记·少仪》

**【释义】**做臣子的人，可当面劝谏而不可背后讥讽，可远离君王而不可心怀怨恨。

**蓄疑败谋，怠忽荒政。**

——摘自《尚书·周官》

**【释义】**猜疑积累得多了就会败坏原先的谋划，怠惰疏忽就会荒废国家的政事。

**宽以济猛；猛以济宽，政是以和。**

——摘自《左传·昭公二十年》

**【释义】**政令过于宽容，一些人就可能罔顾法令，社会问题就多。出现这种情况，执政者就会使用严厉的手段来矫正。但政令过严，百姓就容易受到伤害。只有宽严相济才能治理好国家。

**能攻心则反侧自消，自古知兵非好战；不审势即宽严皆误，后来治蜀要深思。**

——摘自清·赵藩为《武侯祠》撰写的对联

**【释义】**攻心，是说治理国家、地方，最根本的是得到民心的拥护；审势，指制定国家政策的基础是形势。治理国家，宽严只是手段，不是目的，治国的目的是让人民安居乐业，发展生产，政策制定要根据当时社会发展的态势来决定。

◣ **去一利百，人乃慕泽；去一利万，政乃不乱。**

——摘自秦·黄石公《三略·下略》

**【释义】**除去一个坏人，能够使得上百个人获利，这样人们便会仰慕其恩泽；除去一个坏人，而使得上万人获利，这样国家的政治便不会发生混乱。

◣ **子夏为莒父宰，问政。子曰："无欲速，无见小利。欲速则不达，见小利则大事不成。"**

——摘自《论语》

**【释义】**孔子的弟子子夏在莒父做地方长官，向孔子请教怎样为政。孔子说："不要只求速成，不要贪图小利。想要速成，反而达不到目的；贪图小利，就做不成大事。"

◣ **为国之本，在乎忠信。古人去食去兵，信不可失。国家兴废，莫不由之。**

——摘自唐·李延寿《北史·于谨传》

**【释义】**治理国家的根本，在于忠义诚信。古人认为，国家可以没有粮食，也可以没有军队，但不可以失去信义。国家的兴旺衰败，与信义有着很大的关系。

◣ **治之本二：一曰人，二曰事。人欲必用，事欲必工。**

——摘自《管子·版法解》

**【释义】**治国的根本有两条：一是人，二是事。治人要求他一定忠实效力，治事要求他一定努力完善。

◣ **为政者，不赏私劳，不罚私怨。**

——摘自《左传·昭公五年》

**【释义】**执政者不可以随意奖赏对自己私下有恩惠的人，也不能随意惩罚与自己有私仇的人。

◣ 当官避事平生耻，视死如归社稷心。

——摘自金·元好问《四哀诗·李钦叔》

【释义】当官要勇于任事，忠于社稷，为了国家民族的利益要有视死如归的高贵品质，要在其位谋其政。避事而不敢担当，任其职而不尽其责，就是最大的耻辱。

◣ 道得众，则得国；失众，则失国。

——摘自《大学》

【释义】得到大众的民心，便能够得到国家；失去大众的民心，则会失去国家。

◣ 亲贤臣，远小人，此先汉所以兴隆也；亲小人，远贤臣，此后汉所以倾颓也。

——摘自三国·诸葛亮《出师表》

【释义】亲近贤臣，远避小人，这是汉代前期兴隆昌盛的原因；亲近小人，远避贤臣，这是汉代后期倾覆衰败的原因。

◣ 朝无贤人，犹鸿鹄之无羽翼也，虽有千里之望，犹不能致其意之所欲至矣。

——摘自西汉·刘向《说苑·尊贤》

【释义】朝廷中若没有贤德之人，就好像鸿鹄没有翅膀一样，虽有翱翔千里的愿望，却到不了自己想去的地方。

◣ 所谓平天下在治其国者，上老老而民兴孝，上长长而民兴弟，上恤孤而民不倍，是以君子有絜矩之道也。

——摘自《大学》

【释义】所谓治天下在于治国，是说君子孝敬父母，百姓就会兴起孝的风气；君主尊敬兄长，百姓就会兴起悌的风气；君主体恤孤儿，百姓就不会背弃国家，所以君子要遵循絜矩之道。这句话是说上行下效，强调正人先正己，在上位的治国者要以身作则，率先垂范。

◣ 故志在天下国家，则善虽少而大；苟在一身，虽多亦小。

——摘自明·袁了凡《了凡四训》

**【释义】**立志做善事，目的是有益于国家与百姓，这样的善事虽小，功德却很大；若是为了个人利益，善事虽做得多，但功德却很小。

◣ 功赏明，则民竞于功。为国而能使其民尽力以竞于功，则兵必强矣。

——摘自战国·商鞅《商君书·错法》

**【释义】**赏罚分明，这样人民便会争相建立功劳。治理国家而能让人们争相努力为国家建立功劳，这样军队必定会强大。

◣ 治国者敬其宝，爱其器，任其用，除其妖。

——摘自《荀子·大略》

**【释义】**善于治理国家的人，能够敬重国家的珍宝，爱护国家的器具，任用可堪大任的人，除去国家的祸害。

◣ 观往事，以自戒，治乱是非亦可识。

——摘自《荀子·成相》

**【释义】**观察过去的事情，作为今后处理政事的借鉴，也可以掌握治理国家是非成败的规律。

◣ 扁鹊不能治不受针药之疾，圣贤不能正不食谏诤之君。

——摘自西汉·桓宽《盐铁论·相刺》

**【释义】**如果人不接受针灸药物治疗，扁鹊也不能将其病治好；如果君主听不进忠心劝谏，即便是圣贤也无法匡正君王的错误。

◣ 当官处事，常思有以及人。

——摘自宋·吕本中《官箴》

**【释义】**担任官职处理政事，要常常想到推己及人。

◣ 栾武子曰："楚自克庸以来，其君无日不讨国人而训之于民生之不易，祸至之无日，戒惧之不可以怠……箴之曰：'民生在勤，勤则不匮。’不可谓骄……”

——摘自《左传·宣公十二年》

【释义】“民生在勤，勤则不匮”是楚国国君对臣民的规诫，后被晋国卿大夫栾武子在分析楚军形势时引用。其意为：老百姓生活的根基在于辛勤劳动，只要辛勤劳动就不会缺衣少食。

◣ 立政之本则存乎农。

——摘自北魏·贾思勰《齐民要术·序》

【释义】治理国家政务的根本，在于农业。

◣ 若国家广田积谷，公私有备，则饥馑不足忧矣。

——摘自宋·司马光《资治通鉴·宋纪》

【释义】如果国家扩大农田，积聚谷米，使朝廷和百姓都有粮食储备，就不担忧灾荒缺粮了。

◣ 风声雨声读书声，声声入耳；家事国事天下事，事事关心。

——摘自明·顾宪成《题东林书院》

【释义】此为东林书院楹联。风声、雨声和读书声一并进入我们耳中，孜孜不倦努力学习的读书人，要关心家事、国事和天下事。

◣ 古之欲明明德于天下者，先治其国；欲治其国者，先齐其家；欲齐其家者，先修其身；欲修其身者，先正其心；欲正其心者，先诚其意；欲诚其意者，先致其知，致知在格物。

——摘自《大学》

【释义】古时候，要想使天下人都发扬光明正大的德行，就要先治理好自己的国家；想要治理好自己的国家，就要先管理好自己的家庭；要想管理好自己的家庭，就要先修养自己的身心；要想修养好自己的身心，就要先端正自己的心志；要想端正自己的心志，就要先保持真诚恭敬之意；想要保持真诚恭敬之意，就要丰富自己的知识；丰富知识就在于深入研究事物的原理。

◣ 土广而任则国富，民众而治则国治。

——摘自《尉缭子·兵谈》

【**释义**】拥有广袤的土地且能够充分利用，这样国家就会变得富足；百姓众多而又能够有效地教育和管理他们，这样国家便会安定。

◣ **忠臣不表其功，窃功者必奸也。君子堪隐人恶，谤贤者固小人也。**

——摘自隋·王通《止学》

【**释义**】真正的忠臣认为为国立功是分内之事，不会主动邀功请赏；而乘机窃取他人功劳的一定是小人。君子有时能够容忍小人的恶行，但诽谤君子的一定是小人。

◣ **极身毋二，尽公不还私。**

——摘自《战国策·秦策》

【**释义**】为国家应鞠躬尽瘁，公而忘私，绝无二心。

◣ **夙兴以求，夜寐以思。**

——摘自东汉·班固《汉书·武帝纪》

【**释义**】早晨起来就开始求索，夜里躺在床上了还在思考，表示孜孜以求，勤谨敬业。

◣ **宁以义死，不苟幸生，而视死如归。**

——摘自宋·欧阳修《纵囚论》

【**释义**】宁愿为了正义而死，也不愿意苟且偷生地活着，把赴死看作回家一样。

◣ **竹死不变节，花落有余香。**

——摘自唐·邵谒《金谷园怀古》

【**释义**】竹子即便死了，它的骨节也不会改变；花即便凋落了，也能继续飘香。此语表达了作者坚守节操、忠国爱民的品质。

◣ **食足货通，然后国实民富。**

——摘自东汉·班固《汉书·食货志》

【**释义**】食物充足，货物流通，然后才能国家殷实，百姓富裕。强调发展农业与商业是实现国家和百姓富裕的根本途径。

◣ 所贵圣人之治，不贵其独治，贵其能与众共治。

——摘自《尹文子·大道》

**【释义】**圣人治理国家的可贵之处，并不在于他们具有独自治理国家的才能，而在于他们能够聚合众人的智慧，共同治理国家，即“与众共治”。

◣ 以众者，此君人之大宝也。

——摘自秦·吕不韦《吕氏春秋·用众》

**【释义】**依靠众人，这是治理国家、统治民众最重要的方法。

◣ 伐木不自其本，必复生；塞水不自其源，必复流；灭祸不自其基，必复乱。

——摘自《国语·晋语一》

**【释义】**砍伐草木如果不从根开始，就会再生；堵塞流水如果不从源头上堵，日后必定重新泛滥；消除祸患如果不从根基上铲除，就会再次发生祸乱。

◣ 居安思危，思则有备，有备无患。

——摘自《左传·襄公十一年》

**【释义】**处于安乐的环境中要保持警惕，要想到可能出现的危险；想到了就有准备；有了准备就能应对，以免遭祸患。

◣ 国以任贤使能而兴，弃贤专己而衰。

——摘自宋·王安石《兴贤》

**【释义】**国家因任用贤能之士而兴盛，因不用贤能之士独断专行而衰亡。此言指国家兴亡与能否选贤任能有密切关系。

◣ 仁足以使民不忍欺，智足以使民不能欺，政足以使民不敢欺。

——摘自宋·王安石《三不欺》

**【释义】**治国理政要“仁爱”“智慧”“法令”三管齐下，以仁爱之行使百姓感恩戴德，不忍心相欺；以洞若观火的智慧使百姓称赞，不能相欺；以威严的法令、政令使百姓敬畏，不敢相欺。

◣ **政以治民，刑以正邪。**

——摘自《左传·隐公十一年》

**【释义】**政治是用来治理人民的，刑罚是用来惩治奸邪的。

◣ **君子之事上也，进思尽忠，退思补过。**

——摘自《孝经·事君》

**【释义】**君子侍奉君王，为官时要竭尽忠心，居家时要想着补救君王与国家大事中的不当。

◣ **君为元首，臣作股肱，齐契同心，合而成体。**

——摘自唐·吴兢《贞观政要·君臣鉴戒》

**【释义】**君主是人的头脑，臣子便是人的四肢，头脑与四肢协调同心，就形成一个完整的身体。

◣ **人主患不推诚，人臣患不竭忠。**

——摘自宋·司马光《资治通鉴·唐纪》

**【释义】**君主最忌讳的事情，就是不能够推心置腹；臣下最忌讳的事情，就是不能够竭尽忠心。

◣ **无偏无党，王道荡荡；无党无偏，王道平平；无反无侧，王道正直。**

——摘自《尚书·洪范》

**【释义】**不偏颇，不结党，王道坦荡；不偏私，不结党，王道平坦；不悖逆，不倾斜，王道正直。

◣ **贤者在位，能者在职。**

——摘自《孟子·公孙丑上》

**【释义】**有贤德的人处于掌权之位，有才能的人担任合适的职位。

◣ **富者必治，治者必富。强者必富，富者必强。**

——摘自战国·商鞅《商君书·立本》

**【释义】**富裕的国家一定治理良好，治理良好的国家一定富裕。强大的国家一定富裕，富裕的国家一定强大。

**◣ 主道明，则下安；主道幽，则下危。**

——摘自《荀子·正论》

**【释义】**君主治理国家的方法清晰明白，臣民们的生活便会安定。君主治理国家的方法幽暗不明，臣民们便会十分危险。

**◣ 水广则鱼大，君明则臣忠。**

——摘自西汉·刘向《说苑·尊贤》

**【释义】**水域深广，就会生长出大鱼；君王圣明公正，臣子便会竭忠尽智做事。

**◣ 其人存，则其政举；其人亡，则其政息。**

——摘自《中庸》

**【释义】**有贤君名臣存在，正确的国策就能成功实施；如果这些人不在了，那么好的治国策略也就推行不下去了。在国家治理中，最重要的是最高管理者和决策层有贤明的德行和卓越的才能。有这样的人才，国家就兴旺发达；失去这种人才，国家就会陷入衰退或混乱。这说明了政由人兴的政治智慧。

**◣ 力多则人朝，力寡则朝于人，故明君务力。**

——摘自《韩非子·显学》

**【释义】**国力强盛，别国就会来朝拜；国力弱小，就要去朝见别国的君主，所以明智的君主会努力增强本国的实力。

**◣ 贤人君子，明于盛衰之道，通乎成败之数，审乎治乱之势，达乎去就之理。故潜居抱道，以待其时。**

——摘自秦·黄石公《素书》

**【释义】**贤明能干的人物和品德高尚的君子，都能看清国家兴盛衰亡的道理，通晓事业成败的规律，明白社会安定与纷乱的形势，懂得隐退仕进的原则。因此，当条件不适宜之时，都能坚守正道，甘于隐伏，等待时机的到来。

◣ **非兵不强，非德不昌。**

——摘自西汉·司马迁《史记·太史公自序》

**【释义】**不致力于军队建设，国家便不能够强大；不施行仁政，国家便不能够昌盛。

◣ **君之所以明者，兼听也；其所以暗者，偏信也。**

——摘自东汉·王符《潜夫论·明暗》

**【释义】**君主之所以圣明，是因为他善于听取各方面的意见；君主之所以昏聩，是因为他偏听偏信。

◣ **自吾先人，及至子孙，积功信于秦三世矣。今臣将兵三十余万，身虽囚系，其势足以倍畔，然自知必死而守义者，不敢辱先人之教，以不忘先主也。**

——摘自西汉·司马迁《史记·蒙恬列传》

**【释义】**从我的先祖到子孙之辈，已经有三代人以信义、军功立于秦宫。现在我领兵三十余万，虽然被囚禁，我的军威军势也足以支撑我反叛，但我在明知必死时却坚守节义，原因是不敢辱没先祖的忠贞教诲、辜负先皇的信任。

注：秦始皇去世后，胡亥继位，只信赵高的话，拟向蒙恬、蒙毅兄弟俩下手。子婴规劝，胡亥不听，先赐死蒙毅，又赐死蒙恬。此语是蒙恬临终前语。三国曹操自称每当读到蒙恬的临终之言，“未尝不怆然流涕也”。

◣ **悔在于任疑，孽在于屠戮。**

——摘自《尉缭子·十二陵》

**【释义】**任用有问题的人，那是会悔之不及的；好行杀戮，那是会种下罪孽的。

◣ **制治于未乱，保邦于未危。**

——摘自《尚书·周书·周官》

**【释义】**在国家没有产生动乱时，就制造各种法令制度进行治理；在国家没有产生危机时，就采取必要的措施来保护。

◣ **良将不怯死以苟免，烈士不毁节以求生。**

——摘自西晋·陈寿《三国志·魏书·庞德传》

【**释义**】贤良的将领不会因怕死而苟且偷生，刚烈的人不会毁掉自己的节操而求活命。

◣ **禹汤罪己，其兴也勃焉；桀纣罪人，其亡也忽焉。**

——摘自《左传·庄公十一年》

【**释义**】大禹和商汤责备自己，他们兴起得十分迅速，势不可当；桀纣怪罪别人，自身灭亡得也十分迅速。

◣ **穷则独善其身，达则兼济天下。**

——摘自《孟子·尽心上》

【**释义**】人在不得志时，要注重提升自己的品德和修养；人在得志显达时，要兼济天下，心怀苍生。

◣ **圣人积聚众善以为功。**

——摘自西汉·董仲舒《春秋繁露·考功名》

【**释义**】圣人善于积聚众人的力量而成就大业。指治国安邦要发挥各方面的积极性，团结一切可以团结的力量。

◣ **我自横刀向天笑，去留肝胆两昆仑。**

——摘自清·谭嗣同《狱中题壁》

【**释义**】面对带血的屠刀，我仰天大笑，慷慨赴死，因为去者和留者肝胆相照，光明磊落，有着昆仑山一样的雄伟气魄。

◣ **少年智则国智，少年富则国富；少年强则国强，少年独立则国独立；少年自由则国自由，少年进步则国进步；少年胜于欧洲，则国胜于欧洲，少年雄于地球，则国雄于地球。**

——摘自梁启超《少年中国说》

【**释义**】少年是国家发展的基础，是国家事业的接班人，决定着国家的未来。少年强盛，国家才能强大富足。只有少年有理想、有抱负、有才学、有能力，国家才能发展富强。此语对关乎祖国未来的少年寄予无限希望，鼓励他们奋发图强，积极投身改革、发展中国的伟大事业。

# 爱民

**民为邦本，本固邦宁。**

——摘自《尚书·五子之歌》

**【释义】**人民是国家的根本，治国须以人为本。只有根基稳固了，国家才会安宁。

**民者，万世之本也。**

——摘自西汉·贾谊《新书·大政》

**【释义】**人民群众是千秋万代基业的根本。失去了人民群众，一切都无从谈起。

**德惟善政，政在养民。**

——摘自《尚书·大禹谟》

**【释义】**君王的德行在于施行清明的政治，而治国理政的关键在于使民众安居乐业。

**乐民之乐者，民亦乐其乐；忧民之忧者，民亦忧其忧。**

——摘自《孟子·梁惠王下》

**【释义】**统治者如果乐于做民众喜爱的事情，民众也会与统治者同乐；统治者担忧民众所担忧的事情，民众也会为统治者分忧。意指统治者只有和人民同甘共苦，才能在治国安邦上取得成功。

◣ 凡举事，必先审民心然后可举。

——摘自秦·吕不韦《吕氏春秋·季秋纪·顺民》

**【释义】**做事情，一定要先考察百姓的心意，然后再去施行。

◣ 大道之行也，天下为公，选贤与能，讲信修睦。故人不独亲其亲，不独子其子，使老有所终，壮有所用，幼有所长，矜、寡、孤、独、废疾者皆有所养，男有分，女有归。货恶其弃于地也，不必藏于己；力恶其不出于身也，不必为己。是故谋闭而不兴，盗窃乱贼而不作，故外户而不闭，是谓大同。

——摘自《礼记·礼运》

**【释义】**大道施行的时候，天下是大家共有的。把品德高尚、有能力的人选拔出来，管理公共事务；人人讲求诚信，崇尚和睦。所以，人们不单奉养自己的父母，也不单抚养自己的子女，要使老年人能够终其天年，中年人能够为社会效力，幼童能够健康成长，使老而无妻者、老而无夫者、幼年丧父母者、老而无子者、残疾人都能得到供养；男子有职业，女子及时婚配。人们憎恶将财货抛弃在地上的行为，却不是要独自享有；憎恶在共同劳动中不肯尽力的行为，且不为自己谋私利。这样，就不会有人兴兵作乱、盗窃财物，户门就不用关上了，这就是理想社会。这是对人类理想社会的描述，是对政治和社会道德所能发展到的崇高境界的认识。

◣ 民为贵，社稷次之，君为轻。

——摘自《孟子·尽心下》

**【释义】**百姓是最重要的，国家其次，国君为轻。“民贵君轻”体现了孟子的“民本”思想。

◣ 治国有常，而利民为本；政教有经，而令行为上。苟利于民，不必法古；苟周于事，不必循旧。

——摘自西汉·刘安《淮南子·泛论训》

**【释义】**治理国家有常法，但根本原则就是要利民；政令教化有常规，但有令必行是上策。如果对民众有利，就不必非效仿古制不可；如果事情周密稳妥，就不必非遵循旧法。治国者应当“法与时变，礼与俗化”，以期“利于民”。

◣ **治天下者当用天下之心为心。**

——摘自东汉·班固《汉书·鲍宣传》

**【释义】**掌握治理天下大权的人，应当把天下人的愿望作为自己的愿望。只有想天下人之所想，急天下人之所急，爱民、惠民、为民，得天下人之心，才能成就一番事业。

◣ **国之兴也，视民如伤，是其福也；其亡也，以民为土芥，是其祸也。**

——摘自《左传·哀公元年》

**【释义】**国家兴盛的时候，君主把百姓当作受伤的人一样照顾，这是国家和百姓的福气；国家衰亡的时候，君主把百姓看作草芥，这是国家和百姓的灾难。

◣ **长太息以掩涕兮，哀民生之多艰。**

——摘自战国·屈原《离骚》

**【释义】**我掩面流泪，长长地叹息，为人民的生活是如此艰难困苦而感到悲伤。

◣ **不耻身之贱，而愧道之不行；不忧命之短，而忧百姓之穷。**

——摘自西汉·刘安《淮南子·修务训》

**【释义】**不因自己身份低贱而感到耻辱，而因道义没有施行而感到耻辱；不因生命短暂而忧愁，而因百姓的穷困而忧愁。

◣ **锄禾日当午，汗滴禾下土。谁知盘中餐，粒粒皆辛苦。**

——摘自唐·李绅《悯农》

**【释义】**正午时分，头顶着炎炎烈日的农民正在为禾苗除草，颗颗汗珠不断滴落在禾苗下的土壤里。又有谁知道这盘中的美餐，每一粒都凝结着农民的辛苦！该诗写出了劳动的艰辛和劳动果实来之不易。

◣ **遍身罗绮者，不是养蚕人。**

——摘自北宋·张俞《蚕妇》

【释义】全身上下穿着绫罗绸缎的人，却不是养蚕织衣的人。

◣ 亲亲而仁民，仁民而爱物。

——摘自《孟子·尽心上》

【释义】把爱家人扩展到爱民众，把爱民众扩展到爱惜万物。

◣ 得天下有道，得其民，斯得天下矣；得其民有道，得其心，斯得民矣；得其心有道，所欲与之聚之，所恶勿施，尔也。

——摘自《孟子·离娄上》

【释义】获得天下有方法，获得了百姓的支持，就获得了天下；获得百姓支持有方法，获得了民心，便获得了百姓的支持；获得民心也有方法，百姓所希望的，替他们积聚起来，百姓所厌恶的，不要加到他们头上，如此罢了。

◣ 国以民为本，社稷亦为民而立。

——摘自宋·朱熹《四书章句集注》

【释义】国家以人民作为根本，也是为人民而建立的。执政的人要坚持以人为本，努力为百姓做事，这样才能获得民心。

◣ 为君之道，必须先存百姓，若损百姓以奉其身，犹割股以啖腹，腹饱而身毙。

——摘自唐·吴兢《贞观政要·君道》

【释义】作为君主，心中首先要有百姓，如果以损害百姓的利益来供养自身，就如同割下大腿的肉来填饱肚子，肚子饱了，人却死了。

◣ 天下事有利于民者，则当厚其本，深其源；有害于民者，则当拔其本，塞其源。

——摘自清·钱泳《履园丛话·水利》

【释义】天下的事情，凡是对人民有利的，就要加强其根本，深挖其源头；凡是对人民不利的，就要拔掉其根本，堵塞其源头。

◣ 致理之要，惟在于安民，安民之道，在察其疾苦。

——摘自明·张居正《请蠲积逋以安民生疏》

【释义】蠲（juān）：免除、减免。积逋：累欠的税负。治理国家的根本在于使人民安居乐业、生活幸福；而要使人民安居乐业、生活幸福，就必须知民之苦，情为民系，利为民谋。

◣ 善为国者，顺民之意。

——摘自《战国策·齐五·苏秦说齐闵王》

【释义】那些善于治国理政的人，一定会顺从人民的心意。

◣ 去民之患，如除腹心之疾。

——摘自宋·苏辙《上皇帝书》

【释义】清除百姓的祸患，要像对待自己的“腹心之疾”那样坚决除之。民之疾苦，为国之要事。只有悉心察民之苦，实实在在解民之忧，才能得百姓之心。

◣ 人为国本，食为民命。

——摘自唐·李延寿《南史·郭祖深传》

【释义】老百姓是国家的根本，粮食是人民的命根。

◣ 君者，舟也；庶人者，水也。水则载舟，水则覆舟。

——摘自《荀子·哀公》

【释义】君主就像是船，百姓就像是水，水能够承载着船前行，也能够使船倾覆。

◣ 舟所以比人君，水所以比黎庶；水能载舟，亦能覆舟；尔方为人主，可不畏惧。

——摘自唐·吴兢《贞观政要·教诫太子诸王》

【释义】君主犹如船，百姓犹如水。水能承载船行走，也能将船掀翻。你不久就要做君主了，要常怀对百姓的敬畏之心，努力为百姓做事。

◣ 有道之君，以乐乐民，无道之君，以乐乐身。乐民者，其乐弥长，乐身者，不乐而亡。

——摘自西晋·陈寿《三国志·吴书·陆凯传》

【**释义**】有道之君，用和平康乐使得人民快乐；无道昏君，用和平康乐使自己快乐。使得百姓快乐的君主，自己的快乐便会长久；只想使自己快乐的君主，还没有得到快乐便会灭亡。

**平日诚以治民，而民信之，则凡有事于民，无不应矣。**

——摘自清·金缨《格言联壁·从政》

【**释义**】平时以真心诚意治理百姓，百姓就信任他，那么只要国家有事需要百姓做，百姓没有不响应的。

**锄一害而众苗成，刑一恶而万民悦。**

——摘自西汉·桓宽《盐铁论·后刑》

【**释义**】锄去一株有害的杂草，禾苗就会成长；惩罚一个为非作歹的恶人，万民就会喜悦。

**国将兴，听于民；将亡，听于神。**

——摘自《左传·庄公三十二年》

【**释义**】国家将要兴旺，就会听取人民的意见；国家将要灭亡，就只会听信神灵的安排。

**凡治国之道，必先富民。**

——摘自《管子·治国》

【**释义**】大凡治国的根本原则，都是必须先使百姓富裕起来。

**圣人之治民，度于本，不从其欲，期于利民而已。**

——摘自《韩非子·心度》

【**释义**】圣人治理百姓，把法度作为衡量事情的根本，不放纵百姓的欲望，而是希望能够给百姓带来长远的利益。

**善政，民畏之；善教，民爱之。善政得民财，善教得民心。**

——摘自《孟子·尽心上》

【**释义**】好的政令，能够使人民畏服；好的教育，能够使人民喜爱。好的政令能获得人民的财物，好的教育能够得到民心。

◣ **能通其变而措于民，圣人之事业也。**

——摘自北宋·张载《横渠易说·系辞上》

**【释义】**能通变而实施有利于百姓的政策，就是圣人的事业。

◣ **桀纣之失天下者，失其民也；失其民者，失其心也。**

——摘自《孟子·离娄上》

**【释义】**夏桀和商纣之所以会失去天下，那是因为他们失去了百姓；失去了百姓，是由于失去了民心。

◣ **圣人无常心，以百姓心为心。**

——摘自《老子》第四十九章

**【释义】**圣人没有固定不变的想法，他们总是以人民的意志为转移。此言意在告诫统治者，国家的一切决策均应从民意出发。

◣ **众怒难犯，专欲难成。**

——摘自《左传·襄公十年》

**【释义】**众人的愤怒是不可以触犯的，一人的欲望是很难取得成功的。此言反映了鲜明的民本思想。说明犯了众怒，政权就无法维持稳定，专权独裁是会导致灭亡的。

◣ **家给人足，天下大治。**

——摘自宋·王安石《上仁宗皇帝言事书》

**【释义】**家家富裕，人人丰足，天下就会安定太平。

◣ **自古皆有死，民无信不立。**

——摘自《论语·颜渊》

**【释义】**自古以来，人们都难免一死；如果人民不相信国家，国家便很难有立足之地。

◣ **政者正也，君为正，则百姓从正矣。**

——摘自《礼记·哀公问》

**【释义】**政治，就是要端正。君主言行端正，民众也会跟着言行端正。说明君主是一国的表率，要严于律己。

**民各有心，勿壅惟口。**

——摘自南朝梁·刘勰《文心雕龙·颂赞》

【**释义**】老百姓都有判断是非的良知，不要堵住天下的悠悠众口。

**失民心而立功名者，未之曾有也。**

——摘自秦·吕不韦《吕氏春秋·季秋纪·顺民》

【**释义**】能够在失去民众拥护的情况下而建立功名的人，还从来没有出现过。强调任何人要想建功立业，没有人民的支持是不可能成功的，说明民心向背对国家发展的影响之大。

**防民之口，甚于防川；川壅而溃，伤人必多。民亦如之。是故为川者，决之使导；为民者，宣之使言。**

——摘自《国语·召公谏厉王弭谤》

【**释义**】阻止人们批评的危害，比堵塞河流引起的水患还要严重。河流一旦堵塞而决堤，必定祸及很多人。人民也是这样。因此，治水的人要疏通河道使其通畅；治理民众的人，要让人民畅所欲言。

**非信无以使民，非民无以守国。**

——摘自宋·司马光《资治通鉴》

【**释义**】不讲信义，就不能使人民服从；没有人民支持，就不能使国家巩固。

**为国者以民为基，民以衣食为本。**

——摘自西晋·陈寿《三国志·魏书·华歆传》

【**释义**】治国要以老百姓为基础，老百姓以穿衣吃饭为根本。此语强调治国者必须树立“以民为本”的意识，着力解决人民的温饱问题。此治国理念至今仍有积极意义。

**善为政者，必重民力。**

——摘自北宋·程颢、程颐《二程粹言·论政》

【**释义**】善于治理国家的人，一定会十分注重人民的力量。

◣ **牧心者，牧天下。**

——摘自宋·司马光《资治通鉴》

【**释义**】善于把握、顺从民心的人，可以把握天下。

◣ **劳谦君子，万民服也。**

——摘自《周易·谦卦》

【**释义**】勤劳而又谦逊亲和的君子，能够得到广大老百姓的敬服。

◣ **欲上民，必以言下之；欲先民，必以身后之。**

——摘自《老子》第六十六章

【**释义**】要统治人民，就先用言辞表达对人民的敬重；要领导人民，就必须将自己的利益放在人民的利益之后。

◣ **农，天下之大本，民所恃以生也。**

——摘自东汉·班固《汉书·文帝纪》

【**释义**】农业是天下的根本，是百姓赖以生存的衣食来源。

◣ **王事唯农是务，无有求利于其官，以干农功。**

——摘自《国语·周语上》

【**释义**】在所有的公事中，最重要的就是致力于农业，不要为求财利役使百姓而妨害农事。此言说明农业是国民经济的基础，粮食是人民赖以生存的根本。

◣ **贞观十三年，太宗谓侍臣曰："林深则鸟栖，水广则鱼游，仁义积则物自归之。人皆知畏避灾害，不知行仁义则灾害不生。夫仁义之道，当思之在心，常令相继，若斯须懈怠，去之已远。犹如饮食资身，恒令腹饱，乃可存其性命。"王珪顿首曰："陛下能知此言，天下幸甚！"**

——摘自唐·吴兢《贞观政要》

【**释义**】贞观十三年，唐太宗对随从侍奉的大臣们说：“树林广袤就有飞鸟栖息，水域深广就有鱼儿游弋，多施仁义百姓自然会归顺。人们都知道害怕而躲避灾害，却不知道施行仁义，灾害就不会产生。仁义之道，要时刻牢记在心里，不断地将仁义的政令推行下去，如有片刻懈怠，就会远离仁义之道。这就好比用饮食来滋养身体，要让肚子经常吃饱，才能够维持生命。”王珪叩头说：“陛下能知道这些道理，真是天下的大幸啊！”

**治国有常，而利民为本；政教有经，而令行为上。**

——摘自西汉·刘安《淮南子·泛论训》

【**释义**】治理国家有一定的法则，而使百姓受益是最根本的；政治教化有一定的途径，而政令畅通是最关键的。

**君子当官任职，不计难易，而志在济人，故动辄成功。**

——摘自清·金缨《格言联璧·勤政类》

【**释义**】君子当官做事，不计较事情的难易，其志向只在于帮助百姓，因此往往能获得成功。

**官肯著意一分，民受十分之惠；上能吃苦一点，民沾万点之恩。**

——摘自《钱氏家训》

【**释义**】做官之人对百姓多一分关心，百姓就可得到十分的好处；做官之人能多吃一点苦，百姓就能得到数不尽的恩惠。

**古之为政，爱人为大。**

——摘自《礼记·哀公问》

【**释义**】古人治理国家，会将爱护人民作为第一要务。

**君必自附其民，而后民附之；君必自离其民，而后民离之。**

——摘自明·庄元臣《叔苴子·外篇》

【**释义**】君主一定要先亲近人民，然后人民才归附他；君主一定是先背叛人民，然后人民才背叛他。

◣ 人主有能以民为务者，则天下归之矣。

——摘自秦·吕不韦《吕氏春秋·爱类》

【释义】身为君主者，如能够将百姓的事情当作主要事务去处理，那么整个天下就都会归附他。说明君主施行仁政、以民为本，对民心的归附有极为重要的影响。

◣ 问善御者莫如马，问善治者莫如民。

——摘自西汉·刘向《说苑·谈丛》

【释义】想要了解善于驾车的人，不如去问马；想要了解善于治国的人，不如去问百姓。

◣ 自古有道之主，以百姓之心为心，故君处台榭，则欲民有栋宇之安。

——摘自唐·吴兢《贞观政要·纳谏》

【释义】自古以来，有道之君都是将人民的心愿作为自己的心愿。因此，君主住在华美的楼阁中，便要想到使百姓也能够有安身之所。

◣ 夫民别而听之则愚，合而听之则圣。

——摘自《管子·君臣上》

【释义】听取人民的意见，只听取个别人的意见是愚蠢的；全面综合地听取意见，才是圣明的。

◣ 众力并，则万钧不足举也；群智用，则庶绩不足康也。

——摘自东晋·葛洪《抱朴子·务正》

【释义】汇集众人的力量，即便万钧重的东西也能够举起来；将人们的智慧汇集起来，把各项事业做好也不难。

◣ 民不逃粟，野无荒草，则国富，国富者强。

——摘自战国·商鞅《商君书·去强》

【释义】百姓不逃离耕种，野外没有荒草，国家就会富有；国家富有，自然就会强大。

◣ 无纾目前之虞，或兴意外之变。人者，邦之本也。财者，人之心也。其心伤则其本伤，其本伤则枝干颠瘁矣。

——摘自宋·司马光《资治通鉴·唐德宗建中四年》

**【释义】**如果不解除眼前的忧患，也许还会引起意外的变故。百姓是国家的根本，财力是百姓的核心。核心受到伤害，根本也就会受到伤害；根本受到伤害，枝干也就会倾倒枯槁。

◣ 以天下之权，寄天下之人。

——摘自明·顾炎武《日知录》

**【释义】**要将天下的权力，交给天下百姓，而不是皇帝一人独断。

◣ 养心者不寒其足，为国者不劳其人。

——摘自唐·武则天《臣轨·利人章》

**【释义】**修养自己心性的人不会使自己的脚受寒，治理国家的人不会使百姓太过劳苦。

◣ 政有三而已：一曰因民；二曰择人；三曰从时。

——摘自西汉·刘向《说苑·尊贤》

**【释义】**为政之道有三个要点：一是要顺应人民的意愿；二是要选择贤德之人；三是要顺从时势。

◣ 天下者非一人之天下，乃天下人之天下。

——摘自秦·吕不韦《吕氏春秋·贵公》

**【释义】**天下不是某一个人的天下，而是所有百姓的天下。

◣ 朕一食，便念稼穑之艰难；朕一衣，则思纺织之辛苦。

——摘自唐·吴兢《贞观政要·教诫太子诸王》

**【释义】**每当我吃饭的时候，便想起农民耕种的艰辛；每当我穿衣的时候，就想起纺布织衣的辛苦。

◣ 能制天下者，必先制其民者也；能胜强敌者，必先胜其民者也。

——摘自战国·商鞅《商君书·画策》

【释义】能治理天下的人，一定要先治理好百姓；能战胜强大敌人的人，一定要先能战胜敌方的百姓。

◣ 知屋漏者在宇下，知政失者在草野。

——摘自东汉·王充《论衡·书解篇》

【释义】房屋是否漏雨，住在屋中的人最清楚；政策的好坏，老百姓最清楚。

◣ 不患寡而患不均，不患贫而患不安。

——摘自《论语·季氏》

【释义】不担心贫穷，而担心财富不均；不担心人口少，而担心不安定。财富均匀就没有所谓的贫穷；大家和睦，就不会感到人少。社会因此安定，国家也就没有倾覆的危险了。

◣ 舟顺水之道乃浮，违则没；君得人之情乃固，失则危。

——摘自宋·司马光《资治通鉴·唐德宗建中四年》

【释义】船顺乎水的规律才能浮起，否则就会沉没；君主能顺从人民的意愿才能地位巩固，否则处境就会危险。

◣ 汝知稼穑之艰难，则常有斯饭矣。

——摘自宋·司马光《资治通鉴·唐纪》

【释义】你知道农民耕种的辛苦，就会有饭吃了。

◣ 人无于水监，当于民监。

——摘自《尚书·周书·酒诰》

【释义】人不要只是以水为镜子，而应当以民众为镜子。

◣ 身居民上，操得为之权，必须做有益生民之事。

——摘自《官经》

**【释义】**地位在百姓之上，掌握着治国安邦大权的人，必须要做有益于百姓的事。

◣ 为国之道，食不如信。立人之要，先质后文。

——摘自梁·沈约《宋书·江夷传》

**【释义】**治国的方法，是给人以食物不如给人以信义；做人，首先要讲诚信，才可饰之以文。

◣ 以公灭私，民其允怀。

——摘自《尚书·周官》

**【释义】**以天下之公理灭一己之私欲，百姓莫不敬信佩服。

◣ 水浊则鱼喁，令苛则民乱。

——摘自西汉·韩婴《韩诗外传》

**【释义】**如果水太过浑浊，水中便缺少氧气，鱼便会将嘴露出水面；政令如果太过苛刻，人民便会无法承受，容易发生叛乱。

◣ 仁者无敌。

——摘自《孟子·梁惠王上》

**【释义】**施行仁政的君主，必然赢得民众的拥戴；上下一心，团结一致，是无人可敌的。

◣ 公正无私，一言而万民齐。

——摘自西汉·刘安《淮南子·修务训》

**【释义】**能够做到公正没有偏私的人，说一句话便能够使得人民齐心团结。

◣ 一农不耕，民或为之饥；一女不织，民或为之寒。

——摘自《管子·轻重甲》

**【释义】**一个农夫不去耕种，便可能有人挨饿；一个妇女不去织布，便可能有人挨冻。

◣ 民不畏死，奈何以死惧之。

——摘自《老子》第七十四章

【释义】人民不怕死，怎么能用死来威胁他们呢！

◣ 人聚则强，人散则厄。

——摘自清·魏源《默觚·治篇》

【释义】民众团结，国家就会强大；人民离心离德，国家就会衰弱。

◣ 利天下者，天下启之；害天下者，天下闭之。

——摘自《六韬·武韬·发启》

【释义】有利于人民的，人民就会欢迎；有害于人民的，人民就会拒绝。

◣ 善也吾行，不善吾避。

——摘自唐·韩愈《子产不毁乡校颂》

【释义】好的我就施行，不好的我就避开。指执政者对于民众的批评要虚心接受，民众认为好的就继续施行，民众认为不好的就尽快改变。

◣ 治无成局，以为治者为准，能以爱人之实心，发为爱人之实政，则生人而当谓之仁。

——摘自宋·吕本中《官箴》

【释义】治理政事并没有固定的模式，要以为官者的实践经验为准则。能够心怀爱民之心，施行爱民的政策，使得人民安定生活，这便是仁政。

◣ 王者得治民之至要，故不待赏赐而民亲上，不待爵禄而民从事，不待刑罚而民致死。

——摘自战国·商鞅《商君书·农战》

【释义】君主掌握了统治天下的要领，所以还没有等到君主施行赏罚，民众便亲附他；还没有等到君主封爵加禄，民众便从事农战；还没有等君主施行刑罚，民众便拼命效力了。

◣ 泰山不让土壤，故能成其大；河海不择细流，故能就其深；王者不却众庶，故能明其德。

——摘自西汉·司马迁《史记·李斯列传》

【释义】泰山那样高大是因为不拒绝土石；大海那样深广是因为不择细流；

君主不推却百姓，亲民爱民，所以能够成就其明德。

◣ **户口滋多，则赋税自广，故其理财，常以养民为先。**

——摘自宋·司马光《资治通鉴》

**【释义】**管理财政，常把养活老百姓作为首先要考虑的问题。治理国家，最主要的是把老百姓的吃穿住行作为首要问题来考虑，并按照一定的比例支配钱财。

◣ **除天下之害者受天下之利，同天下之乐者飨天下之福。**

——摘自宋·司马光《资治通鉴·唐宪宗元和十四年》

**【释义】**除去天下祸害的人，就能够享受到天下的利益；能够与天下人共同享受快乐的人，就能够与天下人共同享受福分。

◣ **以身教者从，以言教者讼。**

——摘自南朝·范晔《后汉书·第五钟离宋寒传》

**【释义】**身体力行教导百姓，百姓就会接受教化；若仅流于言论，说一套做一套，百姓不仅不会接受教化，反而会生出是非。

◣ **贵以贱为本，高以下为基。**

——摘自《老子》第三十九章

**【释义】**尊贵的人应当以贫贱的人为根本；身处高位的人，要以地位低的人为基础。君主应以百姓为基础。

◣ **惠虽不能周于人，而心当常存于厚。**

——摘自明·薛瑄《从政录》

**【释义】**即使恩惠不能照顾到每一个人，也要始终保持关怀民众的心。

◣ **用国者，得百姓之力者富，得百姓之死者强，得百姓之誉者荣。**

——摘自《荀子·王霸》

**【释义】**治理国家的君主，得到百姓出力耕种的就富足，得到百姓拼死作战的就强大，得到百姓称赞颂扬的就荣耀。

◣ 贤君饱而知人之饥，温而知人之寒，逸而知人之劳。

——摘自《晏子春秋·内篇·谏上》

【释义】贤明的君主，是自己吃饱了还能知道有百姓在挨饿，自己穿暖了还能知道有百姓在挨冻，自己安逸了还能知道有百姓在劳苦。

◣ 善御者不忘其马，善射者不忘其弓，善为上者不忘其下。

——摘自西汉·韩婴《韩诗外传》

【释义】善于驾驭马车的人，会爱惜自己的马匹；善于射箭的人，会爱惜自己的弓箭；善于治国的君主是不会忘了自己的臣民的。

◣ 皇天无亲，惟德是辅；民心无常，惟惠之怀。

——摘自《尚书·周书·蔡仲之命》

【释义】上天对人并没有亲疏远近之分，只会帮助有德行的人；人民的心中没有固定的君主，只会拥护有仁爱之心的人。

◣ 仁人之所以为事者，必兴天下之利，除去天下之害，以此为事者也。

——摘自《墨子·兼爱中》

【释义】有仁德的人办事，一定是以增进万民的利益、除去万民的祸患为己任，以此作为自己的事业。

◣ 国去言，则民朴；民朴，则不淫。

——摘自战国·商鞅《商君书·农战》

【释义】国家摒弃空谈，民风就会淳朴；民风淳朴，人们就不会放纵。

◣ 仁者以财发身，不仁者以身发财。

——摘自《大学》

【释义】仁德的人会将自身的财物都用在百姓身上，以赢得美誉；不仁德的人会用权力为自己聚敛财富。

◣ 利归众人，何事不成；利归一己，如石投水。

——摘自明·方汝浩《禅真后史》

【**释义**】利益归于人民大众，就没有办不成的事；利益只归自己一个人，就如同投石于水，毫无用处。

◣ **处事者不以聪明为先，而以尽心为急。不以集事为急，而以方便为上。**

——摘自宋·吕本中《官箴》

【**释义**】善于处理事情的人，不会把聪明放在第一位，而是把尽心尽力放在第一位；不会把事成有功放在第一位，而是把有利于百姓放在第一位。强调处事、干事的态度，与政德、操守紧密相关。

◣ **惟其爱，故智无不及。**

——摘自宋·吕本中《官箴》

【**释义**】只要有爱，就会有无穷的智慧。若爱民如子，就不害怕他的才智不够。

◣ **然犹防川，大决所犯，伤人必多，君不克救也。不如小决使道。**

——摘自《左传·襄公三十一年》

【**释义**】预防百姓的言论，就如同预防洪水一样。大水冲破了堤坝，肯定会伤害很多人，君主也没有办法挽救。还不如开一个小口子，慢慢地将水放出，以疏导为主。

◣ **人心安则念善，苦则怨叛。**

——摘自西晋·陈寿《三国志·吴书·华核传》

【**释义**】人心安定，就会一心向善而不会想着为非作歹；反之，人心不安，怨声载道，就会萌发怨恨与叛逆之心。此语强调解决民生问题是安定民心的关键，而安定民心又是引导百姓弃恶向善的关键。

◣ **名以制义，义以出礼，礼以体政，政以正民。**

——摘自《左传·桓公二年》

【**释义**】命名用来表示道义，道义可以产生礼仪，礼仪可以体现政治，政治可以用来正民。

**贵人而贱禄，则民兴让；尚技而贱车，则民兴矣。**

——摘自《礼记·坊记》

**【释义】**重视人才而轻视俸禄，这样人民就会变得谦让；重视技能而轻贱车马，人民就会兴起学技艺的风气。

**粤若稽古，圣人之在天地间也，为众生之先。**

——摘自《鬼谷子·捭阖》

**【释义】**纵观历史，可以知道圣人生活在天地之间，是以芸芸众生为先的。

**期年之后，道不拾遗，民不妄取，兵革大强，诸侯畏惧。**

——摘自《战国策·秦策·卫鞅亡魏入秦》

**【释义】**一年后，道路上别人遗失的财物没人拾取，人民也不会妄求，国家变得强盛，诸侯国都会心生畏惧。

**下之事上也，不从其所令，而从其所行。上好是物，下必有甚矣。故上之所好恶，不可不慎也，是民之表也。**

——摘自《礼记·缁衣》

**【释义】**在下位的人跟着上位的人做事，不是服从于上位的人发号施令，而是信服其实际行动。处于上位的人喜欢什么东西，在下位的人就会更加喜欢。因此，上位之人的言行不可不慎重，因为他们是民众的表率。

**下以直为美，上以媚为忠。**

——摘自五代·冯道《荣枯鉴·闻达》

**【释义】**老百姓喜欢道德高尚刚直不阿的人，可上层领导反而把谄媚的顺从者当作忠诚之人。

# 改革

◣ **凡人之情，穷则思变。**

——摘自宋·司马光《资治通鉴·唐纪》

**【释义】**人的本性就是，穷到了没有办法的地步，就会千方百计地改变现状。

◣ **穷不知变，吝之道也。**

——摘自北宋·张载《横渠易说》

**【释义】**已经山穷水尽的时候，还不知道做出改变，将会悔恨无穷。

◣ **不期修古，不法常可。**

——摘自《韩非子·五蠹》

**【释义】**不向往研究古代的制度，不效法过去常用的方法。说明抱残守缺，一味拘泥于既定的框架，不寻求突破与创新，是办不好事情，不能促进社会进步的。

◣ **理世不必一其道，便国不必法古。**

——摘自《战国策·赵策》

**【释义】**治理国家没有永远不变的办法，要想国富民强，不必完全效法古人的办法。

◣ 汤之《盘铭》曰："苟日新，日日新，又日新。"《康诰》曰："作新民。"《诗》曰："周虽旧邦，其命维新。"是故君子无所不用其极。

——摘自《大学》

【释义】商汤王刻在洗澡盆上的箴言说："如果能够一天新，就应保持天天新，新了还要更新。"《康诰》说："激励人弃旧图新。"《诗经》说："周朝虽然是旧的国家，但却享受了新的天命。"所以，品德高尚的人无时无处不在追求进步完善。

◣ 穷则变，变则通，通则久。

——摘自《周易·系辞》

【释义】事物发展到了顶点局面就当进行变革和革命，通过变革和革命解决存在的问题，问题解决了才可以长久发展下去。

◣ 抱残守缺，变通求存。

——摘自《周易》

【释义】守着残旧、过时的东西，就不能取得进步；懂得变通革新，才能进一步发展。

◣ 动静屈伸，唯变所适。

——摘自《周易》

【释义】人只有根据环境变化不断调整自我，才能适应不同的环境。

◣ 随时变通，不可执一矣。

——摘自唐·赵蕤《反经·时宜》

【释义】做事要随实际情况的变化而变通，不可墨守成规、执于一端。

◣ 不能循往以御变。

——摘自唐·刘禹锡《鉴药》

【释义】不可以用过去的方法来应对已经变化了的形势。

◣ 变则新，不变则腐；变则活，不变则板。

——摘自清·李渔《闲情偶寄》

**【释义】**灵活变通就能够创新，一成不变就会变得迂腐；变通活用，就能够活脱，不变通则会变得呆板。

◣ 变者，天道也。

——摘自清·康有为《进呈俄罗斯大彼得变政记序》

**【释义】**万物不断发展演变，社会环境在不断地发生变化，时代的要求也在不断地发生改变。因此，只有通过变革，我们才能适应不断变化的社会环境，才能够符合新时代的要求，才能顺利发展和进步。

◣ 务要日日知非，日日改过；一日不知非，即一日安于自是；一日无过可改，即一日无步可进。天下聪明俊秀不少，所以德不加修、业不加广者，只为因循二字，耽搁一生。

——摘自明·袁了凡《了凡四训》

**【释义】**一定要天天发现自己的错误和不足，一定要天天改过自新。倘若一天没有认识到自己的错误和不足，就会在这一天里处于自以为是的状态；倘若一天没有过失可以改正，就一天没有进步可言。天下聪明伶俐的人不少，但很多人德行未修，事业不广，就在于“因循”二字耽误了一生啊！

◣ 流水不腐，户枢不蠹。

——摘自秦·吕不韦《吕氏春秋·尽数》

**【释义】**经常流动的水不会腐臭，经常转动的门轴不会被虫蛀蚀。比喻经常运动的事物不易受到侵蚀，可保持很久不坏。生命在于运动，脑筋在于开动，人才亦须流动，宇宙间的万事万物都在运动，没有运动就没有世界。

◣ 好古守经者，患在不变。

——摘自唐·马总《意林》

**【释义】**喜欢坚守古训而墨守成规的人，其祸患的根源就在于不会灵活变通。

◣ 圣人从事，必藉于权而务兴于时。

——摘自《战国策·齐策》

【释义】圣人创业做事，一定会借助权变，并且利用时机兴起。

◣ 天下不能常治，有弊所当革也。

——摘自南宋·何坦《西畴老人常言》

【释义】国家的治理并非一劳永逸，而是要不断变通革弊，与时俱进，才能实现长治久安。

◣ 圣人之理国也，不法古，不修今，当时而立功，在难而能免。

——摘自唐·赵蕤《反经·适变十五》

【释义】圣人治理国家，不会只效仿古法，也不会贪图一时的安逸，而是会根据当时的实际情况去建立功勋。这样，即便遇到了困难，也能够解决。

◣ 得时者昌，失时者亡。

——摘自《列子·说符》

【释义】顺应时代潮流，便能够走向繁荣昌盛；违背时代潮流，就会走向灭亡。此语强调了“与时俱进”的重要性。

◣ 执古以绳今，是为诬今；执今以绳古，是为诬古。

——摘自清·魏源《默觚·治篇》

【释义】用古代的准则来衡量现在的事物，是对现在事物的扭曲；用现在的标准来衡量古代的事物，是对古代的污蔑。

◣ 疾万变，药亦万变。

——摘自秦·吕不韦《吕氏春秋·慎大·察今》

【释义】疾病变化万千，使用的药物也相应地要有万千变化。

◣ 明者因时而变，知者随事而制。

——摘自西汉·桓宽《盐铁论》

【释义】聪明的人会根据时期的不同而改变行事策略，有智慧的人会随着世事的不同而改变处理问题的方法。

◣ 化而裁之存乎变，推而行之存乎通，神而明之存乎其人。

——摘自《周易·系辞》

**【释义】**使得万物变化而相互联系适应主要在于变化，推动万物运行主要在于变通，使得天道发挥作用主要在于人。

◣ 力能则进，否则退，量力而行。

——摘自《左传·昭公十五年》

**【释义】**估量自己的能力后，觉得能做到的事就做，做不到就退出。指做人要懂得变通，是进还是退，都要根据当时的形势和自身的力量而定。

◣ 智欲圆而行欲方。

——摘自西汉·刘安《淮南子·主术训》

**【释义】**智谋是灵活变通的，而行为必须方正不苟。指为人处世的智慧可以周全、灵活一些，而做事必须恪守原则，不做违背道义、触犯礼法的事情。

◣ 尽信书，不如无书。

——摘自《孟子·尽心下》

**【释义】**盲目地迷信书本，还不如不要读书。指做事应加以分析，灵活、辩证、从实际出发看问题，才能把事情做好，而不能死守教条、生搬硬套，只拘泥于书本知识。

◣ 救弊之术，莫大乎通变。

——摘自宋·李觏《易论第一》

**【释义】**纠正弊端的确切方法，莫过于采取符合实际的变通措施。

◣ 循法之功，不足以高世；法古之学，不足以制今。

——摘自《战国策·赵策二》

**【释义】**遵循古法成就的功业，不可能超过当世；效法古人的学问，不能够管理好今天的国家。此言告诉我们，学习国学和古人的智慧，不能教条地学习，一定要懂得辩证变通。

◣ 兴天下之利，除天下之害。

——摘自《墨子·兼爱中》

【**释义**】应当兴办那些对国家发展有利的事业，革除那些于国家不利的弊政，只有这样才能保证国家快速走向繁荣昌盛。

◣ 为人循矩度，而不见精神，则登场之傀儡也；做事守章程，而不知权变，则依样之葫芦也。

——摘自清·王永彬《围炉夜话》

【**释义**】做人如果只会遵循规矩法度，没有自主的精神，就如同登台演出时被人操控的木偶；做事如果照搬章程法规，却不知道根据变化了的形势随机应变，就像是依样画葫芦般僵化呆滞。

◣ 圣人与时变而不化，从物而不移。能正能静，然后能定。定心在中，耳目聪明。

——摘自《管子·内业》

【**释义**】圣人顺应时势而不随波逐流，顺从客观世界的变迁而不随便动摇，能端正、能安静，然后才能够坚定。有一颗坚定的心，就可以耳聪目明。

◣ 以书为御者，不尽于马之情；以古制今者，不达于事之变。

——摘自《战国策·赵策二》

【**释义**】用书本上的知识去驾驭马车，这样是不能完全合乎马的脾性的；用古人的章法来约束现在的人，是不能适应当今时代变化的。

◣ 知学之人，能与闻迁；达于礼之变，能与时化。故为己者不待人，制今者不法古。

——摘自《战国策·赵策二》

【**释义**】有学问的人，能够通过学习知识而不断提高；礼仪的变更，能够同时代一同进化。因此，应当自己做事情，而不要去等待别人，治理当今国家的人也不一定要去效仿古代的制度。

◣ 言足以复行者，常之；不足以举行者，勿常。

——摘自《墨子·耕柱》

【**释义**】说的话能够办到，不妨常说；说的话不能办到的，不要老讲。

◣ **大学之道，在明明德，在亲民，在止于至善。**

——摘自《大学》

【**释义**】大学的中心所在，就在于人们的美德能够显明，在于鼓励天下的人们革除自身的旧习，在于使人们能够达到善的至高境界。

◣ **学尽百禽语，终无自己声。**

——摘自宋·张舜民《百舌》

【**释义**】文学创作要锐意创新，要有自己的风格与个性，切不可一味模仿他人。

◣ **体无常规，言无常宗，物无常用，景无常取。**

——摘自唐·皇甫湜《谕业》

【**释义**】文章体式没有一定的规范，语言表达没有一成不变的蓝本，物品没有永久不变的用途，景象也没有永远不变的。言指文学创作不可固守旧条，要勇于创新。

◣ **末俗已来不复尔，空守章句，但诵师言，施之世务，殆无一可。**

——摘自南北朝·颜之推《颜氏家训》

【**释义**】末世风气已经转变，还空守章句之学，只会背诵老师的学说，用于处理实际事务，大概都行不通。

◣ **须教自我胸中出，切忌随人脚后行。**

——摘自宋·戴复古《论诗十绝》

【**释义**】文学创作要发自肺腑地倾吐而成，切不可一味跟从、模仿他人，而无自己的个性与风格。

◣ **诗文随世运，无日不趋新。**

——摘自清·赵翼《论诗》

【**释义**】诗文的写作总是随着时代盛衰治乱的气运而发展变化的，没有一天不趋向新的方面发展。强调诗文创作要随着时代发展创新，反映时代精神。

# 法治

法者，所以兴功惧暴也；律者，所以定分止争也；令者，所以令人知事也。

——摘自《管子·七臣七主》

**【释义】**法条是用来表彰功劳、威慑暴行的；律例是用来明定本分和制止争端的；政令是用来指令人们管理事务的。

人胜法，则法为虚器；法胜人，则人无常备；人与法并行而不相胜，则天下安。

——摘自宋·苏轼《应制举上两制书》

**【释义】**倘若人情高于法律，那么法律就形同虚设；若是完全依照法律行事而不顾人情，那么人情只是空占其位。只有做到兼顾人情和法律，使二者达到一种平衡，这样才能保证天下太平。在苏轼看来，人情不能凌驾于法律之上，但有时在执法中也应给予适当的宽容，不能完全冷酷无情。

圣王者不贵义而贵法，法必明，令必行，则已矣。

——摘自战国·商鞅《商君书·画策》

**【释义】**圣明的君主，不会重视道义，而会重视法律，且法令十分严明，颁布的法令必定要施行，如能这样，那就可以了。

◣ 君尊则令行，官修则有常事，法制明则民畏刑。

——摘自战国·商鞅《商君书·君臣》

【释义】君主有尊严，法令才能够推行；官吏勤于治理，政事才能够长久；法律制度清明，人们才会畏惧刑罚。

◣ 法者天下之公器，惟善持法者，亲疏如一，无所不行，则人莫敢有所恃而犯之也。

——摘自宋·司马光《资治通鉴·汉纪六》

【释义】法律是天下人共同遵守的准绳，只有善于运用法律，不分关系亲疏，严格执法，无所回避，才能使所有人都不敢倚仗权势而触犯法律。

◣ 官清民自安，法正天心顺。

——摘自元·关汉卿《哭存孝》

【释义】当官的清廉，百姓自然安乐。法律公正，苍天也会顺应人心。

◣ 奉法者强则国强，奉法者弱则国弱。

——摘自《韩非子·有度》

【释义】执法的人强势，国家就会强大；执法的人软弱，国家就会贫弱。

◣ 知为吏者，奉法以利民；不知为吏者，枉法以侵民。

——摘自《孔子家语·辩证》

【释义】懂得怎样做官的人，就会秉公执法，为民谋利；不懂得怎样做官的人，就会徇私枉法，侵害民众的利益。

◣ 法之不行，自上犯之。

——摘自西汉·司马迁《史记·商君列传》

【释义】法令之所以不能够很好地施行，源于上层领导知法犯法。

◣ 守一道制万物者，法也。

——摘自《鹖冠子·度量》

【释义】用统一的规则去治理万物，就是法度。

现代社会要求良法善治，这也是法治社会应有的准则。“一道”“万物”“法”三者紧密联系，这句话从哲学的高度阐明了法的功能与效应。

**法不阿贵，绳不挠曲。法之所加，智者弗能辞，勇者弗敢争。刑过不避大臣，赏善不遗匹夫。**

——摘自《韩非子·有度》

**【释义】**法律不偏袒地位高的人，准绳不迁就弯曲的东西。施行法律时，有智慧的人不能辩解，有勇力的人不能抗争。惩罚罪过不避开大臣，奖赏善事不遗漏普通民众。

法体现的是公平、正义、权威。公正司法更能让人民看到法令的正义和希望。

**法者，使去私就公。**

——摘自《鹖冠子·度万》

**【释义】**法律，使人抛弃私利，归于公义。

**法者，所以爱民也。**

——摘自战国·商鞅《商君书·更法》

**【释义】**法律，是用来爱护百姓的。

**国无常治，又无常乱。法令行则国治，法令弛则国乱。**

——摘自东汉·王符《潜夫论·述赦》

**【释义】**国家不会长久地太平，也不会长久地动乱。法令施行得好，能够使国家得到有效治理；法令松弛，就会使国家出现动乱。

**智术之士，必远见而明察；能法之士，必强毅而劲直。**

——摘自《韩非子·孤愤》

**【释义】**通晓统治策略的人，一定会有很高的见识，并且能够明察秋毫；能够推行法治的人，一定会坚决果断，并且刚正不阿。

**君好法，则臣以法事君；君好言，则臣以言事君。**

——摘自战国·商鞅《商君书·修权》

**【释义】**如果君主热衷推行法治，臣子就会严格执法，为君王尽忠；如果君主喜好美言，臣子就会以谗言取悦君主。

◣ 以物与人，物尽而止；以法活人，法行无穷。

——摘自宋·苏轼《乞免五谷力胜税钱札子》

**【释义】**如果以物质利益引导人们的行为，等到物品散尽之时，行为也就终止了；但若以法治手段调整人们的行为，坚决依法治国，那么国家就会长久地昌盛下去。

◣ 行罚先贵近而后卑远，则令不犯。

——摘自宋·司马光《资治通鉴·唐纪》

**【释义】**依法施行惩罚，一定要从帝王最亲近的人开始，然后再到偏远的职位低下的人，这样便不会有人去违反法令了。

◣ 天网恢恢，疏而不失。

——摘自《老子》第七十三章

**【释义】**天道是公平的，作恶的人一定会受到惩罚，它看起来似乎不周密，但一定不会放过任何一个坏人。比喻作恶的人最终逃脱不了法律的惩处。

◣ 道私则乱，道法则治。

——摘自《韩非子·诡使》

**【释义】**以私心为道来管理国家，国家就会变得混乱；以法律为道来管理国家，世道就会井然有序，安定发展。

◣ 圣人为法，必使之明白易知，名正，愚知遍能知之。

——摘自战国·商鞅《商君书·定分》

**【释义】**圣人制定法令，一定会使它明白易懂，让愚人和智者都能懂得。

◣ 亡国之法有可随者，治国之俗有可非者。

——摘自西汉·刘安《淮南子·说山训》

**【释义】**导致国家败亡的治国政策，也有值得学习的地方；促成国家安定的习俗，也有可堪批评改进的地方。

◣ 强人之所不能，法必不立；禁人之所必犯，法必不行。

——摘自清·魏源《默觚下·治篇》

【**释义**】强行让人们去做一些不能完成的事情，这样的法律一定建立不起来；禁止人们一定会发生的行为，这样的法律也是行不通的。

◣ **家有常业，虽饥不饿；国有常法，虽危不亡。**

——摘自《韩非子·饰邪》

【**释义**】家中有固定的产业，即便赶上灾荒也不会挨饿；国家有稳定的法令，即便出现危机，也不会灭亡。

◣ **巧者能生规矩，不能废规矩而正方圆；虽圣人能生法，不能废法而治国。**

——摘自《管子·法法》

【**释义**】能工巧匠是可以制造规矩的，但他们不能放弃规矩而端正方圆；圣人是可以制定法律的，但他们不会放弃法律去治理国家。

◣ **道之以政，齐之以刑，民免而无耻。**

——摘自《论语·为政》

【**释义**】用政令管理导姓，用刑罚制约百姓，人民可免于作恶，但没有耻于作恶之心。

◣ **明主使其群臣，不游意于法之外，不为惠于法之内，动无非法。**

——摘自《韩非子·有度》

【**释义**】英明的君主使唤群臣，不让他们在法度之外乱打主意，也不因为他们做了法令规定的分内之事而褒奖他们，使他们的举动没有不合法的。此语强调君主应该以法度来约束群臣，让臣子们都能严格依法办事。

◣ **古人之目短于自见，故以镜观面；智短于自知，故以道正己。**

——摘自《韩非子·观行》

【**释义**】古代的人无法看到自己的面容，因此需要用镜子来看；人的智慧常常无法完全认清自己，因此需要用法则来修正自己的言行。

◣ **小知不可使谋事，小忠不可使主法。**

——摘自《韩非子·饰邪》

【**释义**】只有小聪明的人，不可以让他去谋划大事；只是对私人尽忠的人，不可以让他主管法令。

◣ 故有道之国，治不听君，民不从官。

——摘自战国·商鞅《商君书·说民》

【**释义**】所以实行法治的国家，治国是根据法制而不是根据君主的意志，百姓依从法制而不依从官吏。

◣ 为置法官，置主法之吏，以为天下师，令万民无陷于险危。

——摘自战国·商鞅《商君书·定分》

【**释义**】为人民设置法令和官吏，让主管法令的官吏担任百姓的老师，使得天下百姓不致陷入危险的境地。

◣ 所谓壹刑者，刑无等级。

——摘自战国·商鞅《商君书·赏刑》

【**释义**】所谓统一刑罚，就是量刑不论人们的等级。指法律面前人人平等。

◣ 以刑去刑，国治；以刑致刑，国乱。

——摘自战国·商鞅《商君书·去强》

【**释义**】用刑罚来去除刑罚，国家就会得到治理；用刑罚来招致刑罚，国家就会混乱。

◣ 明刑不戮。

——摘自战国·商鞅《商君书·赏刑》

【**释义**】严明刑法的主要目的，并不是为了杀戮，而在于使得政事清明。

◣ 仕宦之法，清廉为最，听讼务在详审，用法必求宽恕。

——摘自北宋·贾昌朝《诫子孙》

【**释义**】做官最重要的是清正廉明，办理案件时一定要详加审查，追查案件、传唤证人、决定判罚时，一定要慎之又慎。

◣ 刑不能去奸，而赏不能止过者，必乱。

——摘自战国·商鞅《商君书·开塞》

【**释义**】刑罚不能除去奸邪，赏赐不能遏止罪过，国家必定混乱。

◣ 明赏不费，明刑不暴。

——摘自《管子·枢言》

【**释义**】公正的奖赏并不是浪费，公正的刑罚也不是暴戾。

◣ 事不中法者，不为也。

——摘自战国·商鞅《商君书·君臣》

【**释义**】不符合法度的事情，就不要去做。

◣ 明犯国法，罪累岂能幸逃？白得人财，赔偿还要加倍。

——摘自明·陈继儒《小窗幽记》

【**释义**】知法而犯法，岂能侥幸逃脱法律的制裁？平白无故取人财物，偿还的要比得到的更多。

◣ 仁之法在爱人，不在爱我；义之法在正我，不在正人。

——摘自西汉·董仲舒《春秋繁露·仁义法》

【**释义**】仁德的法律，在于能够做到爱人，而不在于只爱自己；有道义的法则，在于能够修正自己，而不在于修正别人。

# 廉洁

**吏不畏吾严，而畏吾廉；民不服吾能，而服吾公。公则民不敢慢，廉则吏不敢欺。公生明，廉生威。**

——摘自宋·吕本中《官箴》

**【释义】**官吏们不害怕我严厉，但害怕我廉洁；人民不信服我的才能，但信服我的公正。我公正，百姓就不敢轻慢我；我廉洁，官吏就不敢欺瞒我。处事公正才能明察是非，为人廉洁才能树立威严。

**居官律己廉慎，则公明自生；御众赏罚信用，则人致力，不怀报怨之心，怨亦自释。**

——摘自元·苏天爵《元朝名臣事略·元帅张献武王》

**【释义】**为官者如果能严格要求自己，廉洁谨慎，自然就会公正严明；领导者如果能做到赏罚分明，以诚待人，属下就会尽职尽责，没有怨恨的心理，怨恨也就自然消散了。

**居官当廉正自守，毋黩货以丧身败家。**

——摘自《元史·刘斌传》

**【释义】**当官的人应该廉洁公正，坚持自己的操守，不要因为贪污纳贿而丧身败家。

◣ **贪欲者，众恶之本；寡欲者，众善之基。**

——摘自明·王廷相《慎言·见闻篇》

**【释义】**贪欲是诸多恶行的根源所在；淡泊寡欲是诸多善行的基石。

此语说明贪欲是一切罪恶的渊薮。正是人们对物质、金钱的贪得无厌，才滋生了种种罪恶心理，并使人逐渐突破道义、法律的束缚，走入歧途。

◣ **廉者，民之表也；贪者，民之贼也。**

——摘自宋·包拯《孝肃奏议集·乞不用赃吏》

**【释义】**廉洁公正的官吏，是民众的表率；贪赃枉法的官吏，是民众的盗贼。

◣ **真廉无廉名，立名者正所以为贪；大巧无巧术，用术者乃所以为拙。**

——摘自明·洪应明《菜根谭》

**【释义】**真正廉洁的人，并非是为求得廉洁的名声，标榜自己廉洁的人无非在掩饰自己的贪婪；绝顶巧妙的方法不需要玩弄手段，玩弄手段的人反而凸显了自己笨拙。

◣ **居官有二语，曰：唯公则生明，唯廉则生威。居家有二语，曰：唯恕则情平，唯俭则用足。**

——摘自明·洪应明《菜根谭》

**【释义】**在朝做官有两句格言：只有公正无私才能明断是非，只有操守清廉才能树立威信。治家理事也有两句格言：只有宽容体谅才能情绪平和，只有俭朴节约才能物用充足。

此语意在说明，清明有威望的官吏，不仅需要智慧，而且要有良好的品德，如此才能树立威信，以德服人。每日处在同一屋檐下的家庭成员之间难免会发生冲突，只要多一分宽容、谅解，就能和睦相处。持家也要勤俭节约，对日常生活要有所计划，如此才能物用充足。

◣ **贪愎喜利，则灭国杀身之本也。**

——摘自《韩非子·十过》

**【释义】**贪心固执，贪图小利，这是杀身亡国的祸根。

◣ 贪如火，不遏则燎原；欲如水，不遏则滔天。

——摘自《韩非子·六反》

**【释义】**贪念就像火星，不遏制就会迅速蔓延；欲望就像河水，不遏制就会洪水滔天。

此语喻人要常思贪欲之害，给心灵加上一把锁，将“贪心”“私欲”牢牢锁住，做到廉洁自律，忠国为民。

◣ 知足则乐，务贪必忧。

——摘自北宋·林逋《省心录》

**【释义】**人能知足就会快乐，贪得无厌得到的必定是忧患。

◣ 不私而天下自公。

——摘自东汉·马融《忠经·广至理章》

**【释义】**居上位的人如果能秉公办事、不怀私心，天下百姓自然也就一心为公。

◣ 贪荣嗜利，如飞蛾之赴烛，蜗牛之升壁，青蝇之逐臭，而曰“我能立大节、办大事”，其谁能信之？

——摘自南宋·罗大经《鹤林玉露》

**【释义】**贪恋荣耀酷爱钱财，就像飞蛾扑火、蜗牛爬墙壁、苍蝇追逐腐臭，还说“我能树立大气节、承办大事情”，有谁能相信？

◣ 轻财足以聚人，律己足以服人，量宽足以得人，身先足以率人。

——摘自明·陈继儒《小窗幽记·集醒篇》

**【释义】**看轻财物就能团结人，严于律己就能让人信服，度量宽大就能得人心，身先士卒就能率领众人。

◣ 夫居官守职以公正为先，公则不为私所惑，正则不为邪所媚。凡行事涉邪私者，皆由不公正故也。至公至正，虽有邪私，亦不为媚惑矣。

——摘自明·汪天锡《官箴集要》

【**释义**】身居官位，忠于职守，应该把公正放在首位，公正就不会被私利所诱惑，正直就不会被奸邪所迷惑。凡是做事涉嫌奸邪、谋私的，都是由于缺乏公正。如果能做到公正，即使有奸邪、私利出现，也不会被迷惑。

**一是律己以廉，二是抚民以仁，三是存心于公，四是莅事以勤。**

——摘自南宋·真德秀《西山政训》

【**释义**】一要以廉洁要求自己，二要以仁德爱护百姓，三是心中要常存公义，四是处理政事要勤奋。

廉、仁、公、勤是官员必须具备的品质，而“律己以廉”为四事之首。贪污对于官员来说具有毁灭性。一个官员纵使有许多优点、成绩，但若在廉洁上出了问题，也只能被“一票否决”。

**以私害公，非忠也。**

——摘自《左传·文公六年》

【**释义**】以私利损害集体利益，是不忠诚的。

由于人性中的贪欲使然，以私害公者一直存在。为了治理这一乱象，一要保障制度的严密性，二要加强思想品德教育，使以私害公者明白一切贪污腐败的行为只会带来身败名裂的结果。

**其身正，不令而行；其身不正，虽令不从。**

——摘自《论语·子路》

【**释义**】（管理者）自身品行端正，即使不下达命令，百姓也会自觉遵行；自身品行不端正，即使下达了命令，百姓也不会服从。

**欲当大任，须是笃实。**

——摘自宋·朱熹、吕祖谦《近思录·处事之方》

【**释义**】想要担当重任，必须忠诚老实。

**畏能止祸，足能止贪。**

——摘自《六事箴言》

【**释义**】畏惧戒慎能防止灾祸，知足常乐能遏止贪婪。

**从来有名士，不用无名钱。**

——摘自宋·陈与义《王应仲欲附张恭甫舟过湖南久不决今日忽闻遂》

【**释义**】自古以来，那些有名望的官吏，从来不会使用没有正当来历的钱财。

**志士不饮盗泉之水，廉者不受嗟来之食。**

——摘自南朝·范晔《后汉书·乐羊子妻传》

【**释义**】有志之士不会喝盗泉中的水，廉洁的人不接受带有侮辱性的施舍。

**民不足，君子耻之；众寡均而倍焉，君子耻之。**

——摘自《礼记·杂记下》

【**释义**】财物有余而民众生活不足，君子认为是可耻的事情；众人平均分东西，自己却多拿一倍，君子认为是可耻的事情。

**公生明，偏生暗。**

——摘自《荀子·不苟》

【**释义**】公正产生廉明，偏私产生昏暗。

**欲人不知，莫若无为；欲无悔吝，不若守慎。**

——摘自唐·姚崇《辞金诫》

【**释义**】要想人不知，除非己莫为。要想没有悔恨，不如保持谨慎。为官者若想让人生不后悔，就要以不贪为宝，以廉慎为师。

**智者不为非其事，廉者不求非其有。**

——摘自西汉·韩婴《韩诗外传》

【**释义**】聪明的人不会去做一些他不应当做的事情，廉洁的人不会去追求他本不应当得到的利益。

**清者莅职之本，俭者持身之基。**

——摘自《周书·裴侠传》

【**释义**】清廉是为官的根本，俭朴是立身处世的基础。

**白酒红人面，黄金黑人心。**

——摘自明·凌濛初《初刻拍案惊奇》

【**释义**】喝白酒会使人脸面变红，贪图黄金能使人良心变黑。

**币厚言甘，人之所畏也。**

——摘自宋·司马光《资治通鉴·晋纪》

【**释义**】丰厚的礼物，甜蜜的话语，这是古人最警惕的。意指要警惕有人处心积虑地讨好你。

**君子之道也：贫则见廉，富则见义，生则见爱，死则见哀；四行者不可虚假反之身者也。**

——摘自《墨子·修身》

【**释义**】君子处世的原则是，贫穷时表现出廉洁，富足时表现出恩义，对生者表示出慈爱，对死者表示出哀痛。这四种品行不能是装出来的，而必须是自身具备的。

**功名官爵，货财声色，皆谓之欲，俱可以杀身。**

——摘自北宋·林逋《省心录》

【**释义**】过于追求功名官位、货物钱财、动听声音、美丽女色，都可称为贪欲，都可能招来杀身之祸。

**心如欲壑，后土难填。**

——摘自《国语·晋语八》

【**释义**】人心里的欲望就像深谷一样，再多的土也难以填满。说明人一旦被欲望控制，就会一步步走向深渊而身败名裂。

**无德而贿丰，祸之胎也。**

——摘自东汉·王符《潜夫论·遏利》

【**释义**】没有道德的人拥有丰厚的财物，就埋下了灾祸的根源。说明人生在世必须严以律己，讲求道德。

◣ **廉则贫也，贪则亡也，庸则贱也，名则祸也。止者不祸，予者消灾，舍即得焉。**

——摘自唐·狄仁杰《官经》

**【释义】**廉洁必然导致贫穷，贪婪容易走向灭亡，平庸会让人看不起，名声大了会招来祸患。对于财富的攫取要有分寸，勿太贪心，当止则止，当断则断，舍得即得到。

◣ **或为朋援，或为鹰犬，苟得禄利，略无愧耻。吁，可骇哉！吾愿汝等不厕其间。**

——摘自北宋·贾昌朝《诫子孙》

**【释义】**有的结成党羽，有的成为走狗，只要能得到功名利禄，他们哪里知道什么是廉耻。唉，真是让人惊骇啊！我希望你们千万不要与这些人为伍。

◣ **俭可养廉，静能生悟。**

——摘自清·王永彬《围炉夜话》

**【释义】**节俭朴素可以养成清廉的作风，在静默中可以产生顿悟。

◣ **诚欲正朝廷以正百官，当以激浊扬清为第一要义，而其本在于养廉。**

——摘自明·顾炎武《与公肃甥书》

**【释义】**要正朝廷必须先正百官，应以激浊扬清为第一要旨，而其根本在于培养并保持廉洁的美德。

◣ **礼下于人，必有所求。**

——摘自明·王錂《春芜记》

**【释义】**向人恭敬行礼或者赠送礼物，一定是有事情求其帮助。

◣ **心能辨是非，处事方能决断；人不忘廉耻，立身自不卑污。**

——摘自清·王永彬《围炉夜话》

**【释义】**心中能够明辨是非，在处理事情的时候才能毫不犹豫地决断；做人不忘记廉耻，在社会上立身就不会做出品行低下的事。

社会很复杂，有时是非难辨，须培养自己分析和判断问题的能力，如此才能把握事物的本质，以正确的方式避开危险，获得成功。人要常怀礼义廉耻之心，才不至于犯错，掉入污泥之中。

◣ **惟开支甚巨，恒虑入不敷出。而又自矢清廉，决不敢于俸禄而外，妄取民间或下僚分毫。**

——摘自清·林则徐《不取污手之钱》

**【释义】**只是开支太大，总觉得收入少支出多。我曾经发誓要做一个清正廉洁的官员，决不能在自身所得的俸禄之外，去掠取民间和下属的一分一毫。

◣ **嘉谋定国垂青史，盛事传家有素风。**

——摘自宋·苏轼《题永叔会老堂》

**【释义】**有好的谋略使得国家安定必然名垂青史，在太平盛世能够传承廉洁的家风品质。

◣ **贪于近者则遗远，溺于利者则伤名。**

——摘自唐·房玄龄等《晋书·宣帝纪》

**【释义】**只贪图眼前的利益，就会失去长远的利益；沉溺于物质利益，就会损害名誉。

◣ **人生而有欲，欲而不得，则不能无求，求而无度量分界，则不能不争。**

——摘自《荀子·礼论》

**【释义】**人从出生开始，便有了欲望，如果欲望不能得到满足，就不得不去追求，但若追求没有限度、标准，便可能发生斗争。

◣ **风俗日趋于奢淫，靡所底止，安得有敦古朴之君子，力挽江河；人心日丧其廉耻，渐至消亡，安得有讲名节之大人，光争日月。**

——摘自清·王永彬《围炉夜话》

**【释义】**社会风气日渐追求奢侈放纵，没有停止的时候，如何才能出现一位有古代质朴风范的君子振臂一呼，改变江河日下的局面；世人清廉知耻之心将要沦丧，如何才能出现一位讲名节的伟大人物，唤醒世人的廉耻之心，其德行可与日月争辉。

◣ **贫者士之常，焉得登枝而捐其本。**

——摘自南朝·刘义庆《世说新语·德行》

**【释义】**安于清贫是读书人的本分，哪能攀上高枝就把树干抛弃了呢？

人不能因为身份、地位的变化而改变原来的品行、志向，怎么能做了官就丢掉做人的根本呢！

◣ **怒是猛虎，欲是深渊。**

——摘自清·金缨《格言联璧·存养类》

**【释义】**发怒就像猛虎一样容易伤人；贪欲如同深渊一样难以填满。

◣ **金玉货财之说胜，则爵服下流。**

——摘自《管子·立政九败解》

**【释义】**如果身处上位的人贪财好利，下面的人一定会投其所好，有的人就会用钱财买到官爵，从而导致贪赃下流之徒参与政事。

◣ **奢靡之风，危亡之渐也。漆器不止，必金为之；金又不止，必玉为之。故谏者救其源，不使得开。**

——摘自《新唐书·褚遂良传》

**【释义】**奢侈靡费是国家危亡的征兆。如果喜好漆器而不予制止，发展下去必定会用金子来做器具；喜好金器而不予制止，发展下去必定会用美玉来做器具。因此，谏官必须在刚露出奢侈苗头时进谏，不让奢侈之风散播。

◣ **长国家而务财用者，必自小人矣。**

——摘自《大学》

**【释义】**掌管军政大权，心中却想着将财富据为己有，必定是个小人。

◣ **吾不能为五斗米折腰，拳拳事乡里小人邪！**

——摘自唐·房玄龄等《晋书·陶潜传》

【释义】我怎能为了县令的五斗米薪俸，就低声下气地讨好这些无能之辈呢！五斗米是晋代县令的俸禄。此语比喻为人淡泊名利，不为功名利禄所动。

◣ **膏粱积于家，而剥削人之糠覈，终必自亡其膏粱；文绣充于室，而攘取人之敝裘，终必自丧其文绣。**

——摘自清·金缨《格言联璧·悖凶类》

【释义】家中堆满了精美的食物，还去搜刮别人的粗糙食物，最终会失去原有的精美食物；室内堆满锦被绣服，却还要抢夺别人的破衣烂衫，最终会失去原有的锦被绣服。喻贪欲不止，必定身败名裂而一无所有。

◣ **廉不言贫，勤不言苦；尊其所闻，行其所知。**

——摘自河南省内乡县衙东账房的一副楹联

【释义】真正廉洁的人从来不会讲自己如何清贫，真正勤政的人也永远不会抱怨自己如何辛苦；君子崇尚他所听到的善言，努力践行自己所认知的理念。此联讲清了为官者应具备的基本品德，即廉字打底、勤字当头，崇德向善，知行合一。

◣ **众人皆以奢靡为荣，吾心独以俭素为美。**

——摘自宋·司马光《训俭示康》

【释义】许多人都以奢侈浪费为荣，而我独以勤俭朴素为美。

◣ **惟俭可以助廉，惟恕可以成德。**

——摘自《宋史·范纯仁传》

【释义】只有节俭可以使人廉洁奉公，只有宽容可以使人养成良好的品德。

◣ **处贵则戒之以奢，持满则守之以约。**

——摘自唐·魏徵《隋书·梁毗传》

【释义】身份高贵要警惕奢侈的作风，家庭富足要遵守节约的准则。

◣ **惰而侈，则贫；力而俭，则富。**

——摘自《管子·形势解》

【释义】懒惰而奢侈的人，会变得贫困；勤劳而节俭的人，会变得富足。

**饱肥甘，衣轻暖，不知节者损福；广积聚，骄富贵，不知止者杀身。**

——摘自北宋·林逋《省心录》

【**释义**】吃着甘美的饭菜，穿着轻暖的衣衫，不知道节俭，就会有损福报；大量积聚钱财，骄奢淫逸，不知收敛，一定会招来杀身之祸。

**俭，美德也，过则为悭吝，为鄙啬，反伤雅道；让，懿行也，过则为足恭，为曲谨，多出机心。**

——摘自明·洪应明《菜根谭》

【**释义**】节俭是一种美德，但太过分就会变成吝啬小气、斤斤计较，反而有伤风雅之道；谦让是一种美好的品德，但太过分就会变成屈膝谄媚、小心翼翼，反而多出一些巧诈的心思。

许多美德只要我们向前再跨一步，就会成恶习。谦让固然是美德，过分谦让就变成谄媚，所以孔子说："巧言、令色、足恭，左丘明耻之，丘亦耻之。"可见过分的谦恭，如同花言巧语和伪善面颜一样，都是在令人不齿之列的。真理和谬误，只是"失之毫厘"，却往往"谬之千里"。节俭是为了更好地生活，但如果把节俭本身当成目的，那就是吝啬了。

**然则可俭而不可吝已。俭者，省奢，俭而不吝，可矣。**

——摘自南北朝·颜之推《颜氏家训·治家篇》

【**释义**】可以俭省而不可以吝啬。俭省，是合乎礼的节省；吝啬，是在困难危急时也不体恤。如果能够做到施舍而不奢侈，俭省而不吝啬，那就很好了。

**尚俭者开福之源，好奢者起贫之兆。**

——摘自北魏·魏收《魏书·李彪传》

【**释义**】崇尚节俭，是获得幸福的源泉；喜好奢侈，是贫穷开始的征兆。

**克勤于邦，克俭于家。**

——摘自《尚书·大禹谟》

【**释义**】在国家事业上要勤劳，在家庭生活上要节俭。

克勤克俭，是我国人民的传统美德。我国古代圣贤都是这样做的，他们对于国家大事都尽心尽力。尧特别关心百姓，认为百姓挨饿受冻是由于自己的工作没有做到家，是自己的过错；大禹新婚四天后毅然踏上治理水患的征途，一干就是十三年，三过家门而不入，与百姓同甘共苦，终于治服洪水。古代圣贤的生活十分节俭，他们经常穿着粗布衣裳，吃粗米饭，喝野菜汤。由于尧、舜、禹在事业和生活上克勤克俭，所以赢得了百姓的拥戴。

## 家勤则兴，人勤则俭，永不贫贱。

——摘自《曾国藩家书》

**【释义】**一家人只要勤劳节俭，日子一定会越过越好，永远不会贫贱。

## 君子以俭德辟难。

——摘自《周易·否卦》

**【释义】**君子以崇尚俭朴的美德而避开祸难。君子的俭朴能防微杜渐，更能使他在面临危难时做到泰然自若，因为俭朴的美德有助于他渡过难关，化险为夷。

## 俭，德之共也；侈，恶之大也。

——摘自《左传·庄公二十四年》

**【释义】**勤俭是有德行的人共同拥有的品质；奢侈是万恶中最大的罪恶。

## 静则人不扰，俭则人不烦。

——摘自唐·李延寿《南史·陆慧晓传》

**【释义】**拥有一份平静的心态，就不易受外界干扰；在生活中做到节俭，就不会有什么烦心事。

## 历览前贤国与家，成由勤俭破由奢。

——摘自唐·李商隐《咏史》

**【释义】**纵观历史，大到邦国，小到家庭，无不是兴于勤俭，亡于奢靡。

注：据《韩非子·十过》记载，秦穆公有一次问由余：“你说，古代君主使国家兴盛和覆亡的原因是什么？”由余回答说：“由于勤俭而使国家兴盛，由于奢侈而使国家覆亡。”后来，唐代诗人李商隐又取其意，写成《咏史》：

“历览前贤国与家，成由勤俭破由奢。何须琥珀方为枕，岂得真珠始是车。运去不逢青海马，力穷难拔蜀山蛇。几人曾预南薰曲，终古苍梧哭翠华。”

◣ 施而不奢，俭而不吝。

——摘自南北朝·颜之推《颜氏家训》

【释义】大方施舍别人，自己却不奢侈。节俭过日子，却不吝啬。

◣ 奢侈之费，甚于天灾。

——摘自唐·房玄龄等《晋书·傅玄传》

【释义】奢侈所浪费的财物，比天灾还要严重。

◣ 倾家二字淫与赌，守家二字勤与俭。

——摘自《增广贤文》

【释义】使一个家庭败亡的两个字：一是淫（丧德、伤身），二是赌（倾家荡产）。能保住家庭的两个字：一是勤（勤劳方能致富），二是俭（节俭才能兴家）。

◣ 一粥一饭，当思来处不易；半丝半缕，恒念物力维艰。

——摘自《朱子家训》

【释义】对于一碗粥或一碗饭，应当想着来之不易；对于半根丝或半条线，也要常念着这些物资的制作是很艰难的。

◣ 祸莫大于不知足；咎莫大于欲得。故知足之足，常足矣。

——摘自《老子》第四十六章

【释义】最大的祸患莫过于不知足，最大的罪过莫过于贪得无厌。所以，懂得欲望有度，不贪得无厌，才能拥有恒久的满足。

◣ 贫苦中毫无怨詈，两国褒封；富贵时常惜衣粮，满堂荣庆。

——摘自五代·陈抟《心相篇》

【释义】贫苦中无怨言，会受到婆家、娘家的褒奖；富贵时还能勤俭持家，一定满堂荣庆。

# | 道德 |

◣ 忠，德之正也；信，德之固也；卑让，德之基也。

——摘自《左传·文公元年》

**【释义】**忠诚，意味着品行的纯正；信实，意味着品行的巩固；谦卑退让，意味着品行的基础。因此，若想创造美好的生活，就应该时刻提高自己的修养，做一个忠诚、信实、谦卑的人。

◣ 道德当身，故不以物惑。

——摘自《管子·戒》

**【释义】**自身道德高尚，便不会受到外界事物的诱惑，做出违背道德准则之事。

◣ 得人者兴，失人者崩。恃德者昌，恃力者亡。

——摘自宋·司马光《资治通鉴·周纪二》

**【释义】**得到人心就会兴盛，失去人心就会灭亡。依仗德政就会昌盛，依仗暴力就会灭亡。

◣ 德者，事业之基。

——摘自明·洪应明《菜根谭》

**【释义】**道德是人生事业的基础。

◣ 士有百行，以德为首。

——摘自西晋·陈寿《三国志·魏书·夏侯玄传》

**【释义】**士人有上百种品行，但是德行是排在第一位的。

◣ 君子以顺德，积小以高大。

——摘自《周易·升卦》

**【释义】**君子应该效法树木的生长，每天修炼自己的德行，积累小善以成就大德。

◣ 故国必有礼信亲爱之义，则可以饥易饱。国必有孝慈廉耻之俗，则可以死易生。

——摘自《尉缭子·战威》

**【释义】**一个国家必须有崇礼守信相亲相爱的风气，民众才能忍饥耐饿克服困难。国家必须有孝顺慈爱廉洁知耻的习俗，民众才能不畏牺牲去捍卫国家。

◣ 防欲如挽逆水之舟，才歇力便下流；力善如缘无枝之树，才住脚便下坠。是以君子之心无时而不敬畏也。

——摘自明·吕坤《呻吟语》

**【释义】**克服欲望好比逆水行舟，一旦歇息就会向下游漂走；努力向善，好比攀登没有枝杈的大树，一旦停下来就会下滑。所以，君子的心没有一刻不处在敬畏之中。

◣ 卑而言高，能言而不能行者，君子耻之矣。

——摘自西汉·桓宽《盐铁论·能言》

**【释义】**行为卑鄙却爱说漂亮话，能说会道却不能做实事，这是品德高尚的人引以为耻的。

◣ 欲生于无度，邪生于无禁。

——摘自《尉缭子·治本》

**【释义】**贪欲之念和奸邪之行的产生，都是放松了道德修养的结果。意指要禁欲、禁邪，就要加强自身的道德修养。

◣ **聪明过露者德薄，才华太盛者福浅。**

——摘自南北朝·傅昭《处世悬镜·藏之》

**【释义】**太过于显露自己聪明的人，品德浅薄，才华太过于外露的人，福分浅薄。

◣ **顺德者昌，逆德者亡。**

——摘自清·蔡东藩《前汉演义》

**【释义】**符合道德的就能够繁荣昌盛，违背道德的最终一定会走向灭亡。

◣ **苟信不继，盟无益也。**

——摘自《左传·桓公十二年》

**【释义】**若不能坚守诚信，就算签订了盟约，也是徒劳无益的。

◣ **名誉自屈辱中彰，德量自隐忍中大。**

——摘自清·金缨《格言联璧·存养类》

**【释义】**名誉从屈辱中得以彰显，德行、雅量自忍耐中得以光大。

◣ **道生于安静，德生于卑退，福生于清俭，命生于和畅。**

——摘自清·金缨《格言联璧》

**【释义】**道理呈现于安静处，高尚品德体现于谦退里，福气产生于清朴节俭中，生命注重于平和豁达。

◣ **圣人修节以止欲，故不过行其情也。**

——摘自秦·吕不韦《吕氏春秋·情欲》

**【释义】**圣贤之人修养自身的品行去节制欲望，因此毫不放纵自己的情感。

◣ **才而无德谓之奸，勇而无德谓之暴，辩而无德谓之诞，智而无德谓之谲。**

——摘自南宋·崔敦礼《刍言》

**【释义】**有才能但是没有品德，则为人奸诈；勇敢而没有品德，则为人残暴；巧言善辩而没有品德，则为人荒唐虚妄；有智慧而没有品德，则为人诡谲。

◣ **钱财如粪土，仁义值千金。**

——摘自明·冯梦龙《警世通言》

【**释义**】钱财像粪土一样微不足道，仁义和道德比钱财更可贵。

◣ **不恒其德，或承之羞。**

——摘自《周易·恒卦》

【**释义**】不能长久地保持德行的人，就可能蒙受羞辱。

◣ **德，福之基也，无德而福隆，犹无基而厚墉也，其坏也无日矣。**

——摘自《国语·晋语六》

【**释义**】道德是福禄的基础，没有良好的品德而福禄丰厚，犹如不打墙基而垒起来的厚墙一样，注定离坍塌的日子不远。德不配位，必有灾殃。为人缺德，为官必邪。

◣ **从善如登，从恶如崩。**

——摘自《国语·周语下》

【**释义**】学习行善就像登山一样艰难，学习作恶就像山崩一样迅速。比喻学好很难，学坏很容易。

◣ **富贵名誉，自道德来者，如山林中花，自是舒徐繁衍；自功业来者，如盆槛中花，便有迁徙兴废；若以权力得者，如瓶钵中花，其根不植，其萎可立而待矣。**

——摘自明·洪应明《菜根谭》

【**释义**】富贵荣华和声名，如果是从施行仁义道德中得来的，便如同生长在山野林间的花草，自然是从容不迫地繁盛绵延；从建功立业中得来的，就如同栽种在盆景栅栏中的花草，会因移动或环境变化而兴盛凋谢；假若以权位势力得来，则如同扦插在瓷瓶瓦钵中的花草，根部没有植养，枯萎也指日可待。

道德是功业的根基，常常能填补智慧的缺陷，但智慧永远填补不了道德的缺陷。虽然富贵名誉是人之所羡，但“君子爱财，取之有道”。一个心地纯洁品德高尚的人有了学问，可以修身、齐家、治国、平天下，对社会有所贡献。只有通过自身的道德修养获取财富才让人心安理得，才可长久享用。反之，一个心术不正的人有了学问，好比为虎添翼，他会利用学问去做各种危害他人的事。

**德之流行，速于置邮而传命。**

——摘自《孟子·公孙丑上》

**【释义】**德政的流行，比驿站传达政令还要迅速。道德是国家发展的基础。由于人们都希望社会和谐安定，故高尚的道德能很快深入人心。

**仁义礼善之于人也，辟之若货财粟米之于家也。**

——摘自《荀子·大略》

**【释义】**仁义礼善对于人来说，就好像财物粮食对于家庭一样重要。

**大学之道，在明明德，在亲民，在止于至善。知止而后有定，定而后能静，静而后能安，安而后能虑，虑而后能得。物有本末，事有终始。知所先后，则近道矣。古之欲明明德于天下者，先治其国；欲治其国者，先齐其家；欲齐其家者，先修其身；欲修其身者，先正其心；欲正其心者，先诚其意；欲诚其意者，先致其知，致知在格物。物格而后知至，知至而后意诚，意诚而后心正，心正而后身修，身修而后家齐，家齐而后国治，国治而后天下平。自天子以至于庶人，壹是皆以修身为本。其本乱而末治者，否矣。其所厚者薄，而其所薄者厚，未之有也。**

——摘自《大学·修身之道》

**【释义】**大学的宗旨在于弘扬光明正大的品德，在于使人弃旧图新，在于使人达到最完善的境界。知道应达到的境界才能够志向坚定，志向坚定才能够镇静不躁，镇静不躁才能够心安理得，心安理得才能够思虑周详，思虑周详才能够有所收获。每样东西都有根本有枝末，每件事情都有开始有终结。明白了这本末始终的道理，就接近事物发展的规律了。古代那些想在天下弘扬光明正大品德的人，先要治理好自己的国家；要想治理好自己的国家，先要管理好自己的家庭和家族；要想管理好自己的家庭和家族，先要修养自身的品行；要想修养自身的品行，先要端正自己的心思；要想端正自己的心思，先要使自己的意念真诚；要想使自己的意念真诚，先要使自己获得知识；获得知识的途径在于认识、研究万事万物。通过对万事万物的认识、研究后才能获得知识；获得知识后意念才能真诚；意念真诚后心思才能端正；心思端正后才能修养品行；品行修养后才能管理好家庭和家族；管理好家庭和家族后才能治理好国家；治理好国家后天下才能太平。上至国家元首，下至平民百姓，人人都要以修养品行为根本。若这个根本被扰乱了，要想治理好家庭、家族、国家、天下是不可能的。不分轻重缓急，本末倒置却想做好事情，也同样是不可能的。

**贞观十七年，太宗谓侍臣曰："《传》称'去食存信'，孔子曰：'民无信不立。'昔项羽既入咸阳，已制天下，向能力行仁信，谁夺耶？"房玄龄对曰："仁、义、礼、智、信，谓之五常，废一不可。能勤行之，甚有裨益。殷纣狎侮五常，武王夺之；项氏以无信为汉高祖所夺，诚如圣旨。"**

——摘自唐·吴兢《贞观政要·诚信》

**【释义】**贞观十七年（643），唐太宗对身边的大臣们说："《论语》上说：'宁可不要粮食也要保持百姓对国家的信任'，孔子说：'百姓不信任国家，便不能立国。'从前，楚霸王项羽攻入咸阳，已经掌控了天下，如果当时他能够努力推行仁政，那么谁能夺取他的天下？"房玄龄回答说："仁、义、礼、智、信，称为五常，废弃任何一项都不行。如果能够认真推行五常，对国家是大有益处的。殷纣王违反五常，被周武王灭掉；项羽因为无信，被汉高祖夺了天下。事实确实像陛下所讲的那样。"

**平居息欲调身，临大节则达生委命；齐家量入为出，徇大义则芥视千金。**

——摘自明·洪应明《菜根谭》

**【释义】**平时平息自己的欲望，修身养性，面临紧要关头就能够为了大局而舍生取义；治家能够量入为出，精打细算，在关键时刻就能够为大义而视千金为草芥。

◣ **处事即求合一，处事即求合理，则行著习察矣。**

——摘自明·薛瑄《从政录》

**【释义】**处事与道理要吻合一致，就必须品德高尚并认真学习。只有努力学习，不断提高修养，才能拥有高尚的操守，并在生活和工作中彰显出来。若没有高尚的修养，就不会有高尚的行为。

◣ **争轻重者至衡而息，争短长者至度而息，争多寡者至量而息，争是非者至圣人而息。**

——摘自明·吕坤《呻吟语·圣贤》

**【释义】**争论轻重的人遇到秤就停止了，争论短长的人遇到尺子就止息了，争论多少的人遇到斗升就停止了，争论是非的人遇到圣人就止息了。

那些市侩小人、凡夫俗子，往往不顾是非标准，对个人私利斤斤计较，但最终社会道德的尺度会使其无地自容。任何社会、任何阶段都有一定的道德标准和行为规范，违背了标准和规范就会使自己处于不利境地。

◣ **大人不可不畏，畏大人则无放逸之心；小民亦不可不畏，畏小民则无豪横之名。**

——摘自明·洪应明《菜根谭》

**【释义】**对德行高尚的人要存有敬畏之心，能敬畏德行高尚的人就不会有放纵好逸的心思；对老百姓也要存有敬畏之心，能敬畏老百姓就不会有蛮横欺人的恶名。

孔子说："君子有三畏，畏天命，畏大人，畏圣人之言。"君子身上回荡着一股浩然正气，令人觉得凛然不可侵犯，甚至让人自惭形秽，这种感觉是敬畏之情。而平民百姓也一样使人敬畏。古往今来，人民都是社会进步的推动者，所有丰功伟绩都离不开广泛扎实的群众基础，任何人都不可小觑百姓的力量。孟子说："民为贵，社稷次之，君为轻，是故得乎丘民而为天子，得乎天子为诸侯，得乎诸侯为大夫。"唐太宗也从"水能载舟亦能覆舟"中感受到百姓的力量。

**平民肯种德施惠，便是无位的公相；士夫徒贪权市宠，竟成有爵的乞人。**

——摘自明·洪应明《菜根谭》

**【释义】**平民百姓如果愿意积善德、施恩惠，即使没有任何官位，也会像公卿相国一样受人敬仰；士人官吏如果只贪权位、邀恩宠，即使享有爵位俸禄，也会像沦落街头的乞丐一样贫穷。

富有的含义有两层：一是物质上的富有，二是精神上的富有。普通百姓虽然无权无势，但只要热心助人，也会赢得爱戴。然而，一些享国家俸禄之人，身居高位却毫无爱民之心，贪赃枉法，他们的精神世界是一片沙漠。权位使人得到的只能是事功，却积不下阴德。权力逼人屈膝，善行却使人们膜拜。

**无财非贫，无学乃为贫；无位非贱，无耻乃为贱；无年非夭，无述乃为夭；无子非孤，无德乃为孤。**

——摘自清·王永彬《围炉夜话》

**【释义】**没有财富不算贫穷，没有学问才是真正的贫穷；没有地位不算卑贱，没有廉耻心才是真正的卑贱；年岁不长不算短命，一生中没有值得记述的事迹才是真正的短命；没有儿女不算孤独，没有品德节操才是真正的孤独。

**节义傲青云，文章高白雪，若不以德性陶镕之，终为血气之私，技能之末。**

——摘自明·洪应明《菜根谭》

**【释义】**具有高尚节操和浩然正气的人傲视功名利禄，文章韵致高过白雪名曲，但如果不用德行来陶冶锻炼的话，那么所谓的节义终究不过是血气方刚的私人情感，文章也只能算是雕虫小技。

一个人无论如何清高或有学问，如果没有高尚的品德，那么这种清高和学问也就失去了意义。只有时刻注重自己的道德修养，才能指引人生走向正确之路。才智好比仆人，道德好比主人。主人是个好人，仆人就做好事；主人是个恶人，仆人就会有恶行，而且越有才，作恶就越大。不能养德，终归末枝。

◣ 蛾扑火，火焦蛾，莫谓祸生无本；果种花，花结果，须知福至有因。

——摘自明·洪应明《菜根谭》

【释义】飞蛾扑火，火焰把飞蛾烧焦了，别说灾祸的产生没有原因；果实埋到地里可以发芽、开花，又长出果实，要知道福运的到来是有原因的。

此语提醒人们，祸福都是有因果的，不要抱怨祸患的到来，要努力营造福运。

◣ 敬，德之聚也，能敬必有德。

——摘自《左传·僖公三十三年》

【释义】恭敬是诸多德行的集中体现，能够做到真诚而恭敬的人，一定具有德行。

◣ 富润屋，德润身，心广体胖，故君子必诚其意。

——摘自《大学》

【释义】财富可以修饰房屋，道德可以修养身心，心胸宽广，身体自然也安适舒坦。所以，君子一定要使自己的意念诚实。

◣ 大人者，不失其赤子之心者也。

——摘自《孟子·离娄下》

【释义】品德高尚的人，是没有失去其本有的如婴儿般纯真的心的人。越是伟大的人物，越能保持纯真的一面。

◣ 大寒既至，霜雪既降，吾是以知松柏之茂也。

——摘自《庄子·让王》

【释义】大寒时节到了，霜雪降临了，这时节更能显出松树、柏树的茂盛。“松柏之茂”比喻君子品德高尚。

◣ 不义而富且贵，于我如浮云。

——摘自《论语·雍也》

【释义】以不合礼法的手段得到的财富和地位，对我来说就犹如天际的浮云一样。

◣ 平生德义人间诵，身后何劳更立碑。

——摘自唐·徐寅《经故翰林杨左丞池亭》

**【释义】**人活着的时候具备良好的品德，便会被世人称颂，死后哪里还用得着树碑立传呢?

◣ 德与年而俱进，如日升月恒。

——摘自明·归有光《震川集·少傅陈公六十寿诗序代》

**【释义】**德行随着年龄的增长而不断深厚，就如同太阳冉冉升起，月亮渐渐盈满。

◣ 人之足传，在有德，不在有位；世所相信，在能行，不在能言。

——摘自清·王永彬《围炉夜话》

**【释义】**人的名声足以被流传赞美，在于有良好的品德，而不在于有多高的权位；人之所以能够被世人相信，主要在于能踏实做事，而不在于侃侃而谈。

◣ 生资之高在忠信，非关机巧；学业之美在德行，不仅文章。

——摘自清·王永彬《围炉夜话》

**【释义】**人的资质高低，在于为人是否忠实而有信用，并不在于善用机变与心思巧妙；读书读得好的人也主要在于道德高尚，品行美好，而不仅在于文章精妙。

◣ 得财失行，吾所不取。

——摘自宋·司马光《资治通鉴》

**【释义】**获得财物却丧失了德行，这样的事我是不会去做的。

◣ 施恩者，内不见己，外不见人，则斗粟可当万钟之惠；利物者，计己之施，责人之报，虽百镒难成一文之功。

——摘自明·洪应明《菜根谭》

**【释义】**布施恩惠给别人，既不考虑索要回报，也不思量扬名显节，那么一斗粟米的付出可以收到万斗的回报；济助物资给别人，计较自己付出的多少，要求别人同样的回报，那么虽然付出了万两黄金也难有分毫的功德。

◣ **不矜细行，终累大德。**

——摘自《尚书·旅獒》

**【释义】**一个人不注重小节，最终必然累及立身的大德。平时不注重品德操行方面的细末小事，久之细行积成恶习，必将影响立身大节。

◣ **君子有大道，必忠信以得之，骄泰以失之。**

——摘自《大学》

**【释义】**君子治国安邦有常理大道，必须用忠诚信义才能得到它，骄横奢侈就会失去它。

◣ **夫聪察强毅之谓才，正直中和之谓德。才者，德之资也；德者，才之帅也。**

——摘自宋·司马光《资治通鉴·周纪一》

**【释义】**聪明是一种才华，正直谦虚是一种品德；才华是德行的资粮，德行是才华的根本。

◣ **钱能福人，亦能祸人，有钱者不可不知。**

——摘自清·王永彬《围炉夜话》

**【释义】**钱财可以为人们带来福分，同时也能带来祸患，有财富的人不可不明白这个道理。

◣ **莫言名与利，名利是身仇。**

——摘自唐·杜牧《不寝》

**【释义】**不要对我说名与利的事情，名利是我们自身最大的仇敌。

刻意追求名利，不管最终是否能得到，都会被名利二字困住，以致陷入名缰利锁难以自拔，甚至不惜见利忘义、出卖灵魂，最后走上歧路，身败名裂。

◣ **君子谋道不谋食。耕也，馁在其中矣。学也，禄在其中矣。君子忧道不忧贫。**

——摘自《论语·卫灵公》

【释义】君子谋求的是大道，而不是个人的生计。耕田种地，可能会饥饿；治学求道，可能得到俸禄。君子担心的是大道不能确立或践行，而不担心自己的贫穷。

人应把是否对社会有用作为人生的最大追求，而不是钱财，虽然有时候难免陷入困顿，但只要不断提升自己，自我价值总有一天会得以实现。故有君子品行的人只忧心自己的修为问题，而不在意是否贫穷。

**积善三年，知之者少，为恶一日，闻于天下。**

——摘自唐·房玄龄等《晋书·帝纪》

【释义】长时期的积善，知道的人很少；但若一时作恶，天下的人可能都会知道。因而，我们应该始终坚持良好的行为。

**寒之于衣，不待轻暖；饥之于食，不待甘旨；饥寒至身，不顾廉耻。**

——摘自东汉·班固《汉书·食货志》

【释义】在寒冷的冬天，人们不会去等待狐裘或丝绵做的轻暖的冬衣（寒不择衣），人在饥饿之时不会去等待甜美的食物（饥不择食）；人在饥寒交迫之时也就不会考虑到廉耻之心。

**子用私道者家必乱，臣用私义者国必危。**

——摘自西汉·刘向《战国策·赵二·赵燕后胡服》

【释义】子女使用不正当的手段谋生，家庭必定混乱；臣子使用不正当的手段扬名，国家必定危险。

**天下有三门，繇于情欲，入自禽门；繇于礼仪，入自人门；繇于独智，入自圣门。**

——摘自西汉·扬雄《法言》

【释义】天下有三种归宿，如果凭着自己的情欲行事，横行无忌，就会沦为禽兽；如果能够严于律己，使自己的行为合乎礼义伦常，才能算得上是纯粹的人；如果通过自我修行，福至心灵，超凡脱俗，那么就可以达到圣人的境界。

◣ **大道废，有仁义；慧智出，有大伪；六亲不和，有孝慈；国家昏乱，有忠臣。**

——摘自《老子》第十八章

**【释义】**大道被废弃了，才有提倡仁义的需要；聪明智巧争相出现，伪诈也盛行一时；家庭出现了纠纷，才能显出孝慈；国家陷于混乱，才能显出忠臣。

◣ **马先驯而后求良，人先信而后求能。**

——摘自西汉·刘安《淮南子·说林训》

**【释义】**马匹应先驯服，才能锻炼出优良的马匹；人应当先讲求信义，然后才能求得各种技能。

◣ **生而不有，为而不恃，长而不宰，是谓玄德。**

——摘自《老子》第五十一章

**【释义】**创造了事物却不占有，做出了功绩却不自恃功劳，养育了事物却不主宰它的命运，这才是深妙的德。

◣ **耻不能，不耻不见用。是以不诱于誉，不恐于诽，率道而行，端然正己，不为物倾侧，夫是之谓诚君子。**

——摘自《荀子·非十二子》

**【释义】**君子以自己缺少才德为耻，而不以不被重用为耻。所以，君子不会被虚名所诱惑，也不会被诽谤所吓退。遵从道义做事，严肃地端正自己，不被外界事物困扰，这才称得上是真正的君子。

◣ **水火有气而无生，草木有生而无知，禽兽有知而无义，人有气、有生、有知，亦且有义，故最为天下贵也。**

——摘自《荀子·王制》

**【释义】**水和火有气，但没有生命；草木有生命，但没有知觉；禽兽有知觉，但没有礼义。人有气、有生命、有感知能力，而且能够遵守道义，因此天下以人为尊贵。

◣ 君子以仁存心，以礼存心。仁者爱人，有礼者敬人。爱人者人恒爱之，敬人者人恒敬之。

——摘自《孟子·离娄下》

**【释义】**君子内心所怀的念头是仁，是礼。仁爱的人爱别人，礼让的人尊敬别人。爱别人的人，别人也爱他，尊敬别人的人，别人也尊敬他。

◣ 以理听言，则中有主；以道窒欲，则心自清。

——摘自明·陈继儒《小窗幽记》

**【释义】**用理智来判断所听到的言语，那么心中自有主张；用道德准则来约束自己的欲望，那么心中便自然清朗开明。

◣ 一信字是立身之本，所以人不可无也；一恕字是接物之要，所以终身可行也。

——摘自清·王永彬《围炉夜话》

**【释义】**诚信是一个人安身立命的根本，所以做人不能没有信用；宽容是待人接物的关键，所以一生都应该奉行。

◣ 德者人之所严，而才者人之所敬；爱者易亲，严者易疏，是以察者多蔽于才而遗于德。

——摘自宋·司马光《资治通鉴·周纪》

**【释义】**有道德的人能够受到人们的敬重，有才能的人能够被人们敬仰。喜欢的人容易变得亲近，严格要求的人容易变得疏远。因此，观察一个人容易因重视其才能而忽视了他的道德。

◣ 苟为后义而先利，不夺不餍。未有仁而遗其亲者也，未有义而后其君者也。

——摘自《孟子·梁惠王上》

**【释义】**如果轻视公义而看重私利，那么不夺取全部是不会满足的。从来没有重仁的人抛弃他的父母的，也没有重义的人却怠慢他的君主的。

**君子之言，幽必有验乎明，远必有验乎近，大必有验乎小，微必有验乎著。**

——摘自西汉·扬雄《法言·问神》

**【释义】**有德行的人说话，说暗必须有明作验证，说远必须有近作验证，说大必须有小作验证，说微小必须有显著作验证。

**此心常看得圆满，天下自无缺陷之世界；此心常放得宽平，天下自无险侧之人情。**

——摘自明·洪应明《菜根谭》

**【释义】**如果心中能够常怀圆满善良，那么再看这个世界便没有什么缺陷；如果心态能够常常宽厚平和，那么天下也没有那么险恶莫测。

用宽容平和的心态去看待世间万物，心中就会油然而生一种满足感，令人舒畅。如果用挑剔的眼光俯视世界，就会对世界有诸多不满。不要总是抱怨世界，应多多反省自己。

**心者后裔之根，未有根不植而枝叶荣茂者。**

——摘自明·洪应明《菜根谭》

**【释义】**诚善之心是繁衍子孙后代的根本，从来没有听说过不培植树根就能长出枝繁叶茂的大树来的。

家庭环境对一个人的影响是全面的，父母的一言一行会让子女潜移默化地受影响。一个心地善良的人，其子孙自然也能学得心地善良。因此，为人父母者首先要品行端正、道德高尚，这样才能培养出优秀的下一代。

**士君子持身不可轻，轻则物能挠我，而无悠闲镇定之趣；用意不可重，重则我为物泥，而无潇洒活泼之机。**

——摘自明·洪应明《菜根谭》

**【释义】**有修养有道德的君子，言行不可轻率躁进，轻率躁进便容易为名利物欲所束缚，而失去宁静悠闲的情趣；君子的心机不可太重，如果深陷于此，就会为物质利益诱惑，而失去了潇洒活泼的生机。

君子要懂得保持身心的平衡，为人要持重守成，又不可过于深重，要胸怀坦荡，有一份云淡风轻的情怀。轻率是干事业的大忌。一步跨出三步的距离，非但不能加快行进速度，反而会使人跌倒。在时机不成熟的时候就提出方案，只会断送这一方案。古人说：“欲速则不达。”急躁的人就容易犯这样的错误，预期的效果没有达到，反而因急躁把生活弄得一团糟。工于心计的人终日忙于算计，结果“聪明反被聪明误”，最终害了自己。

**绝嗜禁欲，所以除累；抑非损恶，所以禳过；贬酒阙色，所以无污。**

——摘自秦·黄石公《素书》

**【释义】**杜绝不良的嗜好，禁止非分的欲望，这样可免除各种牵累；抑制不合理的行为，减少邪恶的行径，这样可以避免过失；远离醇酒和美色，就可以保持自己的品行高洁。

**观周公之不骄不吝，有才何可自矜；观颜子之若无若虚，为学岂容自足。门户之衰，总由于子孙之骄惰；风俗之坏，多起于富贵之奢淫。**

——摘自清·王永彬《围炉夜话》

**【释义】**周公：周公旦，西周文王之子。周武王去世后，成王年幼，周公任摄政王，既不目中无人，也不卑躬屈膝，把朝中的一切事务处理得十分妥当。

颜子：颜回。他虚心好学，学问远远超出了他人，可他仍虚怀若谷，没有一点满足的意思。

周公不因为自己才德过人而有骄傲和鄙吝的心，所以稍有才能的人怎么能够骄傲自大呢；孔子的弟子颜回永远怀有虚怀若谷的心境，所以做学问怎么能自我满足呢。一个家族的衰败，都是由于子孙后代养成了骄傲懒惰的习气；而社会风俗的败坏，大多是由于富贵阶层骄奢淫逸引起的。学成于谦，富败于奢。

**我贵而人奉之，奉此峨冠大带也；我贱而人侮之，侮此布衣草履也。然则原非奉我，我胡为喜？原非侮我，我胡为怒？**

——摘自明·洪应明《菜根谭》

**【释义】**当我富贵时，别人都来奉承，他们敬奉的是我的官帽官服；当我贫贱时，别人都来侮辱，他们侮辱的是我的布衣草鞋。然而这原本就不是奉承我，我何必高兴？原本就不是侮辱我，我何必生气？

物自为物，我自为我。我们都是赤身来空手走，功名富贵本为身外之物。加于我，如穿一新衣，弃我时，也并非如割我身上之肉，何须大喜大悲？无论在炙手可热之时，还是在门庭冷落之时，都能坦然面对，保持一份淡定情怀，只有这样才是真正的逍遥自在。人生在世，酸甜苦辣都尝遍，才算是完整的人生。所以，不必为痛苦而哭，无须为幸福而笑，如何来便如何去。

**道生于静，德生于谦，福生于俭，命生于和。**

——摘自《老子》第十五章

**【释义】**“道生于静”，是说去私欲，破妄念，使心灵保持虚静，忘我做事，心中的智慧，即“道”，就会自然而然流露出来。终日心浮气躁，“道”就会远离你。“德生于谦”，是说谦卑礼让，宽容他人，会让一个人德行越来越高，心量越来越大。“福生于俭”，是说一个人的福气，从清心寡欲来；一个家庭的福气，从清廉节俭来。“命生于和”，是说一个人是不是健康长寿，关键看他心态是否平和通畅。人不应过于贪欲，凡事要有度。以上四句话不仅包含深邃的人生哲理，而且蕴藏着养生长寿的奥秘。

**虎尾不附狸身，象牙不出鼠口。**

——摘自东晋·葛洪《抱朴子·清鉴》

**【释义】**老虎的尾巴不会长在狸猫身上，象牙也不会长在老鼠的口中。此言喻小人是不会做出高尚的事情的。

**君子有诸己而后求诸人，无诸己而后非诸人。所藏乎身不恕，而能喻诸人者，未之有也。**

——摘自《大学》

**【释义】**品德高尚的人，总是自己先做到，然后才要求别人做到；自己先不这样做，然后才要求别人不这样做。不采取这种推己及人的恕道，就想让别人按自己的意思去做，那是不可能的。

**君子与君子以同道为朋，小人与小人以同利为朋。**

——摘自宋·欧阳修《朋党论》

**【释义】**品德高尚的人之间的交往，是以共同的理想为基础的；品德低劣的人之间的交往，是以共同的私利为基础的。

◣ **君子战虽有陈，而勇为本焉；丧虽有礼，而哀为本焉；士虽有学，而行为本焉。**

——摘自《墨子·修身》

**【释义】**君子打仗虽讲究阵法，但战士的勇敢才是根本；服丧虽讲究礼仪，但哀痛才是根本；当官虽讲究才学，但德行才是根本。

◣ **宁可抱香枝上老，不随黄叶舞秋风。**

——摘自宋·朱淑真《黄花》

**【释义】**我宁愿守着那香气枯萎在枝头，也不愿像那枯叶在秋风中飘动。此语借助咏菊表达了诗人高尚的节操。

◣ **废一善，则众善衰。赏一恶，则众恶归。**

——摘自秦·黄石公《三略》

**【释义】**废弃了一种善行，则众善都会衰败；奖赏了一种恶行，则众恶都会增长。

◣ **礼尚往来。往而不来，非礼也；来而不往，亦非礼也。**

——摘自《礼记·曲礼上》

**【释义】**礼崇尚往来。施人恩惠却收不到回报，是不合礼的；别人施恩惠于己，却没有报答，也不合礼。

◣ **仓廪实而知礼节，衣食足而知荣辱。**

——摘自《管子·牧民》

**【释义】**老百姓的粮仓充足，能吃饱穿暖，而后才能够遵守礼节，知道荣辱。

文明的进步依靠经济的发展，经济的发展促进文明的进步。“仓廪实”“衣食足”和“知礼节”“知荣辱”是相互促进的。

◣ **以力服人者，非心服也，力不赡也；以德服人者，心中悦而诚服也。**

——摘自《孟子·公孙丑上》

【释义】用势力强迫他人服从，别人并不会真的服从，只不过是他的实力不及你而假装顺从；只有以德服人，他人才会发自内心地对你心悦诚服。

◣ **能容小人是大人，能培薄德是厚德。**

——摘自清·金缨《格言联璧·接物类》

【释义】能够容忍小人，是胸怀宽大的人；能够从小处培养道德，便能成为有深厚道德修养的人。

◣ **以财为草，以身为宝。**

——摘自西汉·刘向《说苑·丛谈》

【释义】视钱财如草芥，而把自身的人品气节视为最珍贵的宝贝。

◣ **大人者，不失其赤子之心者也。**

——摘自《孟子·离娄下》

【释义】品德高尚的人，是保持着先天本真之心的人。

赤子之心不是外界施加的，而是人生来具有的本质。

◣ **人而好善，福虽未至，祸其远矣。**

——摘自东汉·徐幹《中论·修本》

【释义】人如果能乐于为善，福报虽然还没有到来，但是祸患已经远离了。

◣ **居身务期质朴，教子要有义方。**

——摘自《朱子家训》

【释义】为人立身务必朴实节俭，教育子孙要有仁义的矩度。

◣ **先义而后利者荣，先利而后义者辱。**

——摘自《荀子·荣辱》

【释义】先顾礼义后求利益才算光荣，先求利益而不顾礼义便是耻辱。

◣ **碎骨粉身浑不怕，要留清白在人间。**

——摘自明·于谦《石灰吟》

【释义】以石灰比喻人，就是碎骨粉身都不怕，只要一身清白留在人间。

◣ **夫德不称位，能不称官，赏不当功，罚不当罪，不祥莫大焉。**

——摘自《荀子·正论》

**【释义】**人的德行和地位不匹配，才能和所任官职不匹配，奖赏和功劳不匹配，惩罚和罪责不匹配，不祥莫过如此了。

◣ **夫信者，人君之大宝也。国保于民，民保于信；非信无以使民，非民无以守国。是故古之王者不欺四海，霸者不欺四邻。善为国者不欺其民，善为家者不欺其亲。不善者反之……**

——摘自宋·司马光《资治通鉴·周显王十年》

**【释义】**信誉，是君主至高无上的法宝。国家靠人民来保卫，人民靠信誉来保护；不讲信誉无法使人民爱戴，没有人民便无法维持国家。所以，古代成就王道者不欺骗天下，建立霸业者不欺骗四方邻国。善于治国者不欺骗人民，善于治家者不欺骗亲人。蠢人往往反其道而行之……

◣ **为一恶而此心愧怍，虽欲掩护，而乡党传笑之，王法刑辱之，鬼神灾祸之，身后指说之。**

——摘自清·金缨《格言联璧·悖凶类》

**【释义】**做坏事会内心惭愧，虽想遮掩，但乡邻会将其传为笑谈，法律会惩罚他，上天会给他降灾祸，死后也会被人们指指点点。

◣ **其生也荣，其死也哀，如之何其可及也。**

——摘自《论语·子张》

**【释义】**孔夫子活着时候荣耀天下，他逝世后大家都无比哀痛。这样的人我们如何能赶得上啊！

◣ **志于道，据于德，依于仁，游于艺。**

——摘自《论语·述而》

**【释义】**以遵从大道为志向，以德行为做事的依据，以仁爱之心作为凭借，灵活游憩于六艺中。

◣ 一念慈祥，可以酝酿两间和气；寸心洁白，可以昭垂百代清芬。

——摘自明·洪应明《菜根谭》

**【释义】**心中存有仁慈的念头，可以为天地间制造祥和的气息；心灵保持纯净洁白，可以留下千古美名，造福后世百代。

古来志士仁人的事迹为千百代传诵，因为他们不只留下了名字，更留下了美德。作为芸芸众生的我们，虽然平凡，但只要能谨慎其德，大公无私，就可成为有用的人。古语有“一心洁白，流芳千古”，可见美誉足可使人永垂不朽。

◣ 德不配位，必有灾殃；德薄而位尊，智小而谋大，力小而任重，鲜不及矣。

——摘自《周易·系辞》

**【释义】**一个人的德行和所处的地位不匹配，必然会招致灾祸。德行浅薄却地位尊贵，智慧不足而谋划甚大，能力不足而责任重大，都很少能办成事情。

名不副实，必定会压垮自己。厚德方能承载万物。

◣ 无义而生，不若有义而死；邪曲而得，不若正直而失。

——摘自唐·王定保《唐摭言》

**【释义】**不讲求道义而活着，还不如坚守道义而死去。采取不正当的手段获利，还不如公正耿直而无所得。

◣ 贱不害智，贫不妨行。

——摘自西汉·桓宽《盐铁论·地广》

**【释义】**一个人地位低下并不妨碍他有智慧，一个人生活贫困并不妨碍他有德行。

◣ 穷不失义，故士得己焉；达不离道，故民不失望焉。

——摘自《孟子·尽心上》

**【释义】**贫困的时候不失道义，因此能够自得其乐。得志的时候也不偏离道法，因此不会使天下百姓失望。

逃名而名我随，避名而名我追。

——摘自南朝·范晔《后汉书·法真传》

**【释义】**隐居逃名却名声倍增，躲避名声而名声始终追随。

政有三品：王者之政化之，霸者之政威之，强者之政胁之。夫此三者各有所施，而化之为贵也。

——摘自西汉·刘向《说苑·政理》

**【释义】**执政有三种品级：王道的政治在于用道德感化人民，霸道的政治在于威服人民，强暴的政治以武力胁迫人民。这三种政治有各自的施行方法，但用道德去感化人是其中最好的方法。

论至德者不和于俗，成大功者不谋于众。

——摘自战国·商鞅《商君书·更法》

**【释义】**讲究崇高道德的人，不附和于俗人；要成就大事的人，不会与众人合谋。

谋求重大事情的人，必定有非同一般的眼光、心胸和气度，自己看准了，去做就是了。如果和别人商量，如别人见识低下，心胸狭小，必定不理解你的想法；或是七嘴八舌，动摇你的意志，破坏你的信心和情绪；或人多口杂，出现走漏风声、葬送机会的坏事。

德教溢乎四海。

——摘自《孟子·离娄上》

**【释义】**德教能传播到四海之内。

道德是人心的准绳，也是社会发展的基础。由于人心向善，因此道德可以流布天下。

富与贵，是人之所欲也，不以其道得之，不处也。

——摘自《论语·里仁》

**【释义】**富与贵，是人人想要的，但如果不是从正道得来的，君子是不会安于享有的。此语强调富贵只能通过正当途径和手段去获得。

◣ **人之有德于我也，不可忘也；吾有德于人也，不可不忘也。**

——摘自西汉·刘向《战国策·魏策》

**【释义】**别人对自己有恩德，不可忘记；自己对别人有恩惠，不能不忘记。

◣ **其知弥精，其所取弥精；其知弥粗，其所取弥粗。**

——摘自秦·吕不韦《吕氏春秋·孟冬纪·异宝》

**【释义】**智慧越精深，择取事物的标准就越精深。智慧越粗鄙，择取事物的标准也就越粗鄙。

◣ **子曰："德不孤，必有邻。"**

——摘自《论语·里仁》

**【释义】**孔子说："有道德的人不会孤单，一定会有志同道合的人和他做伙伴。"

◣ **唯天下至诚，方能经纶天下之大经，立天下之大本。**

——摘自《中庸》

**【释义】**诚信、诚心是做人的根本，伟大的人格，重要的是一个诚字。只有至诚才能成为治理天下的崇高典范，树立天下的根本法则。

◣ **行违于道，则愧生于心。**

——摘自南朝·范晔《后汉书·朱穆传》

**【释义】**行动违背道义，那么心中就会有惭愧之情。指人做事只有合乎道义，才能心安理得。

◣ **朝闻道，夕死可矣。**

——摘自《论语·里仁》

**【释义】**在早上明白了真理和道义，即使晚上就死去也可以。此句反映了儒家"仁义高于生死"的价值观念。

◣ **贤者以其昭昭，使人昭昭。**

——摘自《孟子·尽心下》

**【释义】**贤德之人，会先使自己弄清楚问题，然后才能让别人听明白问题。

若自己都没有弄懂，就不要指望别人听懂了。

◣ **君子之言，信而有征，故怨远于其身。小人之言，僭而无征，故怨咎及之。**

——摘自《左传·昭公八年》

**【释义】**君子说的话，诚实而有确凿证据，所以不会招来怨恨不满；小人说的话，虚伪又无根据，所以会招致埋怨。

◣ **圣人以权行道，小人以权济私。**

——摘自明·吕坤《呻吟语·治道》

**【释义】**圣人用权力来推行道义，小人却用权力来谋私营利。

◣ **君人者，将昭德塞违，以临照百官。**

——摘自《左传·桓公二年》

**【释义】**国君应当发扬美好的德行，禁止违背道德和法纪的恶行，亲自检查各级官吏。

◣ **势无常也，仁者勿恃。势伏凶也，智者不矜。**

——摘自隋·王通《止学》

**【释义】**势力没有永恒的，仁德的人不会依靠它。势力埋伏着凶险，有智慧的人不会夸耀它。

◣ **心静则明，水止乃能照物；品超斯远，云飞而不碍空。**

——摘自清·王永彬《围炉夜话》

**【释义】**心中平静就自然明澈，如同平静的水面能映照出事物一样；品格高超便能远离物累，就像无云的天空能一览无余一般。

◣ **慈故能勇；俭故能广；不敢为天下先，故能成器长。**

——摘自《老子》第六十七章

**【释义】**心中慈爱，才能勇敢无畏；因为俭朴，所以宽广；不敢居于天下人之先，所以能成为万物的首长。

◣ **福不可邀，养喜神，以为招福之本；祸不可避，去杀机，以**

为远祸之方。

——摘自明·洪应明《菜根谭》

**【释义】**人间的幸福不可勉强追求，保持愉快的心情是追求人生幸福的基础；人间的灾祸实在难以避免，排除怨恨的心绪，是远离灾祸的法宝。

◣ **天无私覆也，地无私载也，日月无私烛也，四时无私行也。行其德而万物得遂长焉。**

——摘自秦·吕不韦《吕氏春秋·孟春纪》

**【释义】**天覆盖万物，没有偏私；地承载万物，没有偏私；日月普照万物，没有偏私；春夏秋冬更迭交替，没有偏私。天地、日月、四季各施其恩德，于是万物得以成长。

◣ **人情欲生而恶死，欲荣而恶辱。死生荣辱之道一，则三军之士可使一心矣。**

——摘自秦·吕不韦《吕氏春秋·仲秋纪》

**【释义】**人的本性都是想要生存而厌恶死亡，想要荣耀而厌恶耻辱。死生、荣辱的道理统一于义，就可以使三军将士思想一致了。

◣ **修身者，智之符也；爱施者，仁之端也；取予者，义之表也；耻辱者，勇之决也；立名者，行之极也。**

——摘自西汉·司马迁《报任安书》

**【释义】**修养身心，是智慧的府库；乐善好施，是仁爱的开始；懂得取予，是德义的表现；懂得耻辱，是勇敢的条件；立业显名，是行事的最终追求。

◣ **行善如春园之草，不见其长，但日有所增；行恶如磨刀之石，不见其消，但日有所损。**

——摘自清·金缨《格言联璧》

**【释义】**行善积德，正如春天园子里的青草，虽然看似没有长高，但实际上每天都有所增长；逞凶作恶，正如磨刀的石头，虽然看似没有变化，实际上却每天都在消损。

◣ **夫君子所过者化，所存者神。**

——摘自《孟子·尽心上》

**【释义】**有德行的君子所到之处，黎民百姓都会受到感化；其所居之地，地方也会得到治理。

◣ **君子之所以教者五：有如时雨化之者，有成德者，有达财者，有答问者，有私淑艾者。**

——摘自《孟子·尽心上》

**【释义】**君子教育人的方式有五种：有的要像及时雨那样教化，有的要培养他的品德，有的要培养他的才能，有的只要回答他的问题，有的要用自己的品德学问影响他。

◣ **政教积德，必致安泰之福；举错数失，必致危亡之祸。**

——摘自东汉·王符《潜夫论·慎微》

**【释义】**如果推行的政策和教化都是正确的，一定能获得国家平安康泰的福报；如果推行的措施常有失误，一定会导致国家灭亡的灾难。

人性善恶、国家兴衰都是通过一件件小事积累而成的，如果不注意小节，将会酿成大祸。

◣ **神莫大于化道，福莫长于无祸。**

——摘自《荀子·劝学》

**【释义】**精神修养的最高境界便是能够悟到真理，福气最好之处便在于没有任何祸事。

◣ **君子耻不修，不耻见污；耻不信，不耻不见信。**

——摘自《荀子·非十二子》

**【释义】**君子以自身品德修养不足为耻，而不以被人污蔑为耻；君子以自己不讲诚信为耻，而不以不被信任为耻。

◣ **德无常师，主善为师。**

——摘自《尚书·商书·咸有一德》

**【释义】**培养道德没有固定的老师，凡是坚守善道的人都可以成为自己的老师。

## ◣ 智者不危众以举事，仁者不违义以要功。

——摘自南朝·范晔《后汉书·窦融传》

**【释义】**有智慧的人不会危害众人来做成自己的事，仁爱的人不会违背道义来获得功名利禄。

## ◣ 天下有道，小德役大德，小贤役大贤；天下无道，小役大，弱役强。

——摘自《孟子·离娄上》

**【释义】**天下崇尚道义的时候，德行平常的人接受道德高尚的人的领导，才能一般的人接受才能出众的人的领导；天下混乱无道的时候，小国会被大国奴役，弱国会被强国奴役。

## ◣ 荣辱之来，必象其德。

——摘自《荀子·劝学》

**【释义】**荣誉或耻辱的来临，必定与人的德行相对应。品德高尚的人会受到人们的敬仰，品德低下的人自然会受到人们的唾弃。

## ◣ 不虐无告，不废困穷，圣人之仁也。

——摘自明·薛瑄《从政录》

**【释义】**为政不虐待有苦无处诉的穷人，用人不忽视贫穷困苦的贤才，这就是圣人所讲的仁义。

## ◣ 义者，百事之始也，万利之本也。

——摘自秦·吕不韦《吕氏春秋·慎行论·无义》

**【释义】**义是各种事情的开始，是一切利益的根源。

## ◣ 势莫及君子，德休与小人。君子势不于力也，力尽而势亡焉。小人势不惠人也，趋之必祸焉。

——摘自隋·王通《止学》

**【释义】**势力不施加于君子，仁德不给予小人。君子的势力不表现在权势上，以权势为势力的人，一旦权势丧失势力也就消亡了。小人的势力不会给人带来好处，趋附它一定会招致祸害。

◣ **上下相孚，才德称位。**

——摘自明·宗臣《报刘一丈书》

**【释义】**为官上下级要互相信任，才能和品德要与职位相匹配。

◣ **德成而教尊，教尊则官正，官正而国治。**

——摘自《礼记·文王世子》

**【释义】**德行有所成就，教化国民就会受到尊崇。威望和尊严确立了，下面的官员才会公正。官吏公正，国家才会长治久安。

◣ **德配天地，居处有礼，进退有度。**

——摘自《礼记·经解》

**【释义】**德行应与天、地相匹配，起居要有一定的礼仪，应对进退要合乎规章制度。

◣ **不昧己心，不尽人情，不竭物力；三者可以为天地立心，为生民立命，为子孙造福。**

——摘自明·洪应明《菜根谭》

**【释义】**不违背自己的良心，不违反人之常情，也不用尽财力物力，能做到这三点，才能够在天地间树立正气，为民众安身立命，为子孙后代造福。

◣ **仁之所在，天下归之。德之所在，天下归之。义之所在，天下赴之。道之所在，天下归之。**

——摘自《六韬·文韬·文师第一》

**【释义】**仁爱所在，天下之人就会归附。恩德所在，天下之人就会归附。道义所在，天下之人就会争相归附。王道所在，天下之人就会归附。

◣ 积土而为山，积水而为海……涂之人百姓，积善而全尽谓之圣人。

——摘自《荀子·儒效》

**【释义】**堆积泥土就会成为高山，积聚流水就能形成大海……道路上的百姓积聚善行就会到达尽善尽美，就叫作圣人。

◣ 难成易毁者行也，难立易倾者名也。

——摘自明·方孝孺《宗仪·谨行》

**【释义】**难以完善，但极易毁损的是品行；难以树立，但极易败坏的是名声。

◣ 惇信明义，崇德报功，垂拱而天下治。

——摘自《尚书·周书·武成》

**【释义】**重视诚信，讲求道义，推崇德行，回报有功之人，这样便能够垂衣拱手而治理天下了。

◣ 何知苗而不秀？非惟愚蠢更荒唐；何知秀而不实？盖谓自贤兼短行。

——摘自五代·陈抟《心相篇》

**【释义】**为什么有些人看着是好苗子却成不了才呢？因为做人愚蠢，行事荒唐；为什么有些人只得到虚名虚利，人生没有实际的成果呢？因为自以为很有才，但德行有亏或行动跟不上。

◣ 君子莫大乎与人为善。

——摘自《孟子·公孙丑上》

**【释义】**君子所具备的最高德行，便是与人为善。此语强调，以善意的姿态对待每一个人，才是真正的君子。

◣ 忧勤是美德，太苦则无以适性怡情；淡泊是高风，太枯则无以济人利物。

——摘自明·洪应明《菜根谭》

**【释义】**忧心勤劳是美德，但过于刻苦则使自己不能愉悦心情；心境淡泊是高风，但过于冷漠则不能对他人有所帮助。应忧勤勿过，待人勿枯。

◣ **知为人子，然后可以为人父；知为人臣，然后可以为人君；知事人，然后能使人。**

——摘自《礼记·文王世子》

**【释义】**知道怎样做一个好儿子，然后才能做一个好父亲；知道怎样做一个好臣子，然后才能做一个好君主；明白如何为人做事，然后才能使唤他人。

◣ **惑人者无逾利也。利无求弗获，德无施不积。**

——摘自隋·王通《止学》

**【释义】**最能迷惑人的东西莫过于利益。利益不追求就不能获得，仁德不施舍就不能积累。

◣ **德泽太薄，家有好事，未必是好事，得意者何可自矜；天道最公，人能苦心，断不负苦心，为善者须当自信。**

——摘自清·王永彬《围炉夜话》

**【释义】**自身品德不高，恩泽不厚，即使家中有好事降临，也未必真是幸运，得意的人怎么可自认为了不起呢；上天是最公平的，人能尽心尽力，一定不会白费其心，做好事的人尤其要有自信。

◣ **是故非澹泊无以明德，非宁静无以致远，非宽大无以兼覆，非慈厚无以怀众，非平正无以制断。**

——摘自西汉·刘安《淮南子·主术训》

**【释义】**只有淡泊才能彰显出美德，只有宁静才能够长久致远。没有宽大的胸怀，不能够容纳一切事物；没有仁慈厚德，不能够得到人民的拥护；不公正便不能够明辨是非。

◣ **大德不官，大道不器，大信不约，大时不齐。**

——摘自《礼记·学记》

**【释义】**德行很高的人，不限于只担任某种官职；普遍的规律，不仅仅适用于某一件事物；有大信的人，用不着他发誓就能信任他；天有四季变化，无须划一，也会守时。

有德而富贵者，乘富贵之势以利物；无德而富贵者，乘富贵之势以残身。

——摘自宋·胡宏《知言·仲尼》

【释义】有德行而富贵的人，知道乘此富贵来造福众人；没有德行而富贵的人，只会凭着富贵糟蹋自己的身体。

道德一于上，习俗成于下。

——摘自宋·王安石《乞改科条制》

【释义】上面的人道德标准统一了，下面的人就有了学习的榜样，良好的社会风气就能形成。指领导者的以身作则、率先垂范对于形成良好的社会风气有重要作用。

德行广大而守以恭者荣。

——摘自西汉·刘向《说苑·法戒》

【释义】品德高尚而又能够保持谦虚恭敬的人才会获得荣耀。

其本乱而末治者，否矣。其所厚者薄，而其所薄者厚，未之有也。

——摘自《大学》

【释义】自身的道德修养不到位，却想要去齐家、治国、平天下，这样是不可能做到的。正像我所厚待的人反而疏远了我，我所疏远的人反而厚待了我，这样的事情是没有的。

此谓惟仁人为能爱人，能恶人。

——摘自《大学》

【释义】这是说只有具有仁德之心的人，才能做到喜欢好人，憎恶坏人。

君子盛德而卑，虚己以受人。

——摘自西汉·韩婴《韩诗外传》

【释义】君子虽然自身具备高尚的品德，但是自认为很不够，他总会虚心接受别人的意见。

◣ 天下至大，方身则小；生为重矣，比义则轻。

——摘自唐·魏徵《隋书·诚节传论》

**【释义】**天下算是最大的，但和胸怀比起来就显得小了；生命是最重要的，但和正义比起来就显得轻了。

◣ 国之所以存者，仁义是也；人之所以生者，行善是也。

——摘自西汉·刘安《淮南子·主术训》

**【释义】**国家之所以存在是依托仁义，百姓得以生存是因为行善。

◣ 善不积，不足以成名；恶不积，不足以灭身。

——摘自《周易》

**【释义】**不积累善行就不能成为声誉卓著的人，不积累恶行就不会成为毁灭自己的人。

◣ 贫而无谄，富而无骄，何如?

——摘自《论语·学而》

**【释义】**贫困的时候不谄媚，富贵的时候不傲慢，能做到这样，如何?

◣ 不要人夸颜色好，只留清气满乾坤。

——摘自元·王冕《墨梅》

**【释义】**不需要别人夸奖颜色美好，只是留下充满乾坤的清香之气。

◣ 人知粪其田，莫知粪其心。

——摘自西汉·刘向《说苑·建本》

**【释义】**人们都知道培育自己的田地，却不知道要加强自身的修养。

◣ 作德，心逸日休。作伪，心劳日拙。

——摘自《尚书·周官》

**【释义】**积德做好事的人，心地平和安逸，处境会一天比一天顺心。造假作恶的人费尽心机，却一天比一天糟糕。

◣ **人无贵贱，道在者尊。**

——摘自东汉·蔡邕《劝学篇》

**【释义】**人是不分贵贱的，掌握了真理的人才是大家应该尊崇的人。此语勉励人们虚心向学，虔诚求道。

◣ **知其善而守之，锦上添花；知其恶而弗为，祸转为福。**

——摘自五代·陈抟《心相篇》

**【释义】**知道哪些是善行而能守住善道，有福之人可以锦上添花；知道哪些是恶行而不去做，有祸之人可以转祸为福。

◣ **君子动则思礼，行则思义，不为利回，不为义疚。**

——摘自《左传·昭公三十一年》

**【释义】**一个有道德修养的人，应考虑自己的一言一行、一举一动是否都合乎礼义要求，不要因私利而违反礼义，如此就不会因违背礼义而内疚。做事三思而后行，一切以礼义为准绳。

◣ **不戚戚于贫贱，不汲汲于富贵。**

——摘自魏晋·陶渊明《五柳先生传》

**【释义】**这是陶渊明援引黔娄之妻的一句话。

不因为贫贱而忧虑悲伤，不因为富贵而匆忙追求。此语说明人生不能被名利、钱财左右，无论贫贱富贵都应坚守自己的节操。

◣ **忠厚自有忠厚报，豪强一定受官刑。**

——摘自《增广贤文》

**【释义】**忠厚老实的人自然会有好的回报，巧取豪夺的人必定会受到法律的严惩。

◣ **度德而处之，量力而行之。**

——摘自《左传·隐公十一年》

**【释义】**忖度自身德行如何，以便决定怎样处理事情；估量自己的力量大小，从而决定该怎样行动。

◣ 口腹不节，致疾之因；念虑不正，杀身之本。

——摘自北宋·林逋《省心录》

**【释义】**不能够节制饮食，这是引起疾病的原因；心术不正，这是招来杀身之祸的根本。

◣ 有田不耕仓廪虚，有书不读子孙愚。仓廪虚兮岁月乏，子孙愚兮礼义疏。

——摘自《增广贤文》

**【释义】**有田地不耕种，粮仓就会空虚；有书籍不阅读，子孙必定愚笨。粮仓空虚生活就没有保障，子孙愚笨就会不讲礼义。

◣ 种麻得麻，种豆得豆。天网恢恢，疏而不漏。

——摘自《增广贤文》

**【释义】**种了麻就收获麻，种了豆就收获豆。天网广阔无垠，虽然网孔稀疏，却绝不会有一点遗漏。

◣ 恻隐之心，仁之端也；羞恶之心，义之端也；辞让之心，礼之端也；是非之心，智之端也。人之有是四端也，尤其有四体也。

——摘自《孟子·公孙丑上》

**【释义】**同情心就是仁的开端；羞耻心就是义的开端；辞让心就是礼的开端；是非心就是智的开端。仁、义、礼、智是四个开端，人有这四种开端，就像人有四肢一样。维护人性的善良，全在于保存这四端之心。

◣ 在天者莫明于日月，在地者莫明于水火，在物者莫明于珠玉，在人者莫明于礼义。

——摘自《荀子·天论》

**【释义】**天上没有比日月更加明亮的了，地上没有比水火更加闪亮的了，事物中没有比珍珠美玉更加耀眼的了，人群中没有比礼仪更加显明的了。

**兰生幽谷，不为莫服而不芳。舟在江海，不为莫乘而不浮。君子行义，不为莫知而止休。**

——摘自西汉·刘安《淮南子·说山训》

**【释义】**兰花生长在幽静偏僻的山谷中，不因没有人采撷佩戴而不散发迷人的芳香；舟船在大江大海中，不因没有人乘坐而停止漂浮；君子做正义的事，不因没有人知道而罢休。

此语强调，有节操的人即使在不被人知的环境中，依然保持着高尚的品德。

**忠正之言，非徒誉人而已也，必有触焉。**

——摘自东汉·王符《潜夫论》

**【释义】**忠厚正直的言论，不是为了吹捧别人，而是必须有所触及。

对优秀人物的褒奖须出乎真心，不可只是嘴上吹捧而心里却不以为然，只有情感上有所触及才称得上是忠正之言。

**国有四维，一维绝则倾，二维绝则危，三维绝则覆，四维绝则灭。倾可正也，危可安也，覆可起也，灭不可复错也。何谓四维？一曰礼，二曰义，三曰廉，四曰耻。**

——摘自《管子·牧民·四维》

**【释义】**“四维”说出自《管子》一书。《管子·牧民·四维》称，“一曰礼，二曰义，三曰廉，四曰耻”。《管子·牧民·国颂》指出，“四维不张，国乃灭亡”。北宋欧阳修在《新五代史·冯道传》中归纳为：“礼义廉耻，国之四维。四维不张，国乃灭亡。”

礼、义、廉、耻是维系国家的四项道德准则，如果它们不能被推行，国家极易灭亡。国之四维，缺了一维，国家就倾侧；缺了两维，国家就危殆；缺了三维，国家就会颠覆；缺了四维，国家就会灭亡。

“礼”指上下有节。有礼，就不会超越节度。“义”指合宜恰当的行事标准。有义，就不会妄自求进。“廉”指廉洁方正。有廉，就不会掩饰恶行。“耻”指知耻之心。有耻，就不会同流合污。因此，治国用此四维，可以使君位安定、民无巧诈、行为端正、邪事不生，于是国可守而民可治。

**鸡鸣而起，孳孳为善者，舜之徒也。鸡鸣而起，孳孳为利者，跖之徒也。欲知舜与跖之分，无他，利与善之间也。**

——摘自《孟子·尽心上》

**【释义】**凌晨鸡一打鸣就起来，不知疲倦地行善的人，是与舜同属一类的人；鸡一打鸣就起来，一刻不停地去谋私利的人，是与跖同属一类的人。要想知道舜与跖的区别，没有别的，一位是行善之人，一位是谋求私利。

**生，人之始也；死，人之终也。终始俱善，人道毕矣。故君子敬始而慎终。**

——摘自《荀子·礼论》

**【释义】**出生是人生开始，死亡为人生终结。从开始到终结都能处理得很好，做人的道理便完满了。所以，君子对人生的开始很敬重，对人生的终结也很谨慎。

**不仁而富，谓之不幸。墙隙而高，其崩必疾也。**

——摘自南朝·范晔《后汉书·方术列传上》

**【释义】**不仁而富，是为不幸。墙高而又出现裂缝，必定很快崩塌。比喻资财积聚、名大位高的人，如品德不修、行为不慎，极易溃败。

**忠信谨慎，此德义之基也；虚无诡谲，此乱道之根也。**

——摘自东汉·王符《潜夫论·务本》

**【释义】**忠诚守信、谨言慎行，这是道德信义的基础；弄虚作假、荒诞怪异，这是导致混乱的根源。

为人处世要诚信，不能弄虚作假。诚信是人最基本的道德品质，如人不讲诚信，夸夸其谈，弄虚作假，人与人、人与组织、人与国家之间的信任就会破灭，就会产生动乱。

**诺而寡信，宁无诺；予而喜夺，宁无予。**

——摘自明·彭汝让《木几冗谈》

**【释义】**轻易承诺，但却很少讲信用，这样还不如不许诺；送给别人的东西，却又要回来，这样还不如不赠予。

◣ 行不信者，名必耗。

——摘自《墨子·修身》

【释义】言行不一的人，名声一定会受损。

◣ 巧言乱德。小不忍，则乱大谋。

——摘自《论语·卫灵公》

【释义】花言巧语会败坏道德，小事不忍耐就会坏了大事情。

◣ 诚者，天之道也；思诚者，人之道也。

——摘自《孟子·离娄上》

【释义】诚信是自然的规矩，追求诚信是做人的规矩。

“诚”指“内诚于心”，注重内心真挚的道德层面的追求；“信”指“外信于人”，讲究的是重信义、言出必践。

◣ 德性以收敛沉着为第一，收敛沉着中又以精明平易为第一大段。收敛沉着人，怕含糊，怕深险。浅浮子虽光明洞达，非蓄德之器也。

——摘自明·吕坤《呻吟语》

【释义】人的德行以收敛沉着最为重要，收敛沉着中又以精明平易最为重要。一般来说，收敛沉着的人怕的是含含糊糊、高深阴险。浅薄轻浮的人看上去光明磊落，明了通达，但不是能够修养高尚道德的人。

◣ 耻之一字，所以治君子；痛之一字，所以治小人。

——摘自清·张潮《幽梦影》

【释义】耻这个字，是用来制约君子的；痛这个字，是用来惩治小人的。

◣ 知足不辱，知止不殆，可以长久。

——摘自《老子》第四十四章

【释义】懂得满足就不会遭受屈辱，懂得适可而止就可以保持长久平安。

◣ 上善若水，水善利万物而不争。处众人之所恶，故几于道。

——摘自《老子》第八章

【**释义**】善良的人就像水一样。水善于滋润万物而不与万物相争，停留在众人都不喜欢的地方，所以非常接近“道”。

◣ **宇宙可臻其极，情性不知其穷，惟在少欲知足，为立涯限尔。**

——摘自南北朝·颜之推《颜氏家训》

【**释义**】宇宙有极限，而人的情性则没有穷尽。故应克制自己的欲望，凡事知足，要划一个界限出来。

◣ **至人无己，神人无功，圣人无名。**

——摘自《庄子·逍遥游》

【**释义**】道德高尚的“至人”能够达到忘我的境界，精神世界完全超脱物外的“神人”心中没有功名利益，思想臻于完美的“圣人”从不追求名誉地位。

◣ **善建者不拔，善抱者不脱，子孙以祭祀不辍。**

——摘自《老子》第五十五章

【**释义**】善于树立德业的人，信仰坚定；善于抱持大道的人，永远不会松脱。这样立德守道的人将流芳百世，永远受到子孙祭祀。

◣ **天地赋命，生必有死。自古圣贤，谁能独免。**

——摘自魏晋·陶渊明《与子俨等疏》

【**释义**】天地赋予了生命，有生就一定有死。自古以来的贤人和圣人，没有人能避免。

◣ **见色而忘义，处富贵而失伦，谓之逆道。**

——摘自南北朝·傅昭《处世悬镜》

【**释义**】看见美色而忘却道义，身居富贵而失于伦常，这是违背天理。

◣ **善恶若无报，乾坤必有私。**

——摘自宋·俞成《萤雪丛说》

【**释义**】好人得不到好报，坏人得不到惩罚，上苍必定有私心。

◣ **君子与小人本殊操异行，取舍不同。**

——摘自东汉·王充《论衡》

**【释义】**君子与小人本来操行就不同，行为取舍的标准也就不一样。

为了名利，小人可以玩弄权术，搞阴谋诡计，打击陷害别人。而这些行为，常常为君子所不齿。

◣ **善恶到头终有报，只争来早与来迟。**

——摘自明·冯梦龙《醒世恒言》

**【释义】**行善或作恶最终都有报应，只是时间迟早而已。

善有善报，恶有恶报，不是不报，时候未到。不依善道办事，或许可得一时便宜，但迟早是会有报应的。

◣ **是以圣人后其身而身先，外其身而身存。非以其无私耶？故能成其私。**

——摘自《老子》第七章

**【释义】**所以有道的圣人遇事谦退无争，反而能在众人之中领先；将自己置之度外，反而能保全自身。这不正是因为他无私吗？所以才能成就自身。

◣ **岂可见利畏诛之故，废义而行诈哉。**

——摘自西汉·韩婴《韩诗外传》

**【释义】**怎么能够因为贪图财利或者害怕被杀，就不讲道义做出欺诈的行为呢？

◣ **外君子而内小人者，真小人也。**

——摘自五代·冯道《荣枯鉴》

**【释义】**外表看起来是正人君子，而内心全是阴谋诡计的人，就是真正的小人。

◣ **以力假仁者霸，霸必有大国；以德行仁者王，王不待大。**

——摘自《孟子·公孙丑上》

**【释义】**依靠武力假借仁义之名而统一天下的叫作“霸”，要称霸，必定要有强大的国力。施行仁义使得天下归服的叫作“王”，要称王，不一定要有强大的国力。

◣ **非淡泊无以明志，非宁静无以致远。**

——摘自西汉·刘安《淮南子·主术训》

**【释义】**不淡泊名利就无法明确志向，不宁心静气就不能实现远大理想。

◣ **以天下之功为功，而不功其功，此谓之大公。**

——摘自清·王夫之《读通鉴论》卷二

**【释义】**把天下人的功绩作为功绩，但不把那功绩认作自己的，不居功自傲，这就是最大的公心。

◣ **功不可以虚成，名不可以伪立。**

——摘自东汉·班固《汉书·叙传上》

**【释义】**功劳不可以靠虚假成就，名誉不可以靠虚伪获得。

◣ **好利者，逸出于道义之外，其害显而浅；好名者，窜入于道义之中，其害隐而深。**

——摘自明·洪应明《菜根谭》

**【释义】**贪求利益的人，其行为超出了道义的范围，所造成的伤害虽然明显但不深远；喜好显身扬名的人，其行为隐藏在道义之中，所造成的伤害虽然不明显却很深远。

◣ **生资之高在忠信，非关机巧；学业之美在德行，不仅文章。**

——摘自清·王永彬《围炉夜话》

**【释义】**一个人的资质如何，主要体现在忠诚守信，而不是表现在用心机要手腕；读书读得好的人，不仅在于文章写得好，而主要在于道德高尚、品质优良。

◣ **巧诈不如拙诚，惟诚可得人心。**

——摘自《韩非子·说林》

**【释义】**做事投机取巧的人远不如真诚踏实的人，诚信的人更容易得到别人的尊重和认可。

如果一个人为私利不惜违背道义，虽能获得一时之利，但总有一天人们会认清其真实面目，进而厌弃他。

## 语言多矫饰，则人品心术，尽属可疑。

——摘自清·王永彬《围炉夜话》

**【释义】**一个人的言语如果虚伪不实，那么，无论他在人品或是心性上表现得多么崇高，都会令人怀疑。

## 言必先信，行必中正。

——摘自《礼记·儒行》

**【释义】**说话必须体现诚信，行为一定要持中端正。

## 用笔在心，心正则笔正。

——摘自《旧唐书·柳公权传》

**【释义】**用笔的关键在于人心，人心是正直的，那么写出来的字自然就能够平正。

## 谦尊而光，卑而不可逾，君子之终也。

——摘自《周易》

**【释义】**谦虚能使尊贵者更有光彩，让卑下者赢得尊重，所以君子应始终保持谦虚的美德。

## 忠信，礼之本也；义理，礼之文也。

——摘自《礼记·礼器》

**【释义】**忠信是礼仪的根本，义理是礼仪的形式。此语说明了忠信、义理和礼仪之间的关系。

## 不宝金玉，而忠信以为宝。

——摘自《礼记·儒行》

**【释义】**金玉并不能算作珍宝，忠信才是真正的珍宝。

◣ 不度德，不量力。

——摘自《左传・隐公十一年》

**【释义】**不去考虑自己的德行是否能够使人服从，也不去思量自己的能力是否能够胜任。

◣ 富贵而知好礼，则不骄不淫；贫贱而知好礼，则志不慑。

——摘自《礼记・曲礼上》

**【释义】**富贵的人喜好礼义，便能不因富贵而骄傲，做事也不会过分；贫贱的人喜好礼义，便会有志气，且不会迷茫。

◣ 杀一无罪，非仁也；非其有而取之，非义也。

——摘自《孟子・尽心上》

**【释义】**杀一个无罪的人，是不仁；拿了不属于自己的东西，是不义。

◣ 君子约言，小人先言。

——摘自《礼记・坊记》

**【释义】**有德行的人谨慎说话，注重干实事，说到做到；品德低下的人妄言妄语，抢先说大话、空话，说到却做不到。

◣ 天作孽，犹可违；自作孽，不可活。

——摘自《尚书・太甲》

**【释义】**天降的灾祸还可以躲避，自己造成的罪孽是无法逃脱的。

◣ 多行不义必自毙。

——摘自《左传・隐公元年》

**【释义】**经常做不道德和违法的事，必然会自取灭亡。一切不道德和触犯法律的行为，迟早会受到惩罚。

◣ 苟虑害人，人亦必虑害之；苟虑危人，人亦必虑危之。

——摘自秦・吕不韦《吕氏春秋》

**【释义】**如果想要伤害别人，别人也一定在谋划着伤害你。如果想要危害别人，别人也一定会想着危害你。

## 祸因恶积，福缘善庆。

——摘自南朝·周兴嗣《千字文》

**【释义】**之所以发生灾祸，是因为经常作恶而积累起来的；幸福的产生是因为行善而得到的奖赏。

# 意志

◣ 天将降大任于斯人也，必先苦其心志，劳其筋骨，饿其体肤，空乏其身，行拂乱其所为。

——摘自《孟子·告子下》

**【释义】**成大事者，无不遭受过大磨难。经历越苦，内心越强大，智慧越深厚，能力越突出，事情才会越兴旺。所以我们应学会“动心忍性”，修身自律，有容乃大，有忍乃有济。

◣ 艰难困苦，玉汝于成。

——摘自北宋·张载《西铭》

**【释义】**要在世上成就一番事业，必须经过艰苦的磨炼。

◣ 强中自有强中手，莫向人前满自夸。

——摘自明·冯梦龙《警世通言》

**【释义】**天外有天，人外有人。尽管你是一个强者，但一定还有比你更强的人，所以不要在别人面前骄傲自满，夸耀自己。

◣ 得志有喜，不可不戒。

——摘自西汉·董仲舒《春秋繁露·竹林》

**【释义】**得志成功便有喜悦之色，不可不有所警惕。指得志成功更应谨慎，切不可得意忘形，不然就可能祸生患至。

◣ **英雄者，胸怀大志，腹有良谋，有包藏宇宙之机，吞吐天地之志者也。**

——摘自明·罗贯中《三国演义》第二十一回

**【释义】**能被人称为英雄的人，都是怀有远大的志向，胸中蕴藏着精良的计谋，具有容纳宇宙万物的胸怀，吞并天地的志气的人。

◣ **古者富贵而名摩灭，不可胜记，唯倜傥非常之人称焉。盖文王拘而演《周易》；仲尼厄而作《春秋》；屈原放逐，乃赋《离骚》；左丘失明，厥有《国语》；孙子膑脚，《兵法》修列；不韦迁蜀，世传《吕览》；韩非囚秦，《说难》《孤愤》；《诗》三百篇，大底圣贤发愤之所为作也。**

——摘自西汉·司马迁《报任安书》

**【释义】**古时候虽富贵但名字磨灭不传的人，多得数不清，只有那些卓越、坚韧、奋发向上而不平常的人才被人称道。周文王被拘禁而推演了《周易》；孔子受困而作《春秋》；屈原被放逐，于是写了《离骚》；左丘明失明之后，著成《国语》；孙膑被挖去膝盖骨，才写成《兵法》；吕不韦被贬谪蜀地，有了流传后世的《吕氏春秋》；韩非被囚禁在秦国，写出《说难》《孤愤》；《诗》三百篇，大都是圣贤之人抒发愤慨而写作的。

◣ **禹八年于外，三过其门而不入。**

——摘自《孟子·滕文公上》

**【释义】**禹婚后四天即外出，连续八年为治理洪水而奔走，三次经过自己的家门都顾不上进去看一下。此语赞扬禹具有大公无私的献身精神和奋发坚毅的品格，一心一意为国为民治理洪水。

◣ **老当益壮，宁移白首之心？穷且益坚，不坠青云之志。**

——摘自唐·王勃《滕王阁序》

**【释义】**年老时意志当更加强壮，哪能因年老而改变自己内心的坚守？处境艰难更应该坚强，不能放弃远大的理想和高洁的志向。

◣ 王侯将相宁有种乎？

——摘自西汉·司马迁《史记·陈涉世家》

【释义】那些称王侯、拜将相的人，天生就是好命、贵种吗？

这是古代社会对当局者不满的人民的心声，非常具有反抗精神，这是思想的解放，更是社会底层积蓄已久的力量的迸发。

◣ 燕雀安知鸿鹄之志哉。

——摘自西汉·司马迁《史记·陈涉世家》

【释义】低飞只求温饱的燕雀怎知鸿鹄的志向呢？意指胸无大志的平凡人不理解英雄人物的志向。

◣ 将相本无种，男儿当自强。

——摘自宋·汪洙《神童诗》

【释义】王侯将相并不是天生的，有志气的男子汉应发愤图强。

◣ 无限朱门生饿殍，几多白屋出公卿。

——摘自《增广贤文》

【释义】许多豪门权贵子弟沦落至贫困潦倒，多少贫寒之家却出了显贵的人物。

◣ 士人有百折不回之真心，才有万变不穷之妙用。

——摘自明·陈继儒《小窗幽记》

【释义】一个人面对困难有百折不挠的刚毅之心，才能在任何情况下都有办法应对。

◣ 仁者不以盛衰改节，义者不以存亡易心。

——摘自宋·司马光《资治通鉴·魏志》

【释义】心怀仁道的人不会因为时势的兴衰而改变自己的气节，重义气的人不会因为国家存亡而改变自己的忠心。

◣ 生于忧患，死于安乐。

——摘自《孟子·告子下》

**【释义】**人在忧思祸患中成长，在安逸享乐中灭亡。艰苦的环境能锻炼人，能使人更坚强地生存发展；安乐的生活容易腐蚀人，使人颓废乃至灭亡。

## 盖有非常之功，必待非常之人。

——摘自东汉·班固《汉书·武帝纪》

**【释义】**此语出自元封五年（前 106）汉武帝命令州郡举荐贤才的诏书。意为：要建立不寻常的功业，必须依靠不寻常的人才。

元光年间（前 134—前 129），司马相如为西南夷事上书汉武帝："盖世必有非常之人，然后有非常之事；有非常之事，然后有非常之功。非常者，固常人之所异也。"汉武帝对这句话颇为欣赏，以至二十多年后又在诏书中将其概括为"盖有非常之功，必待非常之人"。汉武帝自诩为"常人所异"的帝王，其一生所用多为"非常之人"，所做多为"非常之事"，所成多为"非常之功"。故《汉书》赞曰："汉之得人，于兹为盛。"而在这一连串的"非常"背后，有一个更大的时代背景，那就是汉武盛世这个"非常之世"。

## 努力图树立，庶几终有成。

——摘自宋·欧阳修《勉刘申》

**【释义】**努力奋斗，决心有所建树，就一定会取得成功。

## 行谨，则能坚其志；言谨，则能崇其德。

——摘自宋·胡宏《知言·文王》

**【释义】**行为举止谨慎，就能使意志坚定；言语谨慎，则能使品德高尚。

## 岁不寒无以知松柏，事不难无以知君子。

——摘自《荀子·大略》

**【释义】**不经过一年中最寒冷的时候，无法知道松柏不惧严寒；不经过艰难困苦的考验，无法知道一个人是不是真正的君子。此语告诉我们，人和事物都要经过严峻考验，才能显出原形，露出真正的面目。

## 把意念沉潜得下，何理不可得？把志气奋发得起，何事不可做？

——摘自明·吕坤《呻吟语》

**【释义】**使自己的心志纯净专一，还有什么样的义理不能领悟？树立崇高的理想，不断奋发进取，还有什么事情做不好呢？

◣ **自高者处危，自大者势孤，自满者必溢。**

——摘自南北朝·傅昭《处世悬镜》

**【释义】**自视甚高的人处境危险，自我膨胀、自以为是的人势单力孤，自满骄傲的人肯定会招致失败。

◣ **人情警于抑而放于顺，肆于誉而敕于毁。君子宁抑而济，毋顺而溺；宁毁而周，毋誉而缺。**

——摘自南北朝·傅昭《处世悬镜》

**【释义】**人一般都是在遭受压抑痛苦的时候开始反省和警觉自己的行为，而在顺境下就开始放纵自己；听到外面的喝彩声而开始恣肆放纵，被人申斥的时候开始反省。君子都是宁可在逆境中自强不息以获得转机，也不要在顺境中成为温水青蛙；宁可在遭受诋毁时改正缺点，而不在获得荣誉后失去为人的一些优点。

◣ **持盈履满，君子兢兢；位不宜显，过显则危。**

——摘自南北朝·傅昭《处世悬镜》

**【释义】**随时保持内里充沛而不至于水满则溢，君子为此常常殚精竭虑，不敢随便造次；官爵禄位不应该过于尊崇，太过则有一定的风险。

◣ **廓然怀天下之志，而宜韬之晦。牙坚而先失，舌柔而后存。柔克刚，而弱胜强。人心有所叵测，知人机者，危矣。故知微者宜善藏之。考祸福之原，察盛衰之始，防事之未萌，避难于无形，此为上智。祸之于人，避之而不及。惟智者可以识其兆，以其昭昭，而示人昏昏，然后可以全身。君臣各安其位，上下各守其分。居安思危，临渊止步。故《易》曰潜龙勿用，而亢龙有悔。夫利器者，人所欲取。故身怀利器者危。**

——摘自明·张居正《权谋残卷·避祸》

**【释义】**胸怀匡扶天下之志的人，应该韬光养晦；牙齿坚硬却最先失去，舌头柔软却一直保留到死。柔能克刚，弱能胜强。人心无法预测，知道别人心思的人往往处境危险。所以，能洞察先机的人应该善于隐藏自己的内心。平日便要思考祸福的本源，明察盛衰的始末，在事情萌芽就开始准备对策，在危难还没有到来的时候就避开它，这是最大的智慧。平常人对祸事想躲也躲不掉，唯独有智慧的人可以发现祸患到来前的征兆，心里明白却藏而不露，然后可以保全自己。君主和臣子各自安于本位，居安思危，临渊止步，所以《周易》说，潜龙勿用，亢龙有悔。利器是人们都希望得到的，所以怀有利器的人处境就危险。

◣ 机关算尽太聪明，反误了卿卿性命。

——摘自清·曹雪芹《红楼梦》

**【释义】**凭借耍小聪明、玩弄阴谋诡计的人为人处事看起来聪明，最后却葬送了自己的性命。

◣ 世事洞明皆学问，人情练达即文章。

——摘自清·曹雪芹《红楼梦》

**【释义】**对世事都能看得透彻，这都是学问；能通达人情世故，这就是文章。

◣ 宠辱不惊，闲看庭前花开花落；去留无意，漫随天外云卷云舒。

——摘自明·洪应明《菜根谭》

**【释义】**无论是面对荣耀还是屈辱都波澜不惊，只是悠闲地欣赏庭院中花草的盛开和衰落；无论是晋升还是贬职都不在意，只是随意观看天上浮云自由舒卷。

阐明人生看淡荣辱，看轻得失，则自在洒脱。生死荣辱就如同花开花落，坦然面对，人生才能安宁。

◣ 大鹏一日同风起，扶摇直上九万里。

——摘自唐·李白《上李邕》

**【释义】**大鹏总有一天会和风飞起，凭借风力直上九霄云外。

李白以大鹏自比，描写了神鸟大鹏起飞、下落之时的浩荡景象，更表现了诗人豪情满怀、直冲青云之志向。

◣ **黄沙百战穿金甲，不破楼兰终不还。**

——摘自唐·王昌龄《从军行》

**【释义】**《从军行》抒写戍边将士的战斗生活与胸怀抱负。句意为在荒凉的沙漠里，将士身经百战，连身上的铁盔铁甲都磨破了，但是只要边患还未肃清，就决不解甲还乡。

◣ **僵卧孤村不自哀，尚思为国戍轮台。**

——摘自宋·陆游《十一月四日风雨大作》

**【释义】**我躺在孤寂荒凉的乡村里，心中不为自己的处境感到悲哀，却还想着为国家保卫边疆。表明了诗人投身疆场、为国雪耻的壮志至老不衰。

◣ **子曰："志士仁人，无求生以害仁，有杀身以成仁。"**

——摘自《论语·卫灵公》

**【释义】**孔子说："有志向的士人，不会因贪图生存去损害仁义，只会牺牲自我而成就仁义。"

◣ **老骥伏枥，志在千里；烈士暮年，壮心不已。**

——摘自三国·曹操《龟虽寿》

**【释义】**年老的千里马伏在马棚里，但它的雄心壮志仍然是一日驰骋千里；有远大志向的人到了晚年，奋发进取的雄心也不会止息。

◣ **道虽迩，不行不至；事虽小，不为不成。**

——摘自《荀子·修身》

**【释义】**即使路程很近，不走也不能到达目的地；即使事情很小，不做也不可能完成。

◣ **丈夫为志，穷当益坚，老当益壮。**

——摘自南朝·范晔《后汉书·马援传》

**【释义】**大丈夫树立志向，处境困难时更应坚定不移，年老时应更加坚毅、雄壮。后常形容一个人能经得起考验，越是条件不好，越是年老，越有雄心壮志。

**宇栋之内，燕雀不知天地之高；坎井之蛙，不知江海之大。**

——摘自西汉·桓宽《盐铁论·复古》

**【释义】**房屋栋梁上的燕雀，不会知道天地的高远；浅井中的青蛙，也不会知道江海的广大。

**大丈夫当雄飞，安能雌伏？**

——摘自南朝·范晔《后汉书·赵典传》

**【释义】**有志做一番事业的大丈夫，应像雄鹰一样奋发向上，展翅高飞，怎么能像雌鸡孵小鸡一样伏在地里？

**古之所谓豪杰之士者，必有过人之节。人情有所不能忍者，匹夫见辱，拔剑而起，挺身而斗，此不足为勇也。天下有大勇者，卒然临之而不惊，无故加之而不怒。此其所挟持者甚大，而其志甚远也。**

——摘自宋·苏轼《留侯论》

**【释义】**古代所说的豪杰之人，一定具有超过常人的节操和度量。一般人被侮辱，一定会拔出剑，挺身上前搏斗，但这不足以被称为勇敢。天下真正有很大勇气的人，遇到突发的事情能够毫不惊慌，对无故加在自己身上的侮辱也不愤怒，这是因为他们胸怀博大，志向也非常高远。

**成大事功，全仗着秤心斗胆；有真气节，才算得铁面铜头。**

——摘自清·王永彬《围炉夜话》

**【释义】**能够干成大事的人，完全是凭着坚定的意志、超人的胆识；真正有气节的人，才能够刚强坚韧。

**士穷乃见节义。**

——摘自唐·韩愈《柳子厚墓志铭》

**【释义】**只有在困境之中，才能够看出士人的节操。

◣ 粗粝能甘，必是有为之士；纷华不染，方称杰出之人。

——摘自清·王永彬《围炉夜话》

**【释义】**粗衣劣食都能够快乐享用的人，一定是能有作为的人；没有染上奢华淫逸恶习的人，才称得上杰出的人。

◣ 我善养吾浩然之气……其为气也，至大至刚，以直养而无害，则塞于天地之间。其为气也，配义与道；无是，馁也。

——摘自《孟子·公孙丑上》

**【释义】**我善于培养我的浩然之气。浩然之气最宏大刚强，用正义去培养它而不用邪恶伤害它，就可使它充满天地之间无所不在。浩然之气需与仁义和道德相配合，若不如此，浩然之气就会像人得不到食物一样疲软衰竭。

◣ 无冥冥之志者，无昭昭之明；无惛惛之事者，无赫赫之功。

——摘自《荀子·劝学》

**【释义】**如果不专心致志地苦学，就不会有明辨事理的才智；如果不拼命苦干，就不会有卓著的功业。

◣ 处大事不辞劳怨，堪为栋梁之材；遇小故辄避嫌疑，岂是腹心之寄。

——摘自五代·陈抟《心相篇》

**【释义】**能挑起重担又任劳任怨的人，一定是国家的栋梁；碰到一点小事就避嫌，不肯承担一点责任的人，怎么能重用呢。

◣ 只要功夫深，铁杵磨成针。

——摘自南宋·祝穆《方舆胜览·磨针溪》

**【释义】**只要坚持不懈，连铁棒都能磨成细针。比喻只要肯下功夫，再困难的事情，也可能取得成功。

◣ 见利不亏其义，见死不更其守。

——摘自《礼记·儒行》

**【释义】**不要见到财利就做有损大义的事，要做到宁可牺牲也决不改变自己的志节。

千淘万漉虽辛苦，吹尽狂沙始到金。

——摘自唐·刘禹锡《浪淘沙》

【**释义**】经过千万次淘洗和过滤，虽然辛苦，但是去除了沙子，金子就出现了。比喻凡事要获得成功必须付出艰辛的劳动。

弓背霞明剑照霜，秋风走马出咸阳。未收天子河湟地，不拟回头望故乡。

——摘自唐·令狐楚《少年行》

【**释义**】弓箭沐浴着霞光，宝剑照耀着寒霜，在凛冽的秋风中，少年骑马驰出了京城，奔赴为国效力的疆场，没有收复河湟这块土地，就不打算回望故乡。诗描写了少年英雄为国家收复疆土、以身许国、不成功不回乡的豪情壮志。

出师未捷身先死，长使英雄泪满襟。

——摘自唐·杜甫《蜀相》

【**释义**】诸葛亮六出祁山未能打败魏国，自己却先病死在五丈原。其英名永垂人世，千古流芳，世人对他的去世万分悲痛，泪流满衣襟。

春蚕到死丝方尽，蜡炬成灰泪始干。

——摘自唐·李商隐《无题》

【**释义**】蚕一直吐丝直到死，蜡烛一直烧到成灰才不会滴蜡油。第一句引申为表达山盟海誓、至死不渝的爱情；第二句引申为歌颂老师辛勤工作、培育新人的精神。

野火烧不尽，春风吹又生。

——摘自唐·白居易《赋得古原草送别》

【**释义**】不管烈火如何无情地焚烧，只要春风一吹，遍地的青草就又生长出来了。常以此喻新生事物顽强生长，不可战胜。

虎瘦雄心在，人贫志气存。

——摘自元·万松老人《从容录》

【释义】老虎虽然变瘦却有威武不屈的雄心，人虽然贫穷但要保有不凡的志气。

◣ **试玉要烧三日满，辨材须待七年期。**

——摘自唐·白居易《放言》

【释义】试验玉石真伪需要三日烧烤，识别人才需要七年的考察。要知事物的真伪优劣，需要经过一定时间的观察比较。

◣ **宜未雨而筹谋，毋临渴而掘井。**

——摘自《朱子家训》

【释义】还没有下雨的时候要先将房子修缮好，不要等到口渴的时候才去挖井。比喻做事要先谋划、准备，不要等事情发生了才仓皇应对。

◣ **凿井者，起于三寸之坎，以就万仞之深。**

——摘自北朝齐·刘昼《刘子·崇学》

【释义】凿井的人，从挖很浅的土坑开始，最后挖成万仞深井。此语以“凿井”启发人们要笃学实干、坚持不懈，最终才能成就一番事业。

◣ **天行健，君子以自强不息；地势坤，君子以厚德载物。**

——摘自《周易》

【释义】天的运转刚强劲健，君子处世应像天一样刚毅坚卓、力求进步；大地的气势敦厚和顺，君子应增厚美德，容载万物。

◣ **生，亦我所欲也；义，亦我所欲也。二者不可得兼，舍生而取义者也。**

——摘自《孟子·告子上》

【释义】我想要生命，也想要道义。如果两者不能同时得到，我宁愿放弃生命，保存道义。道义比生命还重要。

◣ **志不求易，事不避难，臣之职也！**

——摘自南朝·范晔《后汉书·虞诩传》

【释义】立志向不应贪求容易实现的目标，做工作不回避困难的事情，这是做臣子的职责和本分。

◣ 受不得穷，立不得品；受不得屈，做不得事。

——摘自清·申居郧《西岩赘语》

**【释义】**忍受不了贫穷，就不能树立高尚的品德；受不了委屈，就不能有大的作为。

◣ 肯下人，终能上人。

——摘自清·王永彬《围炉夜话》

**【释义】**肯于居人之下，最终才能居于人上。

◣ 言忠信，行笃敬，虽蛮貊之邦，行矣。

——摘自《论语·卫灵公》

**【释义】**说话要忠诚可信，行事要敦厚恭敬，即使到了别的部族或国家，也能够行得通。

◣ 其言必信，其行必果，已诺必诚。

——摘自西汉·司马迁《史记·游侠列传》

**【释义】**人说话一定要能使人信服，做事一定要坚决果断，许下的诺言一定要真心诚意去实现。

◣ 直而不肆，光而不耀。

——摘自《老子》第五十八章

**【释义】**说话做事要直率而不放肆，有了亮眼的成就也依然保持低调，不锋芒毕露，不招摇显摆。

◣ 铁可折，玉可碎，海可枯。不论穷达生死，直节贯殊途。

——摘自南宋·汪莘《水调歌头》

**【释义】**铁可以折断，玉石可以破碎，海洋可以干枯。不论失意还是得志，不论生还是死，人生道路上要始终贯彻正直不阿的气节。

◣ 道之所在，虽千万人吾往矣。

——摘自《孟子·公孙丑上》

【释义】真理所在之处，纵然面对千万人的阻拦，我也要勇往直前。此语体现了追求真理的决心和自强不息、一往无前的精神。

**海纳百川，有容乃大；壁立千仞，无欲则刚。**

——摘自清·林则徐题于书室的自勉联

【释义】大海能够容纳成百上千的河流，是因为它有宽广的度量；高山绝壁能够直立千丈，是因为它没有凡世的杂欲。

**深沉厚重是第一等资质，磊落豪雄是第二等资质，聪明才辩是第三等资质。**

——摘自明·吕坤《呻吟语》

【释义】做人深敛沉着、敦厚持重是第一等资质，光明磊落、豪迈雄健是第二等资质，聪明机智、多才明辨是第三等资质。

**一段不为的气节，是撑天撑地之柱石。**

——摘自明·洪应明《菜根谭·修身》

【释义】有所为和有所不为的气节，是为人顶天立地之石柱。

**策马前途须努力，莫学龙钟虚叹息。**

——摘自唐·李涉《岳阳别张祜》

【释义】年轻人要鞭策自己向理想的前程奋发努力，不要像那些老来一无所成的人一样只知道空叹息。此诗鼓励人们奋发进取。

**生为百夫雄，死为壮士规。**

——摘自东汉·王粲《咏史诗》

【释义】活着要做男子汉中的英雄，死了也要成为壮士的楷模。

**石可破也，而不可夺坚；丹可磨也，而不可夺赤。**

——摘自秦·吕不韦《吕氏春秋》

【释义】石头可被击碎，但无法改变它坚硬的质地；朱砂可以被研磨，但无法改变它朱红的颜色。比喻意志坚定、品德高尚的人，即使遭受艰难困苦，也不会改变心中的信念。

◣ 古之立大事者，不惟有超世之才，亦必有坚忍不拔之志。

——摘自宋·苏轼《晁错论》

【**释义**】古代能够成就大事业的人，不仅有非凡的才能，而且有坚韧不拔的意志。强调一个人若想成就一番事业，就要敢于面对困难，不怕挫折，顽强拼搏，坚持到底。

◣ 凿不休则沟深，斧不止则薪多。

——摘自东汉·王充《论衡·命禄》

【**释义**】只要不停地挖凿，沟渠就会很深；只要坚持不懈地用斧子砍斫，柴薪就会很多。比喻做事只要持续努力，就会有丰硕的成果。

◣ 锲而舍之，朽木不折；锲而不舍，金石可镂。

——摘自《荀子·劝学》

【**释义**】雕刻若半途而废，那么即使是腐朽的木头也无法折断；如果坚持不懈地雕刻，即使是金属、石头也能刻出花纹来。此语以雕刻为喻，说明做事必须要有恒心、毅力。

◣ 士不可以不弘毅，任重而道远。

——摘自《论语·泰伯》

【**释义**】有志者必须要心胸开阔、意志坚强，因为自身责任重大且道路遥远。

◣ 吃得苦中苦，方为人上人。

——摘自明·冯梦龙《警世通言》

【**释义**】只有那些能吃得千辛万苦、历尽艰难险阻的人，才能够成就一番事业，赢得人们的尊敬。

◣ 人须在事上磨，方立得住，方能静亦定，动亦定。

——摘自明·王阳明《传习录》

【**释义**】人应该通过具体事情来磨炼自身，才能立足沉稳，达到无事安静时能定得住心，有事动乱时也能定得住心的境界。

**坚志者，功名之主也；不惰者，众善之师也。**

——摘自东晋·葛洪《抱朴子·外篇·广譬》

**【释义】**意志坚定是建功立业的根本，不懒惰是一切善行的老师。

**古之所谓豪杰之士，必有过人之节。**

——摘自宋·苏轼《留侯论》

**【释义】**古时被人称作豪杰的志士，一定具有超凡过人的气节。

一个人要想练就纯金般的人格品行，一定要经过艰苦磨炼；一个人要想建立惊天动地的事业功绩，必须经历险峻考验。只有经过这样的锤炼，才能成就经世之才。

**男儿要当死于边野，以马革裹尸还葬耳，何能卧床上在儿女子手中耶？**

——摘自南朝·范晔《后汉书·马援传》

**【释义】**立志为国尽忠的男子汉应当战死在报效祖国的沙场上，用马革裹着尸体回来埋葬，怎能迷恋儿女情长，纵情声色呢？

**志之难也，不在胜人，在自胜也。**

——摘自《韩非子·喻老》

**【释义】**立志的艰难，并不在于战胜别人，而在于战胜自己。

**有志者事竟成。**

——摘自南朝·范晔《后汉书·耿弇传》

**【释义】**有志向的人最终能够成就自己的一番事业。说明一个人只要有决心和恒心，就没有做不成的事。

**志不可不高，志不高则同流合污，无足有为矣；心不可太大，心太大，则舍近图远，难期有成矣。**

——摘自清·王永彬《围炉夜话》

**【释义】**一个人的志气不能不高远，若志气不高远就易被世俗左右而同流合污，一生难有大作为；一个人的野心不可太大，若野心太大就会舍弃当前可行的事而好高骛远，去追逐遥不可及的目标，最终也难有所成就。

◣ **患难中能守者，若读书可作朝廷柱石之臣；安乐中若忘者，纵低才岂非金榜青云之客。**

——摘自五代·陈抟《心相篇》

**【释义】**在艰难困苦中能坚持自己的操守不随波逐流的人，如果读书、走仕途之路，一定是国家的柱石之臣；在安乐中忘记享乐、有忧患意识的人，即使才学低一些，未必不能金榜题名，青云直上。

◣ **绳锯木断，水滴石穿，学道者须加力索；水到渠成，瓜熟蒂落，得道者一任天机。**

——摘自明·洪应明《菜根谭》

**【释义】**绳子可以锯断木头，水滴可以穿透石头，所以求学问的人要努力探索才能有所成就；各方细流汇聚能自然形成沟渠，瓜果成熟之后自然就会脱离枝蔓而掉落，所以修行学道的人要顺其自然才能获得正果。

◣ **欲做精金美玉的人品，定从烈火中锻来；思立揭地掀天的事功，须向薄冰上履过。**

——摘自明·洪应明《菜根谭》

**【释义】**要想拥有纯金美玉一般无瑕的人格品行，就必须经过烈火般的锤炼；要想成就惊天动地的丰功伟业，就必须像在薄薄的冰面上行走一样谨慎行事。

◣ **志不强者智不达。**

——摘自《墨子·修身》

**【释义】**志向不坚定的人智慧得不到充分发挥。此语强调立志的重要性，坚定的志向能给人无穷的力量。

◣ **大志非才不就，大才非学不成。**

——摘自明·郑心材《郑敬中摘语》

**【释义】**伟大的志向和抱负没有才能也实现不了，出色的才干不通过努力学习也无法练就。

◣ **良材不终朽于岩下，良剑不终秘于匣中。**

——摘自明·冯梦龙、清·蔡元放《东周列国志》第九十二回

**【释义】**优良的木材最终不会腐烂在山岩下，优良的宝剑最终不会密藏在剑匣中。比喻有才能的人终不会被长久埋没，必会显名于世。

◣ **此鸟不飞则已，一飞冲天；不鸣则已，一鸣惊人。**

——摘自西汉·司马迁《史记·滑稽列传》

**【释义】**这只鸟不飞便罢了，一旦飞起来，就会直冲云天；不鸣叫便罢了，一旦鸣叫，就会震惊世人。

◣ **一苦一乐相磨练，练极而成福者，其福始久；一疑一信相参勘，勘极而成知者，其知始真。**

——摘自明·洪应明《菜根谭》

**【释义】**人生路上，经历过痛苦和快乐的交替磨炼，所获得的幸福才能够长久；在学习中，经历过相信和怀疑的交替验证，在不断探索考证中获得的知识，才是真正的学问。

◣ **提得起，放得下。算得到，做得完。看得破，撇得开。**

——摘自清·金缨《格言联璧》

**【释义】**做人要有气量，遇事能拿得起，放得下。做事时要心中有数，要有计划，并且能完成。看事要能看得透彻，麻烦事想撇就能撇得开。

◣ **为者常成，行者常至。**

——摘自《晏子春秋》

**【释义】**实实在在做事的人总会有所成就，坚持不懈向着目标行进的人总会到达。“为”指实实在在做事，付诸行动。

◣ **成名每在穷苦日，败事多因得志时。**

——摘自明·陈继儒《小窗幽记》

**【释义】**一个人的成名通常都是在过穷苦日子的时候，而一个人的失败通常是在志得意满的时候。

◣ 凡百事之成也，必在敬之；其败也，必在慢之。

——摘自《荀子·议兵》

【释义】大凡在事业上取得成功的人必定非常敬业，对人对事都恭敬谨慎；那些失败的人，一定是因为轻慢了。

◣ 宴安鸩毒，不可怀也。

——摘自《左传·闵公元年》

【释义】贪图安逸享乐等于饮毒酒自杀，不可怀恋。

◣ 不入虎穴，焉得虎子。

——摘自南朝·范晔《后汉书·班超传》

【释义】不进入老虎洞，就捉不到小老虎。比喻不亲身进入险境，就不能取得重大成功，也指不经实践就难以获得真知。

◣ 风斜雨急处，要立得脚定；花浓柳艳处，要著得眼高；路危径险处，要回得头早。

——摘自明·洪应明《菜根谭》

【释义】在动乱局势中，要把握自己，站稳立场，才不至于被狂涛巨浪所吞噬；身处花红柳绿中，要眼光辽阔，把持情感，才不至于被美色所迷惑；遇到危险的路径时，要能收步回头，以免陷入其中不能自拔。

◣ 业广因功苦，拳拳志士心。

——摘自唐·孟简《惜分阴》

【释义】能够拥有渊博的知识，都是用心读书的结果；有志向的士人对于追求功业始终怀着恳切的心情。

◣ 伏久者飞必高，开先者谢独早；知此，可以免蹭蹬之忧，可以消躁急之念。

——摘自明·洪应明《菜根谭》

【释义】隐伏越久的鸟儿一旦起飞就会越飞越高，开得越早的花儿会越早独自凋谢。懂此理就可免去仕途不顺、怀才不遇的忧伤，可消除浮躁冒进急于求成的念头。

◣ **乞火不若取燧，寄汲不若凿井。**

——摘自西汉·刘安《淮南子·览冥训》

**【释义】**找人借火种不如自己去找，找人要水不如自己凿井。强调自立自强的人永远比依靠他人者走得更远。

◣ **民之从事，常于几成而败之。慎终如始，则无败事。**

——摘自《老子》第六十四章

**【释义】**人们做事情，总是在快要成功时失败。若在事情快要完成的时候还能像开始时那样努力、慎重，就没有办不成的事情。

◣ **不奋苦而求速效，只落得少日浮夸，老来窘隘而已。**

——摘自清·郑板桥《郑板桥集》

**【释义】**不勤奋刻苦，反而去求短时间内的成功，这样只会落得年少夸夸其谈，老了之后处境窘迫。

◣ **一日暴之，十日寒之，未有能生者也。**

——摘自《孟子·告子上》

**【释义】**即使是天下最容易生长的植物，如果只经阳光照射一天，却让它寒冻十天，也没有能够存活的。比喻做事、求学一日勤，十日怠，没有恒心，是不会成功的。

◣ **精诚所加，金石为开。**

——摘自南朝·范晔《后汉书·广陵思王荆传》

**【释义】**人的诚心诚意能感动天地，即使如金石那样坚硬的东西也能为之开裂。

◣ **字字看来皆是血，十年辛苦不寻常。**

——摘自清·曹雪芹《红楼梦·回前诗》

**【释义】**曹雪芹在恶劣的环境中创作《红楼梦》，历经十年，每字每句都来之不易。为此巨著他耗尽了毕生心血，全书尚未完稿，他就因爱子夭折而悲伤过度，一病不起，终年不到五十岁。

**莺花犹怕春光老，岂可教人枉度春？**

——摘自《增广贤文》

【**释义**】黄莺和鲜花尚且害怕春天逝去，怎么可以让自己的青春年华虚度呢？人生苦短，应当刻苦学习，努力工作，成就一番事业。

**三军可夺帅也，匹夫不可夺志也。**

——摘自《论语·子罕》

【**释义**】三军的主帅可以被夺而取之，但男子汉的志向是不能被改变的。

**功崇惟志，业广惟勤。**

——摘自《尚书·周书·周官》

【**释义**】建立崇高的功勋是由于有坚定的志向，功业广博是由于勤勉。

**人若无志，与禽兽同类。**

——摘自《孟子·尽心下》

【**释义**】人如果没有志向，只是为了活着，那就和动物没什么区别。

**大丈夫无他志略，犹当效傅介子、张骞立功异域，以取封侯，安能久事笔砚间乎？**

——摘自南朝·范晔《后汉书·班超传》

【**释义**】大丈夫即使没有更大的志向、更好的谋略，也应当效仿前辈傅介子、张骞，在异域杀伐立功，博取封侯，怎么能长期只在笔墨纸砚间讨生活呢！

班超原在官中抄写文书，因不甘碌碌平庸，决心投笔从戎，后奉命出征西域，终于立功封侯。此言是班超投笔从戎时说的话。

**一人奋死，可以对十。**

——摘自《韩非子·初见秦》

【**释义**】如果一个人奋不顾身、拼死战斗，就能够对抗十个人。只有拥有奋不顾身的勇气、置之死地而后生的精神，才能战胜强敌取得胜利。

有志者事竟成，破釜沉舟，百二秦关终属楚；苦心人天不负，卧薪尝胆，三千越甲可吞吴。

——摘自明·胡寄垣

**【释义】**此联引用楚霸王项羽破釜沉舟终战胜秦军，以及越王勾践卧薪尝胆率越军一雪前耻灭掉吴国的故事，说明弘毅笃志、奋发拼搏的重要性。

注：据清代邓文宾《醒睡录》记载，此联为明朝孝廉人物胡寄垣所作。

千磨万击还坚劲，任尔东西南北风。

——摘自清·郑板桥《竹石》

**【释义】**竹子扎根在破岩中，不管受到多大的折磨打击，仍然坚定强劲，任凭各方来的风猛刮。常以此形容革命者在斗争中的坚定立场和受到敌人打击也决不动摇的品质。

泰山崩于前而色不变。

——摘自宋·苏洵《心术》

**【释义】**即使泰山在面前崩塌，心中也毫无畏惧。指为了正义的事业奋力拼搏、无所畏惧。

一日一钱，千日千钱。绳锯木断，水滴石穿。

——摘自南宋·罗大经《鹤林玉露》

**【释义】**一天积累一钱，这样一千天便有一千钱。用绳子能够将木头锯断，滴水也能够将石头击穿。此语说明了坚持不懈的力量。

人无善志，虽勇必伤。

——摘自西汉·刘安《淮南子·主术训》

**【释义】**人从小就应该树立远大的志向，并坚持不懈地向目标奋进，这样的人生才是充实而有意义的人生。若一个人没有理想，做事只关注眼前，没有人生目标，即便此人勇猛无敌，也终究只是匹夫之勇。

不经一番寒彻骨，怎得梅花扑鼻香。

——摘自唐·黄檗禅师《上堂开示颂》

**【释义】**如果不经受一番风霜严寒之苦，梅花哪会有沁人心脾的花香。比喻不付出一番艰苦努力，是不能够获得成功、达到理想的目标的。

◣ **事如芳草春常在，人似浮云影不留。**

——摘自宋·辛弃疾《鹧鸪天·和人韵有所赠》

**【释义】**只有创下事业才会如芳草常在，而其他一切都是浮云。启示人们要立志成就一番事业。

◣ **言有物而行有格也，是以生则不可夺志，死则不可夺名。**

——摘自《礼记·缁衣》

**【释义】**说话有事实依据而做事有法度，所以活着的时候无人能改变他的志向，死后也无人能剥夺他的美名。

◣ **人怜直节生来瘦，自许高材老更刚。**

——摘自宋·王安石《与舍弟华藏院忞君亭咏竹》

**【释义】**人们爱竹直而有节，生来清瘦，更赞其越老越坚硬、刚强。作者以竹的形象自喻，表达了其老而弥坚、更具风骨的人格追求。

◣ **年老心未老，人穷志莫穷。**

——摘自《名贤集》

**【释义】**年纪虽然大了，但是志气不可以衰老；生活虽然贫困，但是德行不可以抛弃。

◣ **海到无边天作岸，山登绝顶我为峰。**

——摘自清·林则徐《出老》

**【释义】**首句说站在鼓山上，可以望见无边的大海，海的尽头就是天，海天相连。比喻学海无边苦作舟，只有勤奋学习，才能到达成功的彼岸。次句以脚踏绝顶峰，喻男儿堂堂正正，顶天立地，抒发了凌云壮志。

◣ **人一能之，己百之；人十能之，己千之。果能此道矣，虽愚必明，虽柔必强。**

——摘自《中庸》

**【释义】**别人学一次就会了，我一次学不会就学一百次；别人学十次就会了，我十次学不会就学一千次。若真能如此，即使再笨也会变得聪明，即使再柔弱的人也会变得坚强。

◣ **人之进道，惟问其志，取必以渐，勤则得多。**

——摘自汉·孔臧《勤学苦读》

**【释义】**一个人讲求学问，只要看他有没有意志。想要获得知识，一定要靠日积月累，越是勤勉得到的便越多。

◣ **学本于立志，志立而学问之功已过半矣。**

——摘自明·王阳明《静心录》之六《续编二》

**【释义】**做学问的根本在于立志，志向一旦立定，那么做学问的功夫已经成功一半了。

◣ **不为穷变节，不为贱易志。**

——摘自西汉·桓宽《盐铁论》

**【释义】**志士不因为处境窘困而改变节操，不因为地位卑贱而改变志向。

◣ **立志用功，如种树然。方其根芽，犹未有干；及其有干，尚未有枝；枝而后叶，叶而后花实。**

——摘自明·王阳明《传习录》

**【释义】**立志用功读书就像种树一样，当它才长出根芽的时候还没有树干，等到有了树干，还没有树枝，有了树枝之后才有树叶，有了叶子以后才能开花结果。

◣ **三日不弹，手生荆棘。**

——摘自清·曹雪芹《红楼梦》

**【释义】**三天不弹琴，手上就像生了荆棘一样不能弹了。比喻技艺的精熟在于每天都坚持练习，若稍有荒疏，就会生涩。

◣ **虎卑其势，将有击也；狸缩其身，将有取也。**

——摘自明·冯梦龙、清·蔡元放《东周列国志》

**【释义】**老虎伏下身是为了进攻某种猎物；狸猫收缩身体，是为了猎取某种食物。比喻有大志的人忍受一时屈辱，是韬光养晦，以图将来施展抱负。

**慎勿贪恋家园，不图远大。男儿蓬矢桑弧，所为何来？而可如妇人女子之缩屋称贞哉！**

——摘自清·林则徐《林则徐家书》

**【释义】**千万不可以贪图家中的悠闲生活，不去追求更广阔的前途。堂堂七尺男儿生于世上，究竟是为了什么呢？难道可以像妇女一样躲在家里自称贞洁烈女吗？

**知止而后有定，定而后能静，静而后能安，安而后能虑，虑而后能得。**

——摘自《大学》

**【释义】**知道应达到的境界才能够志向坚定，志向坚定才能够镇静不躁，镇静不躁才能够平心静气，平心静气才能够思虑周详，思虑周详才能够有所收获。

**凡事不认真不收其效，不严肃不成其事，不献身不明其志。**

——摘自弘一法师语

**【释义】**无论做什么事，不认真用心是不会有成效的，不严肃对待是不能成功的，不全身心投入是不能彰显志向的。执着于理想，着意于当下，脚踏实地做事，方能实现自己的志向和价值。

**心欲小而志欲大，智欲员而行欲方，能欲多而事欲鲜。**

——摘自西汉·刘安《淮南子·主术训》

**【释义】**考虑问题要谨慎细致，但志向要远大；智谋要周全灵活，但行为要端正；才能要广泛多样，但处事要简约。强调做事要分清主次轻重，集中精力做好最重要的事情。

**莲朝开而暮合，至不能合，则将落矣；富贵而无收敛意者，尚其鉴之。草春荣而冬枯，至于极枯，则又生矣，困穷而有振兴志者，亦如是也。**

——摘自清·王永彬《围炉夜话》

**【释义】**莲花晨开而晚闭合，到了不能闭合的时候，就是要凋落了；富贵而不知自我约束的人，应以此为鉴。野草春天繁盛而冬天枯萎，等到极枯时就是又要发芽之时，处于困境贫穷中而有振兴志向的人，可以此自我激励。

◣ 为山九仞，功亏一篑。

——摘自《尚书·旅獒》

**【释义】**堆垒九仞高的土山，只差一筐土而没堆成，就不算完成。

◣ 掘井九轫不及泉，犹为弃井也。

——摘自《孟子·尽心上》

**【释义】**做事好比挖井一样，一口井挖了九轫还没有见到泉水，仍然是一口废井。只有不达目标不罢休才不会前功尽弃。

◣ 为世忧乐者，君子之志也；不为世忧乐者，小人之志也。

——摘自东汉·荀悦《申鉴·杂言上》

**【释义】**为国而忧，为国而乐，这是君子的志向；只考虑个人得失，这是小人的志向。

◣ 丈夫四方志，安可辞固穷？

——摘自唐·杜甫《前出塞九首》之九

**【释义】**大丈夫志在四方，岂能因穷困而改变操守。

◣ 志尚夷简，澹于荣利。

——摘自唐·李延寿《北史·韦敻传》

**【释义】**自己的志向在于能够朴素节俭，对于荣华富贵、名利地位看得很淡。

◣ 志不强者智不达，言不信者行不果。据财不能以分人者，不足与友；守道不笃，遍物不博，辨是非不察者，不足与游。

——摘自《墨子·修身》

**【释义】**意志不坚强的，智慧一定不高；说话不讲信用的，行动一定不果断。拥有财富而不肯分给别人的，不值得和他交友；守道不坚定，阅历不广博，辨别是非不清楚的，不值得和他交游。

◣ **不陨获于贫贱，不充诎于富贵。**

——摘自《礼记·儒行》

**【释义】**不因为贫贱而失去志气，不因为富贵而得意忘形。

◣ **君子如松柏，特立不倚；小人似藤蔓，附物方兴。**

——摘自明·乔应甲《半九亭集》

**【释义】**君子安居本位，不羡外物，不卑不亢，堂堂正正，如松柏一般浩然挺立；小人奴颜媚骨，曲意逢迎，像藤蔓一样，非依附他物不能自起。

◣ **草木秋死，松柏独在。**

——摘自西汉·刘向《说苑·谈丛》

**【释义】**草木在秋来时都枯死了，只有松柏独自存活着。比喻志向坚定的人在复杂、危险的环境里仍能坚持自己的理想、信念。

◣ **夫夷以近，则游者众；险以远，则至者少。而世之奇伟、瑰怪、非常之观，常在于险远，而人之所罕至焉，故非有志者不能至也。**

——摘自宋·王安石《游褒禅山记》

**【释义】**道路平坦并且很近，那么去游玩的人就多；道路险恶并且很远，那么去的人就少。但世界上新奇、伟岸瑰丽、古怪非常的景致，常常在那些危险而又偏远、人们不常去的地方，所以不是有志之人是达不到的。

◣ **欲多则心散，心散则志衰，志衰则思不达也。**

——摘自《鬼谷子·本经阴符七术》

**【释义】**欲望如果多了，心神便会分散；心神分散了，意志也会衰退；意志衰退之后，精神便会消沉。

◣ **行百里者半九十。**

——摘自《战国策·秦策五》

**【释义】**一百里的路程，走到九十里也只能算是走了一半而已。比喻做事越接近成功越困难，越要认真对待。此句勉励人们做事要善始善终。

◣ **玩人丧德，玩物丧志。志以道宁，言以道接。**

——摘自《尚书·禹贡》

**【释义】**以戏弄他人为乐，是道德败坏的表现。太过沉迷于某一事物，就会丧失斗志。意志要符合道义才能安宁，言论也要符合道义才能让人接受。

◣ **二人同心，其利断金；同心之言，其臭如兰。**

——摘自《周易·系辞》

**【释义】**两个人心志相同，行动一致的力量就能像利刃一样，可以斩断金属。心志相同的人说出的话语，就如兰花一样芳香。

◣ **流水之为物也，不盈科不行；君子之志于道也，不成章不达。**

——摘自《孟子·尽心上》

**【释义】**流水有规律，不把坑坑洼洼填满不向前流；君子有志于践行仁义之道，不以小成就为基础就不能达到最终的目标。

◣ **宝剑锋从磨砺出，梅花香自苦寒来。**

——摘自《警世贤文》

**【释义】**宝剑的锐利锋刃是从不断磨砺中得到的，熬过寒冷冬季的梅花更加幽香。

◣ **今日不为，明日亡货；昔之日已往而不来矣。**

——摘自《管子·乘马》

**【释义】**今天如果不努力做事情，明天便会财货贫乏；昔日的时光已然过去，再也不会回来。

◣ **持志如心痛。一心在痛上，岂有功夫说闲话、管闲事。**

——摘自明·王阳明《传习录上》

**【释义】**坚持自己的理想就如同心脏在痛。注意力都被疼痛（坚持理想）吸引了，哪有时间说无意义的话、管无意义的事？

**患难困苦，是磨炼人格之最高学校。**

——摘自梁启超语

**【释义】**这句话说明了挫折对人具有一定的积极影响，它能给人以教育，使人成熟奋进。

**得年难留，时易陨，厉志莫赏徒劳疲。**

——摘自东晋·葛洪《抱朴子·释滞》

**【释义】**岁月不能挽留，光阴容易逝去，应当随时激励自己的意志，不要虚度年华。

**劝君著意惜芳菲，莫待行人攀折尽。**

——摘自宋·欧阳修《玉楼春·黄金弄色轻于粉》

**【释义】**芳菲指芳香的花草，比喻青春。此语意在教人珍惜青春，努力奋发向上，不要待青春逝去才懊悔不已。

**白日欺人，难逃清夜之愧赧；红颜失志，空贻皓首之悲伤。**

——摘自明·洪应明《菜根谭》

**【释义】**白天欺骗别人，晚上就会羞愧难当；年轻时没有奋发向上的志向，年老时就会追悔莫及。有因才有果，种好因才会收获好果。

# 情感

◣ **夫孝，德之本也，教之所由生也。**

——摘自《孝经·开宗明义》

**【释义】**孝是一切道德的根本，所有的教化都是从这里生出的。

◣ **千经万典，孝义为先。**

——摘自元·史弼《景行录》

**【释义】**所有的经典，都是以忠孝仁义为先。

◣ **君子立身，虽云百行，唯诚与孝，最为其首。**

——摘自唐·魏徵《隋书·文帝纪》

**【释义】**君子在社会上立足成事，尽管需要的品行有很多方面，但诚信和孝顺最为重要。

◣ **哀哀父母，生我劬劳。**

——摘自《诗经·蓼莪》

**【释义】**想起父母，做子女的是多么为他们感到心痛啊！他们生我育我，付出了多少辛勤的劳动啊！

◣ **羊有跪乳之恩，鸦有反哺之义。**

——摘自《增广贤文》

【释义】小羊跪着吃奶以报答母亲的恩情，小乌鸦有对老乌鸦喂食反哺的情义。动物尚且知恩必报，何况是人？比喻做子女的要懂得感恩，孝顺父母。

**夫孝，始于事亲，中于事君，终于立身。**

——摘自《孝经·开宗明义》

【释义】孝是从侍奉父母开始的，长大成年以后就应当为国尽忠，最终成就自己的功名事业。

**爱亲者，不敢恶于人；敬亲者，不敢慢于人。**

——摘自《孝经·天子》

【释义】一个人能够做到爱戴自己的父母，就不会恶待别人的父母；一个人懂得尊敬自己的父母，就不会怠慢别人的父母。

**子曰：父母之年不可不知也；一则以喜，一则以惧。**

——摘自《论语·里仁》

【释义】孔子说："父母的年龄不可以不记得，一方面因他们的健康高寿而感到喜悦，一方面因他们的日益衰老而感到忧虑。"

孔子三岁丧父，十七岁丧母，因此从未体会过父母年龄增长所带来的"喜"和"惧"。对他来说，这是一种难以弥补的损失。所以，孔子在传授孝道时特别强调记住父母年龄的重要性。孝既要体现在行动上，又要体现在感情上，因为没有感情的行动是虚伪的。行动上的孝就是"生事之以礼，死葬之以礼，祭之以礼"，在与父母意见不统一时不要与之争执。感情上的孝就是要牢记"父母之年"，既要为父母的长寿感到高兴，又要为父母的衰老感到忧惧。

**人子之道，莫大于事生，百年有限之亲，一去不回之日，得尽一时心，即免一时悔矣。**

——摘自《六事箴言》

【释义】要做一个有孝心的儿子，最重要的是在父母活着时尽心侍奉，父母的寿命最多不过百年，而光阴易逝，过一天就少一天，能够在父母膝下多尽一分心意，日后就少一分后悔。

**孝子之事亲也，居则致其敬，养则致其乐，病则致其忧，丧**

则致其哀，祭则致其严。五者备矣，然后能事亲。

——摘自《孝经·纪孝行》

**【释义】**孝子侍奉父母，日常起居要对父母恭敬；饮食生活要使父母心情愉悦；父母生病要为其忧虑，悉心呵护；父母去世要悲伤料理后事；祭祀父母要庄严肃穆。这五方面都做到了，方可称其对父母尽到了子女的责任。

◣ 若父母长上，有所唤召，却当疾走而前，不可舒缓。

——摘自宋·朱熹《童蒙须知》

**【释义】**如果父母师长有所召唤，应当快速走到他们面前，不可以迟缓怠慢。

◣ 养子方知父母恩，立身方知人辛苦。

——摘自明·范立本《明心宝鉴》

**【释义】**自己养育子女才知道父母的大恩大德，在社会上立身处世才知道做人的难处和辛苦。

◣ 诗书是觉世之师，忠孝是立身之本。

——摘自元·秦简夫《东堂老》

**【释义】**诗文经书是明察世事的指导，忠孝之道是人立身处世的根本所在。

◣ 君子务本，本立而道生。孝弟也者，其为仁之本与！

——摘自《论语·学而》

**【释义】**君子致力于根本，根本的东西确立了，仁道也就产生了。孝顺父母，敬爱兄长，就是行仁的根本吧！

◣ 夫孝，置之而塞乎天地，溥之而横乎四海，施诸后世而无朝夕。

——摘自《礼记·祭义》

**【释义】**将孝道置于天地之间，天地之间便会充满孝；将孝道推广到四海，四海便会填满孝；将孝道推行至后世，后世就会每时每刻奉行。

◣ **从命不忿，微谏不倦，劳而不怨，可谓孝也。**

——摘自《礼记·坊记》

**【释义】**听从父母的教诲而没有不乐意或埋怨；父母有过错要和颜悦色地劝谏，如果父母不听，也不要发脾气，要反复劝谏；侍奉父母累了也不能怨恨，这就是孝子。

◣ **父父，子子，兄兄，弟弟，夫夫，妇妇，而家道正。正家而天下定矣。**

——摘自《周易·家人卦》

**【释义】**父亲有父亲的模样，儿子有儿子的模样，兄长有兄长的模样，弟弟有弟弟的模样，丈夫有丈夫的模样，妻子有妻子的模样，这样家庭内部关系就端正了。每个家庭内部的关系端正了，国家便能够安定了。

◣ **父子笃，兄弟睦，夫妻和，家之肥也。**

——摘自《礼记·礼运》

**【释义】**父子之间感情笃深，互相信任；兄弟之间同心同德，齐心协力；夫妻之间恩爱和美，相濡以沫，一家人一条心，家业才会兴旺发达。

◣ **父子有亲，君臣有义，夫妇有别，长幼有叙，朋友有信。**

——摘自《孟子·滕文公上》

**【释义】**父子之间要亲爱，君臣之间要有礼义，夫妇之间要恩爱而有内外之别，老少之间要有尊卑之序，朋友之间要有诚信之德。

◣ **君子于仁也柔，于义也刚。**

——摘自西汉·扬雄《法言》

**【释义】**品格高尚的人具有仁爱之心，与他人互敬互爱，表现为柔；在正义公理方面刚直不阿，不忍让退缩，表现为刚。

◣ **孝子不谀其亲，忠臣不谄其君，臣、子之盛也。**

——摘自《庄子·外篇·天地》

**【释义】**孝顺的儿子不奉承父母，贤良的忠臣不谄媚君主，这就是做贤臣、孝子的最高境界了。

◣ **重资财，薄父母，不成人子。**

——摘自《朱子家训》

【**释义**】注重钱财而不孝顺父母，这样的人称不上是儿子。薄资财，重父母，这才是行孝之人。

◣ **慈母望子，倚门倚闾；游子思亲，陟岵陟屺。**

——摘自明·程登吉《幼学琼林·祖孙父子》

【**释义**】慈母盼儿归来，站在门口巷口张望等候；游子思念亲人，登山眺望故乡。

◣ **树欲静而风不息，子欲养而亲不在，皋鱼增感；与其椎牛而祭墓，不如鸡豚之逮存，曾子兴思。**

——摘自明·程登吉《幼学琼林·疾病死丧》

【**释义**】树想静止而风不停息，孩子想奉养父母而双亲已过世，皋鱼为此感伤不已；与其在父母死后杀牛宰羊到坟前祭奠，不如趁父母在世以鸡肉猪肉尽心奉养他们，这是曾子在读到丧礼时的感想。

◣ **一死一生，乃知交情。一贫一富，乃知交态。一贵一贱，交情乃见。**

——摘自西汉·司马迁《史记·汲郑列传》

【**释义**】经历过生死考验，才能看出交情的深浅；朋友之间一贫穷一富有，才能看出世态人情；两人之间一富贵一卑贱，交情的真实状况才能显现出来。

◣ **父母教子，当于稍有知识时，见生动之物，必教勿伤，以养其仁；尊长亲朋，必教恭敬，以养其礼；然诺不爽，言笑不苟，以养其信。**

——摘自《六事箴言》

【**释义**】父母教育孩子，应当在其刚懂事时，看到有生命的东西，一定要教他不可伤害，以便培养其仁爱之心；对于长辈以及自家的亲朋好友，一定让其恭敬对待，以培养其谦恭有礼的作风；答应别人的事情，就一定不要反悔，谈笑时不能信口开河，以便培养其稳重守信的品质。

◣ 孝子之养老也，乐其心，不违其志；乐其耳目，安其寝处。

——摘自《礼记·内则》

【释义】孝顺的子女赡养父母，要使父母心情愉悦，不违背父母的意愿；做让父母喜闻乐见的事，让父母安居。

◣ 广积不如教子，避祸不如省非。

——摘自宋·林逋《省心铨要》

【释义】广积钱财，不如教育好子女。躲避灾祸，不如反省自己的过错。

◣ 重富欺贫，焉可托妻寄子？敬老慈幼，必然裕后光前。

——摘自五代·陈抟《心相篇》

【释义】嫌贫爱富的人，心地刻薄，怎么能够在外出时把家中妻儿托付给他？能够敬老爱幼，关怀弱者，这样的人将来必定会立身扬名，光耀祖宗，福荫子孙。

◣ 孝有三，大孝尊亲，其次弗辱，其下能养。

——摘自《礼记·祭义》

【释义】孝顺父母有三种境界：最大的孝顺是尊重父母，其次是不让自己的言行给父母带来耻辱，最次的是能养活父母。

◣ 守身不敢妄为，恐贻羞于父母；创业还需深虑，恐贻道害于子孙。

——摘自清·王永彬《围炉夜话》

【释义】谨守自己的行为而不敢随心所欲胡作非为，是因为害怕自己的不良之举会使父母蒙羞；在开创一项事业时，还要深谋远虑，权衡得失，以免将来危害子孙。

◣ 古人比父子为乔梓，比兄弟为花萼，比朋友为芝兰，敦伦者，当即物穷理也。今人称诸生曰秀才，称贡生曰明经，称举人曰孝廉，为士者，当顾名思义也。

——摘自清·王永彬《围炉夜话》

【**释义**】古人将父与子的关系比喻为乔木和梓木，把兄弟的关系比喻为花与萼，将朋友之间的关系比喻为芝兰香草，因此，有心想敦睦人伦关系的人，应当由万物的情态中推究人伦关系的义理。现在的人称读书人为秀才，称被举荐入太学的生员为明经，称举人为孝廉，因此，读书人也可以从这些称谓中明白其中包含的事理。

◣ **贤者狎而敬之，畏而爱之。爱而知其恶，憎而知其善。**

——摘自《礼记·曲礼上》

【**释义**】对有德才的人要亲近而且敬重，畏服而且爱戴他。对于自己所爱的人，要能知道他的缺点；对于自己所憎恶的人，要能看到他的好处。

此语向世人讲明了与人交往的行为准则，强调对每一个人的态度要客观公正，全面认识，善于发现自己所亲近的人的缺点，积极寻找所憎恶的人的优点，这样就不致影响自己对人的判断，才能使自己正确把握与人交往的尺度。

◣ **居上而骄则亡，为下而乱则刑，在丑而争则兵。三者不除，虽日用三牲之养，犹为不孝也。**

——摘自《孝经·纪孝行章》

【**释义**】身居高位而傲慢自大者势必要灭亡，身居下层而为非作乱者免不了受到刑罚，在民众中与人争斗会引起相互残杀。骄、乱、争这三项恶事不戒除，即便天天给父母吃鱼吃肉，尽心奉养，也还是不孝之人。

◣ **积善之家，必有馀庆；积不善之家，必有馀殃。可知积善以遗子孙，其谋甚远也。贤而多财，则损其志；愚而多财，则益其过。可知积财以遗子孙，其害无穷也。**

——摘自清·王永彬《围炉夜话》

【**释义**】凡是积下善德的人家，必然给子孙留下许多德泽；而多行不善的人家，遗留给子孙的必定是祸患。由此可知，积累善德能为子孙留下恩泽，这才是为子孙做长远的打算。贤能而有许多钱财，则易损伤志向；愚笨而拥有许多钱财，容易增加过失。故积累巨额钱财留给子孙，害处很大。

◣ **遗子黄金满籯，不如一经。**

——摘自东汉·班固《汉书·韦贤传》

【释义】给子孙留下满筐黄金，不如教他通晓经学。指教会子孙读书明理远胜于给他们留下大量遗产，这是正确、明智的教育方法。

◣ 能结交直道朋友，其人必有令名；肯亲近耆德老成，其家必多善事。

——摘自清·王永彬《围炉夜话》

【释义】能够交上正直的朋友，这样的人一定也有好的名声；肯亲近德高望重的人，这样的人家一定常做善事。

◣ 君子之交淡若水，小人之交甘若醴；君子淡以亲，小人甘以绝。

——摘自《庄子·山木》

【释义】君子之间的交情平淡得如水一样，小人之间的交往甘甜得如酒一样；君子之交虽平淡却日渐亲密，小人之交虽亲密却容易断绝。

◣ 以财交者，财尽而交绝；以色交者，华落而爱渝。

——摘自《战国策·楚策一》

【释义】用钱财与人相交，钱财用完了交情就会断绝；以美色与人相交，到年老色衰时感情就会改变。

◣ 兄弟敦和睦，朋友笃诚信。

——摘自唐·陈子昂《座右铭》

【释义】兄弟之间要做到和睦，朋友之间要做到诚信。

◣ 用人不宜刻，刻则思效者去；交友不宜滥，滥则贡谀者来。

——摘自明·洪应明《菜根谭》

【释义】用人不可以太过苛刻，苛刻会使那些愿意效忠你的人离去；结交朋友不可以泛滥，泛滥会使那些逢迎谄媚的人来到身旁。

◣ 遇故旧之交，意气要愈新；处隐微之事，心迹宜愈显；待衰朽之人，恩礼当愈隆。

——摘自明·洪应明《菜根谭》

【释义】遇到知交旧友，要热情周到、真心实意；处理机密的事，态度要更加光明磊落；对待年老衰弱的人，更要恭敬有礼、盛情厚意。如果能做到对失意之人以礼相待，对贫穷之人以客相待，对老年人怀有敬重之心，热情周到，这样的人才算是具备高尚情操的真君子。

◣ **先淡后浓，先疏后亲，先远后近，交友道也。**

——摘自明·陈继儒《小窗幽记》

**【释义】**交朋友的滋味要由淡薄而浓郁，由疏远而亲近，由接触而相知，这是交朋友的方法。

◣ **自家富贵，不着意里，人家富贵，不着眼里，此是何等胸襟；古人忠孝，不离心头，今人忠孝，不离口头，此是何等志量。**

——摘自清·王永彬《围炉夜话》

**【释义】**自家富贵了，并不放在心里，也不四处炫耀；别人富贵了，并不看在眼里，也不心生嫉妒，这是多么宽阔的胸怀。古人讲究忠孝之义，总是将忠孝放在心头；今人讲忠孝，总是时刻提倡，这是何等高尚的气量。

◣ **谁言寸草心，报得三春晖。**

——摘自唐·孟郊《游子吟》

**【释义】**谁说小草的心意能够报答得了春天的阳光呢？此诗既表现了母爱的温暖与伟大，又表达了子女对母亲的无限感激之情。

◣ **父母之爱子，则为之计深远。**

——摘自《战国策·触龙说赵太后》

**【释义】**做父母的疼爱孩子，就要为他们做长远打算，不能只顾眼前得失。

◣ **为人母者，不患不慈，患于知爱而不知教也。**

——摘自宋·司马光《家范》

**【释义】**身为人母，不担心她不慈爱，而担心只懂慈爱却不懂得教育。

◣ **每见待子弟严厉者，易至成德；姑息者，多有败行，则父兄之教育所系也。又见有子弟聪颖者，忽入下流；庸愚者，转为上达，则父兄之培植所关也。人品之不高，总为一利字看不破；学**

业之不进，总为一懒字丢不开。德足以感人，而以有德当大权，其感尤速；财足以累己，而以有财处乱世，其累尤深。

——摘自清·王永彬《围炉夜话》

**【释义】**常常见到那些对子孙要求十分严格的人家，容易培养出品行高尚的君子；而对子孙姑息迁就，容易养出道德品行败坏的人，这是家长教育的关系。又看到聪明的子弟，却突然做出品性低下的事；那些原本平庸愚笨的人力求上进，成为品德高尚的人，这些都与家长的培养教导有关。一个人难以有高尚的品行，都是因为看不透一个“利”字；学业上没有进步，总是因为不能抛掉一个“懒”字。好的品德可以感化他人，而品德高尚又很有权威的人，他的感化尤其迅速；钱财富足可牵累人，而钱财很多又处在混乱的社会中，这种牵累尤其严重。

◣ 爱之必以其道，虽嬉戏玩耍，务令忠厚悱恻，毋为刻急也。

——摘自清·郑板桥《潍县署中与舍弟墨第二书》

**【释义】**疼爱孩子也要遵循一定的法则，即使在游戏玩耍的时候，也要教导他做个忠厚老实懂得怜惜别人的人，不要做刻薄寡恩之人。

◣ 纵容子孙偷安，其后必至耽酒色而败门庭；专教子孙谋利，其后必至争赀财而伤骨肉。

——摘自清·王永彬《围炉夜话》

**【释义】**放纵容忍子孙不思进取，沉溺于暂时的安乐之中，子孙以后一定会沉迷酒色而败坏家业；一心只教导子孙去谋取钱财，子孙以后一定会因争夺财产而影响骨肉亲情。

◣ 为人君必惠，为人臣必忠；为人父必慈，为人子必孝；为人兄必友，为人弟必悌。

——摘自《墨子·兼爱》

**【释义】**做人君的必须仁惠，做人臣的必须忠诚；做人父的必须慈爱，做人子的必须孝顺；做人兄的必须友爱其弟，做人弟的必须敬爱兄长。

◣ **人生小幼，精神专利，长成已后，思虑散逸，固须早教，勿失机也。**

——摘自南北朝·颜之推《颜氏家训·勉学》

**【释义】**人年幼时，精神专注敏锐，长大成人后，思虑就分散了，所以教育孩子要趁早，不要错失时机。

◣ **教子弟于幼时，便当有正大光明气象；检身心于平日，不可无忧勤惕厉工夫。**

——摘自清·王永彬《围炉夜话》

**【释义】**在子弟年幼时就开始教导，培养他们正直、宽广、光明磊落的气概；在日常生活中要时时反省自己的行为，不能没有忧患意识和自我督促、砥砺的功夫。

◣ **子弟者，大人之胚胎；秀才者，士夫之胚胎。此时若火力不到，陶铸不纯，他日涉世立朝，终难成个令器。**

——摘自明·洪应明《菜根谭》

**【释义】**孩童时期的习性对于其成人后为人处世有很大影响；从秀才身上可以看到其以后为官的大致雏形。但如果锻炼得不够火候，陶冶得不够精纯，那么无论他今后是在为人处世中，还是在经世济国方面，终究难以成为一个有用的人才。

◣ **陵轹同辈，不知戒约，而以咎他人。或言其不然，则曰小未可责，日渐月渍，养成其恶，此父母曲爱之过也。**

——摘自宋·刘清之《戒子通录》

**【释义】**子女欺辱同辈的孩子而家长不制止，反责他人的过错。有人指出孩子的过错，家长又说孩子太小，不忍心加以责罚。长此以往，孩子便会养成不良习惯，这都是父母溺爱的结果。

◣ **人在年少，神情未定，所与款狎，熏渍陶染，言笑举动，无心于学，潜移暗化，自然似之；何况操履艺能，较明易习者也！**

——摘自南北朝·颜之推《颜氏家训·慕贤篇》

**【释义】**人在年少之时，精神意志还未定型，和所交往之人亲近，会受到熏陶感染，一言一笑一举一动，即使他们没有存心去学习，也会潜移默化地自然趋于相似，何况人家的操行技能，是更易学习的东西呢！

◣ 为人君止于仁，为人臣止于敬，为人子止于孝，为人父止于慈，与国人交止于信。

——摘自《大学》

**【释义】**君主以做到仁爱为终极目标，臣子以做到恭敬为终极目标，子女以做到孝顺为终极目标，父母以做到慈爱为终极目标，与别人交往以做到诚信为终极目标。

◣ 待亲族，须以敬老济贫为主；待下人，须以宽为主；待多事小人，须以让为主。

——摘自《尹会一家训》

**【释义】**对待亲属，必须要以孝敬老人、接济贫困的为主；对待下人，务必要采取宽容的态度；对于那些多事的小人，以保持忍让为好。

◣ 知为人子，然后可以为人父；知为人臣，然后可以为人君；知事人，然后能使人。

——摘自《礼记·文王世子》

**【释义】**能明白怎样做一个好儿子，然后才能做一个好父亲；明白怎样做一个好臣下，然后才能做一个好君主；明白如何为人处世，然后才能使唤他人。

人的一生在不断变换着自己的位置，由最初的为人子到为人父，兼有双重身份。只有做了父亲之后，才能明白当初父亲的谆谆教诲和良苦用心，并以此提醒自己要做一个合格的儿子，以回报父母的养育之恩。同时也督促自己为子女做出表率，以实际行动尽到做父亲的责任，培养子女，使其成为对社会有用的人才。为人臣、知事人也是同样的道理。

◣ 父母威严而有慈，则子女畏慎而生孝矣。

——摘自南北朝·颜之推《颜氏家训·教子篇》

【释义】父母在子女面前既有威严而又能关怀爱抚他们，子女就会对父母敬畏、谨慎而孝顺。望子成龙、望女成凤不是要过度爱护、过度责骂，而是慈与威并施。

◣ **身体发肤，受之父母，不敢毁伤，孝之始也。**

——摘自《孝经·开宗明义》

【释义】子女身上的一切都是父母给予的，大家必须好好珍惜，避免毁伤，这是行孝尽孝的开始。

◣ **祭者，志意思慕之情也。**

——摘自《荀子·礼论》

【释义】人们对死者的缅怀和悼念，一方面是寄托哀思，表达悲痛的心情；另一方面是对美德的深切怀念。

◣ **养子弟如养芝兰，既积学以培植之，又积善以滋润之。**

——摘自宋·家颐《教子语》

【释义】教育子女就像栽培芝兰一样，既要让他积累学识以培养他，也要用美好的品德去滋润他。

◣ **雨泽过润，万物之灾也；情爱过义，子孙之灾也。**

——摘自清·金缨《格言联璧》

【释义】雨水能滋润万物，但如果下得太多，反而成了灾难；同样的道理，父母对子女的溺爱，也不利于他们的成长

◣ **家运之兴旺，在于和睦、孝道、勤俭。**

——摘自曾国藩语

【释义】一个家庭要兴旺，不管是对内还是对外，都要以和为贵，和气乃兴家之本；百善孝为先，孝是一个家庭最大的规矩，是固家之基；勤俭乃持家之道。

◣ **孝于亲则子孝，钦于人则众钦。**

——摘自北宋·林逋《省心录》

**【释义】**孝顺父母的人，子女也会对他孝顺；敬重别人的人，别人也会敬重他。

◣ **不义，则诤之。从父之令，又焉得为孝乎？**

——摘自《孝经·谏诤》

**【释义】**规劝长辈，使之了解自己的过失并且改正。若当规劝而不规劝，则是愚孝，甚至陷长辈于不义。

◣ **所谓治国必先齐其家者，其家不可教而能教人者，无之。故君子不出家而成教于国：孝者，所以事君也；悌者，所以事长也；慈者，所以使众也。**

——摘自《大学》

**【释义】**要治理国家必须先管理好自己的家庭，家庭都管理不好却能管理百姓的人，是不存在的。君子在家里就能受到治国方面的教育：能继承先人之志的人，可以侍奉君王；懂得长幼次序的人，可以侍奉长辈；有慈爱之心的人，可以影响民众。

◣ **以清白遗子孙，不亦厚乎？**

——摘自唐·李延寿《南史·徐勉传》

**【释义】**把清清白白做人的品质留给后代子孙，不也是很厚重的一笔财富吗？

◣ **一念慈祥，可以酝酿两间和气；寸心洁白，可以昭垂百代清芬。**

——摘自明·洪应明《菜根谭》

**【释义】**心中存有慈祥的念头，可以形成温暖平和的气息；心地保持纯洁，可以让美好的名声流传百代。

◣ **良言一句三冬暖，恶语伤人六月寒。**

——摘自《增广贤文》

**【释义】**一句良善有益的话，能让听者即使在三九严寒中也倍感温暖；相反，尖酸刻薄的恶毒语言，会伤害别人的人格和尊严，即使在六月大暑天，也会让人感到寒冷。

◣ **君子见人之厄则矜之，小人见人之厄则幸之。**

——摘自《公羊传·宣公十五年》

**【释义】**君子见人受困会心生怜悯，小人见人受困则会幸灾乐祸。

◣ **情必近于痴而始真，才必兼乎趣而始化。**

——摘自清·张潮《幽梦影》

**【释义】**感情必须要接近痴迷的状态，方显示出真挚；才华一定要兼具妙趣，才能登峰造极。

◣ **人亲财不亲，财利要分清。**

——摘自《增广贤文》

**【释义】**人有远近，财无亲疏，故亲人之间也要做到钱财分明。

◣ **百年修得同船渡，千年修得共枕眠。**

——摘自《增广贤文》

**【释义】**今世能结成夫妻，是长期修来的，应当好好珍惜这份情感。

# 做人

◣ **宽而栗，柔而立，愿而恭，乱而敬，扰而毅，直而温，简而廉，刚而塞，强而义。**

——摘自《尚书·皋陶谟》

**【释义】**做人有九德，宽厚而庄重，温和而有主见，讲原则而谦逊有礼，聪明能干而敬业，善于变通而有毅力，正直而友善，直率而有节制，刚强而务实，勇敢而遵循道义。

◣ **能刚能柔，重可负也；能信能顺，险可走也；能知能愚，期可久也。**

——摘自北魏·魏收《枕中篇》

**【释义】**做人能刚能柔，可以承担重任；能忠信能顺从，可以越过险途；能聪明能糊涂，可以期望走得更远。

◣ **柔而静，恭而敬，强而弱，忍而刚，此四者，道之所起也。**

——摘自《六韬》

**【释义】**做人柔和而镇静，恭顺而敬谨，自身强盛而以弱小自居，能够隐忍而实力强劲，这四点是圣人之道所推行的。

◣ **言思可道，行思可乐，德义可尊，作事可法，容止可观，进**

**退可度，以临其民。**

——摘自《孝经》

**【释义】**君子的言谈可以为人们所称道，其作为可以给人们带来欢乐，其德行道义能使人们尊敬，其行为举止可使人民效法，其容貌举止皆合规矩，其进退不越礼违法，可成为民众的楷模。

◣ **五事：一曰貌，二曰言，三曰视，四曰听，五曰思。貌曰恭，言曰从，视曰明，听曰聪，思曰睿。恭作肃，从作乂，明作哲，聪作谋，睿作圣。**

——摘自《尚书·洪范》

**【释义】**为人处世要注重五个方面：一是态度，二是言论，三是观察，四是听闻，五是思考。态度要恭敬，言论要正当，观察要明白，听闻要聪敏，思考要通达。态度恭敬臣民就严肃，言论正当天下就大治，观察明白就不会受蒙蔽，听闻聪敏就能判断正确，思考通达就能成为圣明的人。

◣ **是以圣人方而不割，廉而不刿，直而不肆，光而不耀。**

——摘自《老子》第五十八章

**【释义】**有道的圣人方正而不孤傲，有棱角但不伤人，直率但不放肆，有光亮但不刺眼。

◣ **三人行，必有我师焉。择其善者而从之，其不善者而改之。**

——摘自《论语·述而上》

**【释义】**三个人在一起，其中必定有人在某方面值得我学习，那他就可当我的老师。我学习他的优点，对其缺点和不足，我会引以为戒，有则改之。

◣ **知人者智，自知者明。胜人者有力，自胜者强。知足者富。强行者有志。不失其所者久。死而不亡者寿。**

——摘自《老子》第三十三章

**【释义】**能认识、了解别人叫作智慧，能认识、了解自己才算聪明。能战胜别人是有力的，能战胜自己才算强大。知道满足的人就是富有的。坚持力行、不懈努力的人是有志的。不离失本分的人就能长久不衰。身虽死而“道”

仍存的，才算真正的长寿。

◣ **欲胜人者，必先自胜；欲论人者，必先自论；欲知人者，必先自知。**

——摘自秦·吕不韦《吕氏春秋·季春纪》

**【释义】**想要战胜别人，必定要先使自身没有缺陷；想要评论别人，必定要先使自身没有缺点；要想了解别人，必定要先了解自己。

◣ **地低成海，人低成王。圣者无名，大者无形。**

——摘自《中庸》

**【释义】**地不畏其低，方能聚水成海；人不畏其低，方能孚众成王。低调做人终能成其高，成大器。谙通这一哲学的人方为大智之人。真正的圣人最终会修炼到无我的状态。此语劝诫世人行事内敛，做人谦虚，不唱高调，不慕虚荣，以老实做人、踏实做事的态度追寻人生的高度。

◣ **子曰："君子食无求饱，居无求安，敏于事而慎于言，就有道而正焉，可谓好学也已。"**

——摘自《论语·学而》

**【释义】**孔子说："君子饮食不求满足，居处不求舒适，勤勉做事而说话谨慎，到有贤德的人那里去匡正自己，可以说是好学的了。"

◣ **神闲气静，智深勇沉，此八字是干大事的本领。**

——摘自清·王永彬《围炉夜话》

**【释义】**心神安详意气沉稳，拥有深邃的智慧和沉稳的勇气，这些都是能成就大事业的人应有的素质。

◣ **为人君，止于仁；为人臣，止于敬；为人子，止于孝；为人父，止于慈；与国人交，止于信。**

——摘自《大学》

**【释义】**作为君主，就要达到仁爱；作为臣下，就要达到恭敬；作为儿子，就要达到孝顺；作为父亲，就要达到慈爱；与国民交往，就要达到诚信。

◣ 仰不愧于天，俯不怍于人。

——摘自《孟子·尽心上》

【释义】仰起头来看看觉得自己对天无愧，低下头去想想觉得自己无愧于别人。做人要光明磊落，问心无愧。

◣ 为天地立心，为生民立命，为往圣继绝学，为万世开太平。

——摘自北宋·张载《横渠语录》

【释义】为社会确立正确的价值体系，为民众建立完整的思想方法，继承和发扬历代圣贤即将消失的学说，为千秋万世开创太平的基业。

◣ 丹青不知老将至，富贵于我如浮云。

——摘自唐·杜甫《丹青引赠曹将军霸》

【释义】曹霸一生精诚研艺甚至到了忘老的程度，视利禄富贵如浮云，具有高尚的情操。

◣ 阿谀从人可羞，刚愎自用可恶，不执不阿，是为中道。

——摘自明·姚舜牧《药言》

【释义】阿谀奉迎他人的做法是可耻的，刚愎自用的人是令人讨厌的。不固执也不逢迎，才符合中道。

◣ 富贵不能淫，贫贱不能移，威武不能屈。

——摘自《孟子·滕文公下》

【释义】富贵不能使我放纵享乐，贫贱不能使我志向转移，武力不能使我低头屈服。这是孟子对“大丈夫”人格精神的理想化追求。他将富贵的诱惑、贫贱的折磨、威武的压迫视为“大丈夫”人格塑造过程中不可缺少的锻炼和考验，只有经受住这些考验才能成为“大丈夫”。

◣ 天下无粹白之狐，而有粹白之裘，取之众白也。

——摘自秦·吕不韦《吕氏春秋·用众》

【释义】天下没有纯白的狐狸，但有纯白的狐裘，这是从众多狐狸皮中取下一些纯白的毛，集中在一起缝制而成的。比喻人无完人，做事应博采众长、集思广益。

◣ 平生只会量人短，何不回头把自量。

——摘自《增广贤文》

**【释义】**平生只会说别人的短处，为何不能反省一下自己的错误、缺点呢？

◣ 君子不自大其事，不自尚其功。

——摘自《礼记·表记》

**【释义】**有德行的人不夸大自己所做的事，不夸耀自己的功劳。强调一个人对自己的评估要符合实际。

◣ 工欲善其事，必先利其器。

——摘自《论语·卫灵公》

**【释义】**工匠要想使自己的工作做好，一定要先让工具锋利。正如我们常说的“磨刀不误砍柴工”。

◣ 欲而不知止，失其所以欲；有而不知足，失其所以有。

——摘自西汉·司马迁《史记·范雎蔡泽列传》

**【释义】**如果欲望得不到节制，最后只会失去所有想得到的；如果已经拥有了还不知满足，最后也必将失去原有的一切。

◣ 贫不足羞，可羞是贫而无志；贱不足恶，可恶是贱而无能；老不足叹，可叹是老而虚生；死不足悲，可悲是死而无补。

——摘自明·陈继儒《小窗幽记》

**【释义】**贫穷并不是值得羞愧的事，应该感到羞愧的是贫穷却没有志气；地位卑贱并不令人厌恶，令人厌恶的是地位低下卑贱而又毫无才干；年纪大了并不值得叹息，可叹的是老而一无所成；死并不值得悲伤，可悲的是死去时对社会没有做出任何贡献。

◣ 鹰立如睡，虎行似病，正是它攫人噬人手段处。故君子要聪明不露，才华不逞，才有肩鸿任钜的力量。

——摘自明·洪应明《菜根谭》

【释义】鹰隼站立时双眼紧闭，仿佛处于睡眠状态，老虎走路时步态慵懒，似乎生病了一样，但这种看似不经意的动作正是它们捕获食物、取人性命以求生存的手段。所以，君子要不显露自己的聪明，不夸耀自己的才华，要韬光养晦，深藏不露，这样才能培养出肩负重大使命的力量。

常言道，一桶水不响，半桶水晃荡。一个有真才实学的人绝不会自我夸耀，整天夸夸其谈的人难成大事。

**清能有容，仁能善断，明不伤察，直不过矫，是谓蜜饯不甜，海味不咸，才是懿德。**

——摘自明·洪应明《菜根谭》

【释义】清廉正直而又有包容一切的雅量，仁慈宽大而又能当机立断，聪明睿智而不刻薄苛求，刚直果敢而不矫枉过正，这就像蜜饯不过甜、海水不过咸。做人能做到这般恰到好处，就是真正具备美好的品德了。

清廉的人有时不能容人，仁慈的人容易软弱，聪明的人有时太过清醒，正直的人有时不近人情。一个值得称道的优点难免会伴随着不足。美好的品德应当是符合中庸之道的，如果能够做到以上种种，而且恰到好处，也就达到了修身养性的一定境界。只有在发挥自己优点的同时又能克服自身的弱点，才算具备美好的德行。

**视思明，听思聪，色思温，貌思恭，言思忠，事思敬，疑思问，忿思难，见得思义。**

——摘自《论语·季氏》

【释义】君子有九件要用心思虑的事：看要想到看明白没有，听要想到听清楚没有，神态要想到是否温和，容貌要想到是否恭敬，言谈要想到是否诚实，处事要想到是否谨慎，疑难要想到是否要求教，愤怒要想到是否有后患，见到有所得要想到是否该得。

孔子所说的“君子有九思”，全面概括了人言行举止的各个方面，他要求自己和学生们一言一行都要认真思考和自我反省，包括个人道德修养的各种规范，如温、良、恭、俭、让、忠、孝、仁、义、礼、智等，这些构成了孔子的道德修养学说。

**执拗者福轻，而圆融之人其禄必厚；操切者寿夭，而宽厚之**

士其年必长。故君子不言命，养性即所以立命；亦不言天，尽人自可以回天。

——摘自明·陈继儒《小窗幽记》

【**释义**】固执己见的人福分浅薄，而性情通达圆融的人福禄丰厚；性情急躁的人寿命短暂，而性情宽容忠厚的人寿命长久。所以，君子不谈论命，修养心性便足以安身立命；也不谈论天意，尽人事便足以改变天意。

治性之道，必审己之所有余而强其所不足。盖聪明疏通者戒于太察，寡闻少见者戒于壅蔽，勇猛刚强者戒于太暴，仁爱温良者戒于无断，湛静安舒者戒于后时，广心浩大者戒于遗忘。必审己之所当戒而齐之以义，然后中和之化应，而巧伪之徒不敢比周而望进。

——摘自宋·司马光《资治通鉴·汉纪二十一》

【**释义**】修养性情的方法，是必定要知道自己的长处而弥补自己的不足。一般来说，聪明通达的人要警惕苛察的毛病，寡闻少见的人要警惕受人蒙蔽，勇猛刚强的人要警惕暴烈的毛病，善良温和的人要警惕不果断的毛病，而心胸广博的人要警惕疏忽大意的毛病。只有这样，才能做到中和全面，那些虚伪的小人就不敢轻易冒犯了。

傲不可长，欲不可从，志不可满，乐不可极。贤者狎而敬之，畏而爱之。爱而知其恶，憎而知其善。积而能散，安安而能迁迁。临财毋苟得，临难毋苟免。很毋求胜，分毋求多。疑事毋质，直而勿有。

——摘自《礼记·曲礼上》

【**释义**】傲慢不可滋长，欲望不可放纵，志向不可自满。享乐不可达到极点。对于贤能的人要亲近并敬重，敬畏并爱戴。对于所爱的人要了解他的恶，对于憎恨的人要看到他的优点。能积聚财富，但又能分派济贫；能适应平安稳定，又能适应变化不定。遇到财物不要随便获得，遇到危难不应苟且逃避。争执不要求胜，分派不要求多。不懂的事不要妄下断语，不明白的事不要自夸知道。

▲ **和中有介，精中有果，行中有通。**

——摘自明·吕坤《呻吟语》

【**释义**】这三句话从做人、处事、明理三方面教大家为人处世的道理。“和中有介”，是说做人要和善、亲切、平易近人，在和善的同时也要懂得坚持原则和底线；“精中有果”，是说做事要精细，一丝不苟，同时也要果断，犹豫拖延，前怕狼后怕虎，反而易错失良机；“行中有通”，指凡事要讲理，但切莫讲死理，认识道理要不偏不倚，也要懂得灵活变通。

▲ **诚笃者，无椎鲁之累；光明者，无浅露之病；劲直者，无径情之偏；执持者，无拘泥之迹；敏练者，无轻浮之状。此是全才。有所长而矫其长之失，此是善学。**

——摘自明·吕坤《呻吟语》

【**释义**】诚笃的人没有愚钝的过失，光明磊落的人没有浅薄浮躁的缺陷，刚正不阿的人没有乖张执拗的态度，执着持正的人没有墨守成规的迹象，敏捷练达的人没有轻浮的样子。这样的人就是全才。身有所长而又能够自觉矫正所长带来的过失，这才是真正的善于学习。

▲ **故君子威而不猛，忿而不怒，忧而不惧，悦而不喜。**

——摘自《六韬·赏罚》

【**释义**】君子严肃而不严厉，愤恨但不发怒，忧虑但不恐惧，高兴但不喜形于色。

▲ **任大事，不觉难；作小事，不敢忽。**

——摘自清·申居郧《西岩赘语》

【**释义**】当你承担一项重大而又艰巨的任务时，不要有畏难情绪；当你做一件小事的时候，也不可疏忽大意。

▲ **吾日三省吾身：为人谋而不忠乎？与朋友交而不信乎？传不习乎？**

——摘自《论语·学而》

【**释义**】我每天多次自我反省：为别人办事竭尽全力了吗？和朋友交往诚

实守信吗？老师传授的知识认真复习了吗？

◣ **士既知学，还恐学而无恒；人不患贫，只要贫而有志。**

——摘自清·王永彬《围炉夜话》

**【释义】**士人既要有向学之心，还应担心学习时缺乏恒心；人不要害怕贫穷，只要在贫穷的时候仍怀有志气。

◣ **君子欲讷于言而敏于行。**

——摘自《论语·里仁》

**【释义】**君子不会夸夸其谈，做起事来却敏捷灵巧。

◣ **凡百事之成也，必在敬之；其败也，必在慢之。**

——摘自《荀子·议兵》

**【释义】**大凡在事业上取得成功的人，一定非常敬业；若失败了，一定是做事怠慢的缘故。

◣ **非我而当者，吾师也；是我而当者，吾友也；谄谀我者，吾贼也。**

——摘自《荀子·修身》

**【释义】**批评我批评得正确，就是我的老师；肯定我肯定得正确，就是我的朋友；一味对我阿谀奉承的，正是要败坏我的贼人。

◣ **器满则溢，人满则丧。**

——摘自北宋·林逋《省心录》

**【释义】**器皿中的水满了，就会往外流淌；人自满的时候，就会遭受损伤。

◣ **循流而下易以至，背风而驰易以远。**

——摘自西汉·刘安《淮南子·主术训》

**【释义】**船顺水而下，容易到达目的地；车顺着风势而行，容易到达远处。比喻做事顺势而为更易成功。

◣ 不与人争者，常得利多；退一步者，常进百步；取之廉者，得之常过其初。

——摘自宋·吕本中《官箴》

**【释义】**不与别人争利的人，常常得利最多；退让一步的人，常常能更进百步；索取很少的人，得到的常常比一开始要求的还多。

◣ 能脱俗便是奇，不合污便是清。处巧若拙，处明若晦，处动若静。

——摘自明·陈继儒《小窗幽记》

**【释义】**能够超脱世俗便是不平凡，能够不与人同流合污便是清高。处理巧妙的事情，越发要用朴拙的方法；处于暴露之处能善于隐蔽；处于动荡的环境，要像处于平静的环境中一般淡定。

◣ 危者使平，易者使倾。

——摘自《周易·系辞下》

**【释义】**能够认识到危险并时刻保持警惕的人，就能获得平安；认为事情容易而不谨慎的人，便会倾覆。

◣ 智极则愚也。圣人不患智寡，患德有失焉。

——摘自隋·王通《止学》

**【释义】**过于聪明就是愚蠢了。圣人不担心自己的智谋少，而担心自己的品德有缺失。

◣ 冷眼观人，冷耳听语，冷情当感，冷心思理。

——摘自明·洪应明《菜根谭》

**【释义】**用冷静的眼睛观察别人，用冷静的耳朵听取他人的言论，用冷静的情感感知事物，用冷静的心态思考道理。

◣ 事必要其所终，虑必防其所至。

——摘自明·吕坤《呻吟语·识见》

**【释义】**做事情必须要想到它的结果，考虑问题要防止意外的发生。

◣ 水至清则无鱼，人至察则无徒。

——摘自东汉·班固《汉书·东方朔传》

**【释义】**水太清了，鱼就无法生存；对别人要求太严了，自己就会没有伙伴。

◣ 不疾不徐，不使一时放过，一念走作，保完真纯，俾无损坏，则圣功在是矣。

——摘自明·姚舜牧《药言》

**【释义】**做事不能太急，也不能太缓，一时一刻都不能疏忽，念头不能有一点偏差，努力争取保持纯真，不受到任何损害，这样才能建立真正的功勋。

◣ 木受绳则直，人受谏则圣。

——摘自《孔子家语·子路初见》

**【释义】**木料经过墨线量画后，取材就能够平直；人能够虚心接受别人的意见，就能成为道德高尚的人。

◣ 恕者推己以及人，不执己以量人。

——摘自北宋·林逋《省心录》

**【释义】**宽容的人能够推己及人，设身处地为他人着想，不会拿自己的标准来衡量别人。

◣ 人无弘量，但有小谨，不能大立也。

——摘自《管子·小谨》

**【释义】**人如果不具备宽宏的气量，只知道小心谨慎，这样是不能够成就大事业的。

◣ 人好刚，我以柔胜之；人用术，我以诚感之；人使气，我以理屈之。

——摘自清·金缨《格言联璧》

**【释义】**别人性格刚强，我就用柔弱战胜他；别人爱施心计，我就用诚恳感化他；别人意气用事，我就用道理说服他。

## 为善则预，为恶则去。

——摘自南北朝·颜之推《颜氏家训》

**【释义】**做好事要积极参与，对坏事要避而不做。比喻做人要是非分明，尽力做好事，永远不做坏事。

## 性躁心粗者，一事无成；心和气平者，百福自集。

——摘自明·洪应明《菜根谭》

**【释义】**心性急躁、粗心大意的人，无论做什么事情都很难取得成功；心性平和的人，能够将事情考虑得周到，各种福分自然会到来。

## 言之者无罪，闻之者足以为戒。

——摘自《诗经·大序》

**【释义】**提出意见的人是没有罪过的，听意见的人即使没有这些缺点，也可引以为戒。

## 欲人勿闻，莫若勿言；欲人勿知，莫若勿为。

——摘自西汉·刘向《说苑·谈丛》

**【释义】**要想别人听不到，不如自己不说；要想别人不知道，不如自己不要做。

## 行到水穷处，坐看云起时。

——摘自唐·王维《终南别业》

**【释义】**走到了水流的尽头，还可以坐看云雾变化万千。喻指人即使身处绝境，也不可乱了方寸，唯有保持好的心态，奋发向前，才能时来运转，走出逆境。

## 善气迎人，亲如弟兄；恶气迎人，害于戈兵。

——摘自《管子·心术》

**【释义】**以和善的面目待人，便能够得到别人兄弟般的亲近；对人态度恶劣，就无异于兵戈相向。

◣ **毋拒直言，勿纳偏言。**

——摘自《新唐书·郭太后传》

**【释义】**不要拒绝正直的劝告，不要听信偏袒自己的媚话。

◣ **容人者容，治人者治。**

——摘自南北朝·傅昭《处世悬镜》

**【释义】**宽容对待别人，那么别人对你也会同样宽容；习惯整治别人，那么别人也会整治你。

◣ **病莫大于不闻过，辱莫大于不知耻。**

——摘自隋·王通《文中子》

**【释义】**最大的毛病莫过于不愿意听到别人指出自己的过失，最大的耻辱莫过于不知道羞耻。

◣ **败莫败于多私。**

——摘自秦·黄石公《素书》

**【释义】**没有比私欲太盛更能导致一个人失败的了。

◣ **以恶小而为之无恤，则必败；以善小而忽之不为，则必覆。**

——摘自唐·武则天《内训·迁善》

**【释义】**认为所做的事情只是小恶而去做了，如此则必败；认为善事小而不屑于去做，必定会失败。此语启示我们：积小善为大善，积小恶为大恶，小恶不能做，小善必须做，任何事情都是积少成多的。

◣ **君子不失足于人，不失色于人，不失口于人。是故君子貌足畏也，色足惮也，言足信也。**

——摘自《礼记·表记》

**【释义】**君子的举止要不失体统，仪表要保持庄重，言语要谨慎，不要说错话和说不该说的话。所以君子的外貌足以使人敬畏，仪表足以使人感到威严，言语足以使人信服。

◣ 挤人者人挤之，侮人者人侮之。

——摘自北宋·张载《正蒙·有德篇》

**【释义】**排挤他人的人也一定会受他人排挤，侮辱他人的人也一定会受他人侮辱。

◣ 君子有三变：望之俨然，即之也温，听其言也厉。

——摘自《论语·子张》

**【释义】**君子给人的印象有三种变化：远远望去显得威严庄重，接近后又亲切温和，听他说话则觉得严厉不苟。这是孔子的学生子夏描写君子应有的仪表风范。

◣ 人有不为也，而后可以有为。

——摘自《孟子·离娄下》

**【释义】**人只有知道什么是不可以做的，才能有所作为。每个人的精力和能力都是有限的，要学会选择，懂得放弃，才有可能在某一方面成就一番事业。

◣ 人情反覆，世路崎岖。行不去处，须知退一步之法；行得去处，务加让三分之功。

——摘自明·洪应明《菜根谭》

**【释义】**人世间的人情冷暖反复无常，人生的道路是崎岖不平的。遇到行不通的时候，一定要懂得退一步的道理；一帆风顺的时候，也要有谦让三分的气度。

◣ 毋意、毋必、毋固、毋我。

——摘自《论语·子罕》

**【释义】**不主观臆测，不绝对肯定，不拘泥固执，不唯我独是。

◣ 恻隐之心，人皆有之；羞恶之心，人皆有之；恭敬之心，人皆有之；是非之心，人皆有之。

——摘自《孟子·告子上》

**【释义】**恻隐之心、羞恶之心、恭敬之心、是非之心，是每个人都有的。

◣ **务要日日知非，日日改过；一日不知非，即一日安于自是；一日无过可改，即一日无步可进。**

——摘自明·袁了凡《了凡四训》

**【释义】**一定要每天反省自己哪里错了，每天坚持改正错误。一天没有反省自己的错误，就一天安于现状；一天没有错误可改正，就一天无法进步。人要不断进步，就必须日日知非，日日改过。

◣ **惟正己可以化人，惟尽己可以服人。**

——摘自清·申居郧《西岩赘语》

**【释义】**只有自己品行端正，才可以教化别人；只有严格要求自己，才能够使人信服。

◣ **律己则寡过，绳人则寡合。**

——摘自北宋·林逋《省心录》

**【释义】**严格要求自己就能使自己少犯错误，而以自己的标准去要求别人则很难与人和睦相处。

◣ **以恕己之心恕人，则全交；以责人之心责己，则寡过。**

——摘自清·金缨《格言连壁》

**【释义】**用宽恕自己的心去宽恕别人，那么朋友就会越来越多；以责备他人的心来责备自己，则过失就会很少。

◣ **直木先伐，甘井先竭。**

——摘自《庄子·山木》

**【释义】**笔直的树木总是先遭到砍伐，甘甜的井水总是先被人取至枯竭。

做人也一样，越是锋芒毕露的人，越容易遭人忌恨，要学会低调做人以保护自己。

◣ **君子有三戒：少之时，血气未定，戒之在色；及其壮也，血气方刚，戒之在斗；及其老也，血气既衰，戒之在得。**

——摘自《论语·季氏》

【**释义**】君子有三戒：少年时期，身体还未发育成熟，血气尚未平稳，要戒除对美色的迷恋；壮年时期，血气方刚，要戒除争强好胜；老年时期，血气开始衰弱，要戒除贪得无厌。

孔子提出的“人生三戒”在当今社会仍然适用。“戒色”需要年轻人树立远大理想，锤炼自身本领；“戒斗”需要中年人心平气和、与人协作，需要进行内心的修炼；“戒得”需要老年人转变自己的价值观，以利他之心实现更大的自我价值。

**不与人争得失，惟求己有知能。**

——摘自清·王永彬《围炉夜话》

【**释义**】知：通“智”，智慧。不和他人争得失，只求自己有智慧和能力。

**觉人之诈，不形于言；受人之侮，不动于色。此中有无穷意味，亦有无穷受用。**

——摘自明·洪应明《菜根谭》

【**释义**】发现被别人欺骗时，不要马上在言语间表现出来；受到人家侮辱，也不把愤怒之情表现在脸上。这其中蕴含着无穷的意趣，也有一生受用不尽的奥妙。

**安分守贫，何等清闲，而好事者，偏自寻烦恼；持盈保泰，总须忍让，而恃强者，乃自取灭亡。**

——摘自清·王永彬《围炉夜话》

【**释义**】谨守本分，安于贫穷，是多么清闲自在，可是一些喜欢找事的人偏偏要自寻烦恼；盛极之时要谦逊谨慎以保平安，那些仗势欺人的人就是自取灭亡。

**处世不宜与俗同，亦不宜与俗异；作事不宜令人厌，亦不宜令人喜。**

——摘自明·洪应明《菜根谭》

【**释义**】为人处世不要随波逐流，人云亦云，也不应该标新立异，特立独行；做事情不应该使人厌恶，也不应该故意讨人喜欢。

处在世间，要懂得把握分寸，既不能同流合污，又不能绝俗避世。荷花立足污泥，既不因淤泥沾染而改变其清白之质，也不自诩清白而拒绝泥的滋养，从而使人们的生活多了一缕芬芳，也多了一分色彩。处世固然不应同流合污，也没有必要孤芳自赏，或者有意违反常情。

**饥则附，饱则扬，燠则趋，寒则弃，人情通患也。**

——摘自明·洪应明《菜根谭》

**【释义】**在饥饿的时候攀附他人，吃饱了之后就扬长而去，看到富贵人家就想去巴结，碰到贫寒之人就视而不见，这是一般人的通病。

趋炎附势、攀龙附凤是人之常情。世情炎凉甚，交情贵贱分。因此，才有俗语“贫居闹市无人问，富在深山有远亲”。我们能做的就是尽量保持自己的品行节操不被污染，用自己的行动感化他人。

**圣人不积，既以为人，己愈有；既以与人，己愈多。天之道，利而不害；圣人之道，为而不争。**

——摘自《老子》第八十一章

**【释义】**圣人不存占有之心，而是尽全力帮助他人，却使自己更加富有；给予他人的越多，自己得到的也就越多。自然规律是有利于万物而不伤害它们，圣人的行为准则是做什么事都不和人相争，追求有为而不争。

**持身不可太皎洁，一切污辱垢秽，要茹纳得；与人不可太分明，一切善恶贤愚，要包容得。**

——摘自明·洪应明《菜根谭》

**【释义】**做人不可太清高，对一切的丑陋肮脏的东西，都要能容忍得下；与人交往不要把原则定得太分明，对一切善恶好坏，都要能够接纳得下。

为人处世应该有自己的原则，该坚持的不能放弃，该恪守的不要通融，但在非原则的小事上应该多一点包容心，否则只会因为自命清高而变得气量狭隘。并非人人都是圣贤，唯有“容”才能立世。因此，在坚守原则的前提下，灵活变通地处理各种事情，既无愧于道德准则，又能与人为善。

**栖守道德者，寂寞一时；依阿权势者，凄凉万古。达人观物外之物，思身后之身。宁受一时之寂寞，毋取万古之凄凉。**

——摘自明·洪应明《菜根谭》

【**释义**】坚守道德规范的人，也许会被社会暂时冷落；但那些喜欢攀附权贵的人，却最终会落得凄凉惨淡的结局。通达事理的人所重视的不是现实物质的享受，而是死后的千秋名誉。所以，做人宁可坚守节操，忍受一时的寂寞，也不可逢迎附势，以免死后落得永久的凄凉。

**严近乎矜，然严是正气，矜是乖气；故持身贵严，而不可矜。谦似乎谄，然谦是虚心，谄是媚心；故处世贵谦，而不可谄。**

——摘自清·王永彬《围炉夜话》

【**释义**】严肃有时候看起来近乎傲慢，但严肃是正直之气，傲慢却是乖僻之气，所以修身律己贵在保持严肃庄重，而不能有傲慢矜持之气。谦虚看起来像是谄媚，然而谦虚是一种虚心诚恳的态度，谄媚却是有意迎合讨好，所以为人处世贵在有谦虚之心，却不能有谄媚之态。

**孟子曰："人之患，在好为人师。"**

——摘自《孟子·离娄上》

【**释义**】孟子说："人的通病在于喜欢当别人的老师。"

君子虚心好学，以无知为耻，所以孔子提倡人们要以不耻不问、"三人行，必有我师"的态度来学习。但君子绝不能动辄摆出一副老师的架势，对别人妄加指点。

**观朱霞，悟其明丽；观白云，悟其卷舒；观山岳，悟其灵奇；观河海，悟其浩瀚，则俯仰间皆文章也。对绿竹，得其虚心；对黄华，得其晚节；对松柏，得其本性；对芝兰，得其幽芳，则游览处皆师友也。**

——摘自清·王永彬《围炉夜话》

【**释义**】黄华即菊花。华，同"花"。

观赏红霞时，领悟它的明丽绚烂；观赏白云时，欣赏它的卷舒自如；观赏山岳时，体会它的灵秀奇险；观看大海时，领悟它的浩瀚激荡。由此看来，天地山川之间无处不是好文章。面对绿竹时，领会它的谦逊；面对菊花时，领会它的高风亮节；面对松柏时，学习其不惧严寒的本性；面对芝兰香草时，学习其芬芳幽远的品格。那么在游玩与观赏时，处处都有我们的良师益友。

◣ 东坡《志林》有云："人生耐贫贱易，耐富贵难；安勤苦易，安闲散难；忍疼易，忍痒难。能耐富贵，安闲散，忍痒者，必有道之士也。"余谓如此精爽之论，足以发人深省，正可于朋友聚会时，述之以助清谈。

——摘自清·王永彬《围炉夜话》

**【释义】**苏东坡在《志林》一书中写道："人生耐得住贫贱是容易的事，但要经受住富贵的诱惑却不容易；在勤苦中生活容易，在闲散里度日却难；要忍住疼痛容易，要忍住发痒却难。那些能经受住富贵的诱惑，安于闲散、能忍住发痒的人，必定是道德修养很高的人。"我认为这么精辟爽直的言论，足以启发我们深刻思考，正好在朋友聚会时提出来，以增加谈话的内容。

◣ 仁人心地宽舒，便福厚而庆长，事事成个宽舒气象；鄙夫念头迫促，便禄薄而泽短，事事得个迫促规模。

——摘自明·洪应明《菜根谭》

**【释义】**仁厚的人心胸宽广坦荡，自然福禄丰厚而绵长，他们做任何事情都采取宽宏大量的态度；浅薄的人心思卑鄙狭隘，自然福禄微薄而短暂，他们做任何事情都只图眼前利益，不思及将来。

心地善良、宽厚大度的人在待人接物时都会留有余地，在与人方便的同时也得到了别人的依赖和肯定。而那些心胸狭隘的人只知道索取，不懂得奉献，当他们陷入困境的时候就会真正体味到众叛亲离的滋味。

◣ 君子不重则不威，学则不固。

——摘自《论语·学而》

**【释义】**君子不庄严厚重就没有威信，即使学习，所学的知识也不会扎实。

不卑不亢是中国人理想的气质。一个成熟稳重的谦谦君子势必能赢得众人的尊敬，威信也就随之而生。学会变得稳重，是塑造庄重气质、树立个人威信的前提。

◣ 心不可不虚，虚则义理来居；心不可不实，实则物欲不入。

——摘自明·洪应明《菜根谭》

**【释义】**人心不可以不谦虚，谦虚才能让正义真理进驻心中；人心也不可以不充实，这样才能抵制物欲利益的诱惑。

为人谦虚才能兼容并蓄，接受别人的劝告就是接受别人的思想。做学问如此，做人也是如此。善于听取不同的意见并改进自己，事业才会发达。做人既要虚怀若谷，又要实心实意，一个“实”字就意味着心中充满了真情实感，任何私心杂念也无法介入。

**我有功于人不可念，而过则不可不念；人有恩于我不可忘，而怨则不可不忘。**

——摘自明·洪应明《菜根谭》

**【释义】**对别人有功劳不可念念不忘，对别人有过失要常常记在心上；别人对我有恩，千万不要抛诸脑后，而对别人产生的怨恨则应彻底忘记。

如果自己对别人有恩惠，切不可念念在心，计较回报；相反，对别人的恩情应“滴水之恩，当涌泉相报”，做一个知恩图报的人。对于自己犯的错，要时刻以此为鉴，改过自新。别人犯错时，指责并不能让他改正已犯的错误，相反还会使他对你产生怨恨；而当你真心帮助他时，他则会检讨自己，积极地修正错误。

**济世虽乏赞财，而存心方便，即称长者；生资虽少智慧，而虑事精详，即是能人。**

——摘自清·王永彬《围炉夜话》

**【释义】**虽然没有足够的钱财去帮助别人，但只要心中常存帮助他人的心思，就可以被称作受人敬重的长者；虽然天生资质不是特别聪慧，但只要考虑事情周到细致，就是一个能干的人。

**恃人不如自恃也。**

——摘自《韩非子·外储说右下》

**【释义】**倚靠别人不如倚靠自己。

**见不修行，见毁，而反之身者也，此以怨省而行修矣。**

——摘自《墨子·修身》

**【释义】**君子发现自己的品行不够而被人诋毁，就进行自我反省，这样不但可以减少怨恨，还可以提高修养。

◣ **口能言之，身能行之，国宝也。口不能言，身能行之，国器也。**

——摘自《荀子·大略》

**【释义】**口中能谈论礼义，自身也能够身体力行，这种人是国家的珍宝。口中不谈论礼义，而行动上能够做到，这种人是国家的大器。

◣ **君子矜而不争，群而不党。**

——摘自《论语·卫灵公》

**【释义】**君子庄重矜持而不与人争执，和人相处融洽但不结党营私。

◣ **言必虑其所终，而行必稽其所敝。**

——摘自《礼记·缁衣》

**【释义】**说话一定要考虑说出的后果，做事情一定要考虑清楚它的弊端。

◣ **敬胜怠，义胜欲；知其雄，守其雌。**

——摘自曾国藩撰联

**【释义】**上联指用自己的勤恳去战胜懈怠，用仁义道德去战胜一己私欲，强调做人要严于律己。下联指人要明白什么是雄强，也能懂得安守雌柔的状态，讲的是为人处世的道理。

◣ **知过非难，改过为难；言善非难，行善为难。**

——摘自宋·司马光《资治通鉴·唐纪》

**【释义】**知道自己的过错并不难，改正过错才是难的；说好话并不难，做好事才是难的。

◣ **不自见，故明；不自是，故彰；不自伐，故有功；不自矜，故长；夫唯不争，故天下莫能与之争。**

——摘自《老子》第二十二章

**【释义】**不自我表扬，反而显明；不自以为是，反能彰明；不自我夸耀，反而能显出功劳；不自我矜持骄傲，反而能长久。一个人正是因为不争，天下才没有人能与之相争。

◣ **谢事当谢于正盛之时，居身宜居于独后之地。**

——摘自明·洪应明《菜根谭》

**【释义】**要学会在事业如日中天的时候急流勇退，在与世无争、清静无为的地方修身养性。

◣ **士君子尽心利济，使海内少他不得，则天亦自然少他不得，即此便是立命。**

——摘自明·陈继儒《小窗幽记》

**【释义】**一个正直有修养的君子，尽心做有益于人民的事，使一国之内少他不得，那么上天自然也少他不得，这样他就实现了自己生命的价值。

◣ **所荣者善行，所耻者恶名。**

——摘自宋·王安石《拟上殿进札子》

**【释义】**让人们引以为荣的是善行，引以为耻的是坏名声。

◣ **言足以迁行者，常之；不足以迁行者，勿常。不足以迁行而常之，是荡口也。**

——摘自《墨子·贵义》

**【释义】**说出的话能够做到的，可以常说；不能做到的，不能常说。不能够做到而又多说，这是口出狂言，不负责任。

◣ **爱人者不阿，憎人者不害；爱恶各以其正，治之至也。**

——摘自战国·商鞅《商君书·慎法》

**【释义】**对喜欢的人不阿谀奉承，对憎恶的人不贬抑陷害，无论是喜欢还是厌恶都以法律来对待，这才是治理国家的最高境界。

◣ **己之困辱宜忍，而在人则不可忍。**

——摘自明·洪应明《菜根谭》

**【释义】**自己遇到困境和屈辱，应当尽量忍受；别人遇到困境和屈辱，则应当鼎力相助。

◣ 不知而言，不智；知而不言，不忠。

——摘自《韩非子·初见秦》

【释义】自己不知道的事情而去说，是不明智；自己知道的事情却不说，是不忠诚。

◣ 凡论人心，观事传；不可不熟，不可不深。

——摘自秦·吕不韦《吕氏春秋·恃君览·观表》

【释义】凡是衡量人心，观察事物，不可不深思熟虑，不可不深入细致。

◣ 不可以己所能而责人所不能。

——摘自西晋·陈寿《三国志·魏书·王修传》

【释义】不要拿自己擅长的事情，去责怪别人不擅长。

◣ 言顾行，行顾言。

——摘自《中庸》

【释义】说话的时候，要考虑自己能否做到；做事的时候，要想想自己说过的话。

◣ 在上不骄，在下不谄，此进退之中道也。

——摘自宋·王安石《上龚舍人书》

【释义】处在上位不骄慢，处在下位不谄媚，这是进退的正确态度。

◣ 善欲人见，不是真善；恶恐人知，便是大恶。

——摘自《朱子家训》

【释义】做了好事就希望别人看到，这不是真正做好事；做了坏事唯恐人知道，这是做了大坏事。

◣ 做人只是一味率真，踪迹虽隐还显；存心若有半毫未净，行事虽公亦私。

——摘自明·洪应明《菜根谭》

【释义】做人真诚直率，即便不刻意表现出来，别人也能感受到。若心存杂念，那么做事即便是为了公众的利益，也像是有私心一样。

◣ **恩欲归己，怨使谁当？**

——摘自宋·欧阳修《归田录》

**【释义】**如果每个人都想将让人感恩的好事归于自己，贪图好名声，甘当老好人，那么遭人怨、得罪人的事又由谁来承担呢？

◣ **圣贤之书不是教人专学作文字求取富贵，乃是教天下万世做人的方法。**

——摘自明·高攀龙《读书法示揭阳诸友》

**【释义】**圣贤之书并不是只教人们写文章以求取荣华富贵，而是要教给天下世世代代的民众做人的方法。

◣ **修己以清心为要，涉世以慎言为先。**

——摘自清·金缨《格言联璧》

**【释义】**提高自己的修养以清心寡欲最为重要，在社会上以谨慎说话为先。

◣ **自损者益，自益者损。**

——摘自《孔子集语·文王》

**【释义】**自认为身有不足的人往往可得到裨益，而骄傲自满的人往往会遭受损失。

◣ **其性庄，疾华尚朴，有百折不挠、临大节而不可夺之风。**

——摘自东汉·蔡邕《蔡中郎集·太尉乔玄碑》

**【释义】**这是蔡邕为乔玄所作的碑文，赞扬乔玄性格端庄，不喜华贵而崇尚朴实，有着百折不挠的精神和在危急关头也不动摇屈服的风范。

◣ **盖世的功劳，当不得一个矜字；弥天的罪过，当不得一个悔字。**

——摘自明·洪应明《菜根谭》

**【释义】**哪怕有盖世的功劳，若骄傲自满，也难免要吃苦头；哪怕犯了弥天大罪，若真正悔改，还有重新做人的可能。这句话劝诫人们有成就不要骄傲自满，犯错误要知错痛改。

◣ **播种有不收者矣，而稼穑不可废。**

——摘自东晋·葛洪《抱朴子·广譬》

**【释义】**有时播下种却没有收获，但不能因此而不再耕种。一时的失败，不能阻挡一个人继续奋斗。

◣ **怒而无威者犯，好众辱人者殃。**

——摘自秦·黄石公《素书》

**【释义】**喜欢发怒而没有威势的人，一定会受到侵犯；喜欢当众侮辱别人的人，一定会有灾难。

◣ **和气迎人，平情应物。抗心希古，藏器待时。**

——摘自清·王永彬《围炉夜话》

**【释义】**以平和的态度与人交往，以平等的心态应对事物。以古人的高尚心志自相期许，收敛自己的才能等待可用的时机。

藏器于身，待时而动，“器”既是才能、本事，也是气度、器量。

◣ **但责己，不责人，此远怨之道也；但信己，不信人，此取败之由也。**

——摘自清·王永彬《围炉夜话》

**【释义】**只责备自己而不责备他人，这是远离怨恨的最好办法；只相信自己，不相信他人，这是做事情失败的主要原因。

◣ **喜怒不择轻重，一事无成；笑骂不审是非，知交断绝。**

——摘自五代·陈抟《心相篇》

**【释义】**喜怒无常又不分轻重的人，注定一事无成；喜欢拿别人开玩笑而不分是非黑白，朋友都会与之断交。

◣ **恭者不侮人，俭者不夺人。**

——摘自《孟子·离娄下》

**【释义】**懂得恭敬的人不会侮辱别人，懂得节俭的人不会掠夺别人。

◣ 小富小贵易盈，前程有限；大富大贵不动，厚福无疆。

——摘自五代·陈抟《心相篇》

【释义】小富小贵就骄傲自满、目空四海的人，成不了大气候；大富大贵而安然不动的人，福报深厚无边。

◣ 闻善言则拜，告有过则喜。

——摘自北宋·林逋《省心录》

【释义】听到别人对自己善言规劝，就表示感谢；听到别人指出自己的过错，就感到喜悦。

◣ 大其心，容天下之物；虚其心，受天下之善。

——摘自明·吕坤《呻吟语》

【释义】放宽心胸，容纳普天之下的一切事物；谦虚谨慎，接受普天之下的仁爱和友善。

◣ 心无留言，言无择人，虽露肺肝，君子不取也。

——摘自明·吕坤《呻吟语·修身》

【释义】若心里藏不住话，说话不分对象，就算是披肝沥胆的话，君子也是不信的。

◣ 钓名沽誉，眩世骇俗，由君子观之，皆所不取也。

——摘自明·方孝孺《豫让论》

【释义】沽名钓誉，借以迷惑世间并夸耀于俗人，这些在君子看来，都是不可取的。

◣ 无稽之言勿听，弗询之谋勿庸。

——摘自《尚书·大禹谟》

【释义】没有经过验证的话不轻信，没有征询过众人意见的谋略不轻用。

◣ 怨人不如自怨，求诸人不如求诸己得也。

——摘自西汉·刘安《淮南子·缪称训》

【释义】怨恨别人不如自责，与其去责备别人，还不如严格要求自己。

◣ 口惠而实不至，怨菑及其身。

——摘自《礼记》

【**释义**】口头上向别人许诺的好处不加以兑现，就会招致别人的怨恨。

◣ 专听生奸，独任成乱。

——摘自西汉·邹阳《狱中上梁王书》

【**释义**】只听一面之词会产生奸佞，一人独断专行会造成混乱。

◣ 语人之短不曰直，济人之恶不曰义。

——摘自北宋·林逋《省心录》

【**释义**】说别人的短处，这不能称为耿直；帮助别人做坏事，这不能称为义气。

若敢于当面指出别人的错误促其改正，这是耿直的行为。但若出于嫉妒或者其他心态揭人之短，这就不是真的耿直。锄强扶弱，助人于危，是正义行为。但若为虎作伥，帮助坏人，那就是助纣为虐。

◣ 小人深情厚貌，毒人不可防范，殆其甚于豺狼也。

——摘自北宋·林逋《省心录》

【**释义**】豺狼害人，一看它的样子就知道了，所以易于防范；而小人表面上厚道情深，却不可不防范，他们比豺狼还要凶狠。

◣ 君子必慎其独也。

——摘自《大学》

【**释义**】君子在独处的时候，也能够谨慎对待自己的行为。

◣ 子曰：“君子周而不比，小人比而不周。”

——摘自《论语·为政》

【**释义**】孔子说：“品德高尚的人以道义结交朋友而不相互勾结，小人相互勾结却不能遵守道义。”

◣ 桃李不言，下自成蹊。

——摘自西汉·司马迁《史记·李将军列传》

【**释义**】桃树、李树不会说话，但因其果实可口，人们纷纷去摘取，于是便在树下踩出一条路。比喻一个德行高尚的人，即使不事张扬，也会受到人们的信赖和尊敬。

◣ **君子能勤小物，故无大患。**

——摘自宋·司马光《资治通鉴·周纪》

【**释义**】贤德的人能够谨慎地处理小事，所以不会招致大祸。人的能力是从这些“不起眼”的小事中慢慢锻炼出来的。

◣ **以直道教人，人即不从，而自反无愧，切勿曲以求容也；以诚心待人，人或不谅，而历久自明，不必急于求白也。**

——摘自清·王永彬《围炉夜话》

【**释义**】用正直的道理教导他人，他人即使不听从，自我反省的时候也会问心无愧，切勿委曲求全以取悦对方；以诚恳的态度对待他人，他人或许不能理解，日子久了他人自然会明白，没必要急于解释。

◣ **美言可以市尊，美行可以加人。**

——摘自《老子》第六十二章

【**释义**】说好听的话，可以得到人的好感；美好的行为，可以勉励他人。

◣ **江海所以能为百谷王者，以其善下之。**

——摘自《老子》第六十六章

【**释义**】江海之所以能够成为百川河流所往的地方，是因为它善于处在低下的地方。对人来说，为人处世要谨记谦虚礼让，放低姿态，才有可能成就一番事业。

◣ **大丈夫处其厚，不居其薄；处其实，不居其华。**

——摘自《老子》第三十八章

【**释义**】大丈夫要懂得厚德载物，反对浮薄的风气；要坚持实事求是的作风，抵制虚华的习气。

◣ 守职而不废，处义而不回，见嫌而不苟免，见利而不苟得，此人之杰也。

——摘自秦·黄石公《素书》

【释义】恪尽职守，而无所废弛；恪守信义，而不稍加改变；受到猜疑，能居义而不反顾；见到了利益，不悖理苟得。这样的人，可以称为人中之杰。

◣ 惟贤惟德，可以服人。

——摘自宋·司马光《资治通鉴·魏纪二》

【释义】只有贤明、品德高尚，才能让人信服。

◣ 愚而好自用，贱而好自专；生乎今之世，反古之道。如此者，灾及其身也。

——摘自《中庸》

【释义】愚昧又喜好刚愎自用，卑贱又喜好独断专行；生在当今时代，却想要恢复古代的制度。这样的人，灾祸一定会降临到他身上。

◣ 舜好问而好察迩言，隐恶而扬善，执其两端，用其中于民。

——摘自《中庸》

【释义】舜喜欢向别人请教，而且善于分析人们浅显话语里的含义；消除恶行而宣扬人们的善行；善于把握事情的两端，采用恰当的做法施行于人民。

◣ 视远惟明，听德惟聪。

——摘自《尚书·商书·太甲中》

【释义】能看到远处，才是视觉锐利；能听从好话，才是听觉灵敏。

◣ 怀重宝者，不以夜行；任大功者，不以轻敌。

——摘自《战国策·赵策》

【释义】怀藏着贵重的宝物，不要在晚上行走；担负大任的人，不能轻视敌人。深夜行走，怀有重宝，可能遭遇不测，作者以此为喻，说明担当重任者应时时谨慎，不可轻敌，否则将招来灾祸。

**谋泄者，事无功；计不决者，名不成。**

——摘自《战国策·齐策》

【**释义**】谋略泄露了，事情一定不能成功；计划不果断，功名也难以成就。若要取得事业的成功，必须做好充分的准备，周密谋划并注意保密，若计划泄露或多谋而寡断，议而不决，决而不行，将一事无成。

**平生不做皱眉事，世上应无切齿人。**

——摘自《增广贤文·上集》

【**释义**】自己不做伤天害理的事情，就不会有切齿憎恨你的人。

**非法不言，非道不行；口无择言，身无择行。**

——摘自《孝经·卿大夫章》

【**释义**】不符合礼法的事情就不说，不符合道德的事情就不做；使自身的言行都符合道德礼法。

**言不苟出，行不苟为。**

——摘自西汉·刘安《淮南子·主术训》

【**释义**】讲话不可无所顾忌，行为也不可随随便便。

**圣人常自视不如人，故天下无有如圣人者。**

——摘自《六事箴言》

【**释义**】圣人常常认为自己不如别人，正是由于这种虚怀若谷的精神，才使得天下无人能达到圣人的境界。

**守道而忘势，行义而忘利，修德而忘名。**

——摘自宋·苏轼《文与可字说》

【**释义**】推行圣人之道而忘却权势地位，行仁义之事而忘却私利，修养自身的德行而忘掉名利。

**一忍可以支百勇，一静可以制百动。**

——摘自宋·苏洵《心术》

【**释义**】忍耐一时可以戒除种种鲁莽行为，冷静一刻可以克制种种躁动。

◣ 千丈之堤，以蝼蚁之穴溃。

——摘自《韩非子·喻老》

**【释义】**千里大堤，由于有小小的蝼蚁在打洞，可能会因此而崩溃。比喻小问题不注意也会酿成大祸，提醒人们要防微杜渐。

◣ 必有忍，其乃有济；有容，德乃大。

——摘自《尚书·周书·君陈》

**【释义】**一定要能忍耐，才能有成就；能宽容，德行才能提高。

◣ 与人不求备，检身若不及。

——摘自《尚书·商书·伊训》

**【释义】**对于别人不求全责备，检视自身总能看到某些方面的不足。

◣ 君子以惩忿窒欲。

——摘自《周易·损卦》

**【释义】**君子能够控制自己愤怒的情绪，抑制自己的贪欲。

贪婪是通向罪恶的途径。人若想干一番事业，就要不断提高修养，使自己成为一个品行端正高尚的人。

◣ 毁生于嫉，嫉生于不胜。

——摘自宋·王安石《读江南录》

**【释义】**一个人之所以要诋毁别人，是因为嫉妒之心；之所以心生嫉妒，那是因为自己不及人家。

◣ 小处不渗漏，暗处不欺隐，末路不怠慌，才是真正英雄。

——摘自明·洪应明《菜根谭》

**【释义】**在细枝末节的事情上也要处理得一丝不苟，不能留下漏洞；在别人看不到的地方，也不可以做见不得人的坏事；在穷困潦倒之际也不能懈怠慌乱，放弃自己的雄心壮志，这样才能算是真正的英雄好汉。

◣ 万物安于知足，死于无厌。

——摘自明·吕坤《呻吟语》

【释义】世间万物都因为知足而安乐，因为贪得无厌而灭亡。

◣ 处事最当熟思缓处。熟思则得其情，缓处则得其当。

——摘自明·陈继儒《小窗幽记·集醒篇》

【释义】处事应当深思熟虑，把问题想透了就能了解事情的原委，处理得慢一点才可以防止失当偏颇。

◣ 昼之所为，夜必思之。

——摘自北宋·林逋《省心录》

【释义】白天做的事，晚上一定要好好思考一番。

◣ 华而不实，怨之所聚也。

——摘自《左传·文公五年》

【释义】徒有虚名夸夸其谈的人，一定会遭到人们的怨恨。做人要诚实守信，脚踏实地，才能赢得人们的尊重。

◣ 夫诚者，君子之所守也，而政事之本也。

——摘自《荀子·不苟》

【释义】真诚，是君子的操守，是政治的根本所在。

◣ 过刚者图谋易就，灾伤岂保全元；太柔者作事难成，平福亦能安受。

——摘自五代·陈抟《心相篇》

【释义】过于刚强的人，做事虽容易成功，但容易伤人伤己，很难善终；过于柔弱的人，做事不容易成功，福报平平但能安享生活。

◣ 消沮闭藏，必是奸贪之辈；披肝露胆，决为英杰之人。

——摘自五代·陈抟《心相篇》

【释义】损耗别人的钱财和资源的人，必是贪婪之辈；为人坦荡，待人忠诚，定是英雄豪杰。

◣ 人之才，成于专而毁于杂。

——摘自宋·王安石《上皇帝万言书》

**【释义】**一个人能否成为人才，关键是要精专于某一方面，而不能杂取旁收，什么都会而又什么都不精专，结果是不堪大用。此言指要想成才，就必须专注于某一领域，精益求精。

◣ **藏巧于拙，用晦而明，寓清于浊，以屈为伸。真涉世之一壶，藏身之三窟也。**

——摘自明·洪应明《菜根谭》

**【释义】**做人宁可显得笨拙一点，也不要暴露自己的机谋；宁可谦虚收敛一点，也不要锋芒毕露；宁可随和一点，也不要自命清高；宁可谨慎一点，也不要冒险而为。这才是真正的处事诀窍。

◣ **观众器者为良匠，观众病者为良医。**

——摘自宋·叶适《法度总论》

**【释义】**观看过多种器具的人，才能成为优秀的工匠；见过多种疾病的人，才能成为优秀的医生。实践出真知，只有实践才能提高自己的本领。

◣ **耳闻之不如目见之，目见之不如足践之，足践之不如手辨之。**

——摘自西汉·刘向《说苑·政理》

**【释义】**耳朵听到的不如亲眼看到的，亲眼看到的不如自己调查到的，自己调查到的不如亲手操作得来的。

◣ **劳而不伐，有功而不德，厚之至也。**

——摘自《周易·系辞》

**【释义】**劳苦而不自我夸耀，有功绩而不以功居高，这是敦厚的表现。

◣ **君子之道，或出或处，或默或语。二人同心，其利断金。同心之言，其臭如兰。**

——摘自《周易·系辞》

**【释义】**君子处世之道，或是入仕服务天下，或是独处以修身；或是沉默不语，或是广发议论。二人同心同德，就有能断金的锐利；志同道合的言论，犹如芳香的兰花。

◣ 慎于小者不惧于大，戒于近者不讳于远。

——摘自唐·孙思邈《摄养枕中方》

【释义】谨小慎微注意细节才能成大事，不会铸成大错；严于律己，时刻严格要求自己的人才不会在以后追悔莫及。强调用谨慎的态度对待细节问题，以防造成大的灾祸或损失。

◣ 百言百当，不如择趋而审行也。

——摘自西汉·刘安《淮南子·人间训》

【释义】百句话都说对了，也不如选择一件可行的事情去审慎地实践。比喻要注重实践，只有实干才能办成事情。

◣ 盈必毁，天之道。

——摘自《左传·哀公十一年》

【释义】骄傲自满一定会失败，这是自然规律。

◣ 肉腐出虫，木枯生蠹，骄慢在身，灾祸作矣。

——摘自唐·马总《意林·荀子》

【释义】肉腐烂了就要生蛆，木枯腐了就要生蛀虫；一个人傲慢无礼，灾祸就将发生。

◣ 谦者众善之基，傲者众恶之魁。

——摘自明·王阳明《传习录》

【释义】谦虚是一切善的基础，傲慢是一切恶的源头。

◣ 心安茅屋稳，性定菜根香。世事静方见，人情淡始长。

——摘自明·范立本《明心宝鉴》

【释义】心绪安宁，住在茅草屋中也很安稳；性情淡定，嘴嚼菜根也香。世事只在静下心来时才洞明，人情平平淡淡才会长久。

◣ 穷不易操，达不患失。

——摘自北宋·林逋《省心录》

【释义】穷困失意的时候，不改变自己的节操；得志的时候，也不要去计较自己的得失。

◣ **建功立业者，多虚圆之士；偾事失机者，必执拗之人。**

——摘自明·洪应明《菜根谭》

**【释义】**能够成就事业的，一般都是谦逊灵活的人；丧失机遇而导致失败的，一般都是固执己见的人。

◣ **责人重而责己轻，弗与同谋共事；功归人而过归己，尽堪救患扶灾。**

——摘自五代·陈抟《心相篇》

**【释义】**指责别人重，批评自己轻，这种人就不能与之同谋共事；功劳归别人，过错归自己，这种人可以解危化难。

◣ **处大事不辞劳怨，堪为栋梁之材；遇小故辄避嫌疑，岂是腹心之寄。**

——摘自五代·陈抟《心相篇》

**【释义】**能挑起重担又任劳任怨的人，一定是国家的栋梁；碰到一点小事就逃离避嫌的人，怎么能重用呢？

◣ **躬自厚而薄责于人，则远怨矣。**

——摘自《论语·卫灵公》

**【释义】**有了过失自己主动承担责任，干活承担艰难、险重的，是“躬自厚”；对别人多谅解、宽容，是“薄责于人”，如此就可以避免怨恨。

◣ **打算精明，自谓得计，然败祖父之家声者，必此人也；朴实浑厚，初无甚奇，然培子孙之元气者，必此人也。**

——摘自清·王永彬《围炉夜话》

**【释义】**凡事斤斤计较、毫不吃亏的人，自以为很成功，但是败坏先人良好名声的，必定是这种人；诚实俭朴而又敦厚待人的人，刚开始虽然不见他有什么奇特的表现，然而能培养子孙的纯厚之气的，必定是这种人。

◣ 居高而必危，每处满而防溢。

——摘自唐·李延寿《北史·后妃列传》

【释义】身居高位一定要有危机意识，东西满了要防止它溢出来。月盈则亏，花开则谢，人生惧满，天道忌盈。

◣ 智士日千虑，愚夫唯四愁。

——摘自唐·孟郊《百忧》

【释义】有智慧的人会时常思索如何奋发向上；而愚笨的人则常常愁闷叹气，无所作为。

◣ 括囊顺会，所以无咎；橛橛梗梗，所以立功；孜孜淑淑，所以保终。

——摘自秦·黄石公《素书》

【释义】心中有数，闭口不言，凡事能顺从时机，这样可以远怨无咎；坚定不移，正直刚强，这样才能建功立业；勤勉惕厉，心地善良，这样才能善始善终。

◣ 德行昭著而守以恭者荣，功高不骄而严以正者安。

——摘自南北朝·傅昭《处世悬镜》

【释义】德行高、为人称颂又能始终保持谦恭有礼的人将荣达于世；功劳大而从不显骄傲之色，又能严以律己的人，可保全家平安。

◣ 处事迟而不急，大器晚成；己机决而能藏，高才早发。

——摘自五代·陈抟《心相篇》

【释义】处事沉稳不着急的，必是大器晚成之人；自己能谋划决断而又能深藏不露的人，必然才高而年轻得志。

◣ 自胜谓之强，自见谓之明。

——摘自《韩非子·喻老》

【释义】能够战胜自己的人，才是真正的强者；能够认清自己的人，才可称为明智。

◣ 我闻忠善以损怨，不闻作威以防怨。

——摘自《左传·襄公三十一年》

**【释义】**我听说过用忠直善行来减少怨恨的，没听说过用权威能防止怨恨的。

◣ 责人之非，不如行己之是。扬己之是，不如克己之非。

——摘自明·范立本《明心宝鉴》

**【释义】**责难别人的过错，不如坚持做好自己认为正确的事。到处宣扬自己是正确的，不如努力改正自己的过错。

◣ 君子不以形迹疑人，亦不以言语信人。

——摘自清·申居郧《西岩赘语》

**【释义】**品德高尚的人不会根据别人的举止和神色而随便怀疑别人，也不会仅凭言谈而轻易相信别人。

◣ 修身以不护短为第一长进，人能不护短，则长进者至矣。

——摘自明·吕坤《呻吟语·修身》

**【释义】**修身养性，不掩饰自己的短处是最有效的方式。如果人能不掩饰自己的短处，就会有长进。

◣ 博闻强识而让，敦善行而不怠，谓之君子。

——摘自《礼记·曲礼上》

**【释义】**能够博学多识，有着超强的记忆力，且能够谦虚谨慎，恭厚礼让，努力完善自己的行为而从不懈怠，便可以称得上真正的君子。

◣ 欲利己，便是害己；肯下人，终能上人。

——摘自清·王永彬《围炉夜话》

**【释义】**想要对自己有利，往往可能害了自己；能够屈居人下，毫无怨言地埋头苦干，终有一天也能居于人上。

◣ 言义而弗行，是犯明也。

——摘自《墨子·鲁问》

【**释义**】嘴上称仁义却不付诸行动，这是明知故犯。

◣ **君子之所取者远，则必有所待；所就者大，则必有所忍。**

——摘自宋·苏轼《贾谊论》

【**释义**】君子想要实现远大理想，则一定要有所等待；想要成就大的事业，则一定要有耐心。

◣ **以正辅人谓之忠，以邪导人谓之佞。**

——摘自西汉·桓宽《盐铁论·刺议》

【**释义**】用正道去辅助别人，便是忠诚；用歪门邪道去引导别人，便是奸佞。

◣ **古之君子，其过也，如日月之食，民皆见之；及其更也，民皆仰之。今之君子，岂徒顺之，又从为之辞。**

——摘自《孟子·公孙丑下》

【**释义**】古代的君子，犯错误时就像天上的日食月食一样，所有百姓都看得到；等到他改正了错误，老百姓依然敬仰他。现在的君子不仅将错就错，还要为自己的错误寻找各种借口。

◣ **《书》曰："必有忍，乃有济。"此处事之本也。**

——摘自宋·吕本中《官箴》

【**释义**】《尚书》中说："一定要忍耐，然后才能成就大事。"忍，这是处世的根本啊。

◣ **看他人错处，时时当反观内省。**

——摘自《六事箴言》

【**释义**】看到别人的缺点和错误，要时时引以为戒，进行自我反省。

◣ **薛文清曰：英气最害事，浑含不露圭角，最妙。**

——摘自《六事箴言》

【**释义**】薛文清说：英气逼人往往最容易坏事，深沉含蓄，不露锋芒，才是为人处世的最高境界。

◣ **君子拒恶，小人拒善，明主识人，庸主进私。**

——摘自明·张居正《驭人经》

**【释义】**品德高尚的正人君子，会拒绝那些奸恶势力的拉拢；而贪图名利的小人，则会拒绝善良的人或事物。一个英明的领导者，懂得慧眼识人才，任人唯贤；而一个平庸的领导者，会选择自己的亲信和私交。

◣ **负恩必须酬，施恩慎勿色。**

——摘自唐·王梵志《负恩必须酬》

**【释义】**受了别人的恩惠，一定要记住报答。给予别人的恩惠，应当遗忘，切勿表现在脸上。

◣ **自知而不自见也，自爱而不自贵。**

——摘自《老子》第七十二章

**【释义】**有自知之明，却不显露出来。能够做到自爱自尊，却不以此为高贵。此语说明为人处世应当谦虚。

◣ **君子安其身而后动，易其心而后语，定其交而后求，笃其志而后行。**

——摘自《周易·系辞传下》

**【释义】**聪明睿智的人会先使自己安定再行动，会先观察别人的心思然后发表意见，会先和别人做朋友然后才有所请求，会先定好自己的目标和志向然后才努力前进。

◣ **曲意周全知有后，任情激搏必凶亡。**

——摘自五代·陈抟《心相篇》

**【释义】**为了大局能委屈自己的人必定有后福，任性好斗的人必定会迅速灭亡。

◣ **君子戒慎乎其所不睹，恐惧乎其所不闻。莫见乎隐，莫显乎微，故君子慎其独也。**

——摘自《中庸》

【**释义**】君子在无人看见的地方也要小心谨慎，在无人听见的地方也要恐惧敬畏。从最隐蔽、最细微处就能看出一个人的品质，因此君子要学会慎独。

## 宠位不足以尊我，而卑贱不足以卑己。

——摘自东汉·王符《潜夫论·论荣》

【**释义**】身处高位也不足以妄自尊大，地位卑贱也不可以看低自己。

## 智而能愚，则天下之智莫加焉。

——摘自明·刘基《郁离子·大智》

【**释义**】聪明的人不自以为是，能够以愚自视，那就是天底下最大的聪明了。

刘基著此文时正当壮年，仕途不顺，四起四落。这句话反映的是刘基大智若愚的入仕态度，在被旁人嫉恨、刁难的情况下，最好能收敛锋芒，装装糊涂。

## 慧者心辩而不繁说，多力而不伐功，此以名誉扬天下。

——摘自《墨子·修身》

【**释义**】聪明的人心里明白却不多说，踏踏实实地做事却不夸耀，以好名声而誉满天下。

## 目妄视则淫，耳妄听则惑，口妄言则乱。

——摘自西汉·刘安《淮南子·主术训》

【**释义**】眼睛随便乱看就会使你淫乱，耳朵随意乱听就会使你迷惑，嘴巴随意胡说就会给你带来祸乱。

## 正身直行，众邪自息。

——摘自西汉·刘安《淮南子·缪称训》

【**释义**】只要自身正直，品行端正，与一切邪恶的人和事无染，就能抵制各种邪恶的侵蚀。

## 不患无位，患所以立。不患莫己知，求为可知也。

——摘自《论语·里仁》

【释义】不担心自己没有好的职位，而担心自己没有胜任这个职位的能力；不担心别人不知道自己，而追求使别人知道自己的本领。

◣ 上交不谄，下交不渎。

——摘自《周易·系辞》

【释义】结交地位高的人，不谄媚讨好；结交地位低的人，不轻慢鄙视。

◣ 闻见广则聪明辟，胜友多而学易成。

——摘自清·魏源《默觚下·治篇九》

【释义】听到的、见到的多了，就会变得聪明起来；知识渊博的朋友多了，做学问也就容易了。

◣ 毋偏信而为奸所欺，毋自任而为气所使，毋以己之长而形人之短，毋因己之拙而忌人之能。

——摘自明·洪应明《菜根谭》

【释义】不要相信片面之词而被小人所欺骗，不要任性使气而被一时的冲动所役使，不要用自己的长处来比较人家的短处，不要因为自己的笨拙而嫉妒人家的才能。

◣ 喜传语者，不可与语。好议事者，不可图事。

——摘自明·陈继儒《小窗幽记》

【释义】喜欢传话的人，不要随便和他讲话；喜欢议论事情的人，不要和他一起图谋共事。

◣ 物必先腐也，而后虫生之；人必先疑也，而后谗入之。

——摘自宋·苏轼《范增论》

【释义】物一定是自己先腐烂，蛀虫才能生出来；人一定是先产生疑心，然后谗言才能听进去。

◣ 不可乘喜而轻诺，不可因醉而生嗔，不可乘快而多事，不可因倦而鲜终。

——摘自明·洪应明《菜根谭》

【**释义**】不要因一时高兴而轻许诺言，不要因一时醉酒而轻易动怒，不要因心情舒畅而滋生事端，不要因身心疲倦而在办事时草率收尾。

◣ 审近所以知远也，成己所以成人也。

——摘自秦·吕不韦《吕氏春秋·孝行览·本味》

【**释义**】审察近的就可以了解远的，成就自己就可以成就别人。

◣ 居高常虑缺，持满每忧盈。

——摘自南北朝·萧纲《蒙华林园戒》

【**释义**】身处高位的时候，要时常思考自己的缺失；处于盈满的时候，要时常想着会有溢出来的时候。

◣ 不骄方能师人之长，而自成其学。

——摘自清·谭嗣同《论学者不当骄人》

【**释义**】不骄傲才能学习别人的长处，从而促进自己学习的成就。

◣ 君子挟才以为善，小人挟才以为恶。

——摘自宋·司马光《资治通鉴·周纪》

【**释义**】君子会用自己的才能去做善事，小人会用自己的才能去做坏事。

◣ 德胜才，谓之君子；才胜德，谓之小人。

——摘自宋·司马光《资治通鉴·唐纪》

【**释义**】德行胜过才能，称作君子；才能胜过德行，称作小人。

◣ 不诱于誉，不恐于诽。

——摘自《荀子·非十二子》

【**释义**】不因为虚名而被诱惑，也不因为诽谤而被吓倒。

◣ 言人之不善，当如后患何？

——摘自《孟子·离娄下》

【**释义**】你说他人的不善之处，若招来了麻烦，应当如何对待呢？比喻人要慎言，自古讥人者人恒讥之，谤人者人恒谤之，助人者人恒助之，爱人者人恒爱之。

◣ 美曰美，不一毫虚美；过曰过，不一毫讳过。

——摘自明·海瑞《治安疏》

【**释义**】有几分美就说几分美，一丝一毫都不虚夸；有几分过就说几分过，一丝一毫都不讳饰。

◣ 乘人之车者载人之患，衣人之衣者怀人之忧，食人之食者死人之事。

——摘自西汉·司马迁《史记·淮阴侯列传》

【**释义**】坐别人的车，就要承担他的祸患；穿别人的衣，就要考虑人家的忧愁；吃人家的饭，就要为他效命。

◣ 不自反者，看不出一身病痛；不耐烦者，做不成一件事业。

——摘自清·金缨《格言联璧》

【**释义**】不自我反省的人，看不到自己的一身毛病；没有耐心的人，做不成一件正经事业。

◣ 心术以光明笃实为第一，容貌以正大老成为第一，言语以简重真切为第一。

——摘自清·金缨《格言联璧》

【**释义**】心地要以光明坦诚、笃厚诚实为第一；仪容要以正大老练、成熟稳重为第一；说话要以简洁明白、真诚亲切为第一。

◣ 有才必韬藏，如浑金璞玉，暗然而日章也。

——摘自清·王永彬《围炉夜话》

【**释义**】有才华的人，一定要学会韬光养晦，如同那璞玉和没有加工的黄金一样，虽不耀人耳目，但日久便知其价值。

◣ 君子成人之美，不成人之恶。

——摘自《论语·颜渊》

【**释义**】君子成全别人的好事，不助长别人做坏事。

◣ 弈者举棋不定，不胜其耦。

——摘自《左传·襄公二十五年》

**【释义】**下棋的人拿着棋子主意不定，是没有办法战胜对手的。意喻做事犹豫不决的人是难以取得成功的。

◣ 行有不得者，皆反求诸己，其身正而天下归之。

——摘自《孟子·离娄上》

**【释义】**凡是行为达不到预期的效果，都应该反省自己，自身行为端正了，天下人自然就会归服。

◣ 自反而不缩，虽褐宽博，吾不惴焉；自反而缩，虽千万人，吾往矣。

——摘自《孟子·公孙丑上》

**【释义】**通过反省，觉得自己有做得不对的地方，即便面对穿着粗布衣裳的百姓，我也会心惊不安；反省自己，觉得没有做错的地方，即便面对成千上万的人，也敢一往无前。

◣ 人不改过，多是因循退缩。吾须奋然振作，不用迟疑，不烦等待。

——摘自明·袁了凡《了凡四训》

**【释义】**一个人之所以有了过失还不肯改，都是因为不能振作奋发、堕落退缩。要改过，一定要下决心，当下就改，不可以拖延迟疑，也不可以今天等明天、明天等后天地一直拖下去。

◣ 虽名位转优，而恭恪愈至。

——摘自唐·李延寿《南史·刘怀肃传》

**【释义】**虽然名誉地位变得更加优越，但为人处世更要恭敬、谨慎。

◣ 天行不信，则不能成岁；地行不信，则草木不大。

——摘自唐·武则天《臣轨·诚信章》

**【释义】**上天如果不讲求诚信，便不能成就一年四季；大地如果不讲求诚信，草木便不能生长。人只有如天地一样讲求诚信，才能够取得成功。

◣ **守身必谨严，凡足以戕吾身者宜戒之；养心须淡泊，凡足以累吾心者勿为也。**

——摘自清·王永彬《围炉夜话》

**【释义】**保持自身的节操必须谨慎严格，凡是损害自己操守的行为都应戒除。要以宁静淡泊涵养自己的心胸，凡是会使我们心灵疲累不堪的事，都不要去做。

◣ **不自反，则终日见人之尤也；诚反己，则终日见己之尤也。**

——摘自清·魏源《默觚·学篇》

**【释义】**不反省自己，就会常常看到别人的过失；而反省自己，就会常常发现自己的过失。

◣ **人皆知涤其器，莫知洗其心。**

——摘自唐·马总《意林·傅子》

**【释义】**人们都知道把器皿洗得一干二净，却不知道时时清洁自己的思想与观念。

◣ **上智者必不自智，下愚者必不自愚。**

——摘自清·陈确《瞽言·近言》

**【释义】**真正有智慧的人必定不会以智者自居，真正愚笨的人也必定不会以愚者自称。比喻智者自谦，愚者自傲。

◣ **和以处众，宽以接下，恕以待人，君子人也。**

——摘自北宋·林逋《省心录》

**【释义】**和气地与众人相处，宽厚地对待下属，以宽恕的态度对待别人，这就是君子的为人。

◣ **目能察黑白，而不见其睫；心能识壮耄，而不觉其形。**

——摘自明·宋濂《燕书四十首》

**【释义】**眼睛能明察黑白之色，却看不见自己的眼睫毛；心里能够分辨壮年与老年的界限，但自己老之将至却全然不觉。此言比喻了解别人容易，了解自己却很难，意在告诉世人应当注意反省自己。

◣ **勿以小恶弃人大美，勿以小怨忘人大恩。**

——摘自清·曾国藩《人生六戒》

**【释义】**不要因为小小的缺点就忽略别人的优点，不要因为小小的怨恨就忘记了别人的大恩。要客观、公正地看待别人的缺点和不足，不要因为别人的一点小过失、小怨恨就全盘否定别人的优点，忘记别人的恩情。

◣ **天地万物之理，皆始于从容，而卒于急促。急促者，尽气也；从容者，初气也。事从容，则有余味；人从容，则有余年。**

——摘自《六事箴言》

**【释义】**天地万物生存的规律，都是由舒缓从容而发端，由急迫仓促而衰亡。急迫仓促，是生命即将衰亡的征兆；从容舒缓，则是充满活力和朝气的象征。做事从容，则圆满无悔，余味无穷；做人从容，则心闲气定，益寿延年。

◣ **天下大事，必作于细。**

——摘自《老子》第六十三章

**【释义】**要想成就大事，必须脚踏实地，从细微小事做起。

◣ **人有非上之所过，谓之正士。**

——摘自《管子·桓公问》

**【释义】**一个人如果敢于对其上级的错误提出批评意见，这样的人便可以称得上是正直的人。

◣ **越自尊大，越见器小。**

——摘自清·申居郧《西岩赘语》

**【释义】**越是妄自尊大、自以为了不起的人，越表明他气量狭小、没什么才能。

◣ **好说己长便是短，自知己短便是长。**

——摘自清·申居郧《西岩赘语》

**【释义】**喜欢谈论自己的长处，其实就是短处；知道自身的短处，便是长处，因为有自知之明。

**君子学以聚之，问以辩之，宽以居之，仁以行之。**

——摘自《周易·乾》

**【释义】**君子通过学习来积累知识，通过讨论来明辨事理，用宽厚处事，用仁义行事。

**近恕笃行，所以接人；任材使能，所以济物；殚恶斥谗，所以止乱。**

——摘自秦·黄石公《素书》

**【释义】**为人尽量宽容，行为敦厚，这是为人处世之道；任人使能，使人人能尽其才，这是用人成事之要领；抑制邪恶，斥退谗佞之徒，这样可防止动乱。

**时止则止，时行则行。动静不失其时，其道光明。君子以思不出其位。**

——摘自《周易·艮·彖传》

**【释义】**该停止的时候就停止，该行进的时候就行进，动与静都不失时机，君子之道就能光明。君子所想的不会超出他所处的位置。君子要有自知之明。

**珍其货而后市，修其身而后交，善其谋而后动成道也。**

——摘自西汉·扬雄《法言》

**【释义】**一件好的东西要珍藏到值钱的时候才可卖出，一个人要经过自身的学习修炼，才可以出去结交朋友，一件事情要精心设计、运筹完备而后再付诸行动，这才是成功之道。

**吃食少添盐醋，不是去处休去。要人知，重勤学。怕人知，已莫作。**

——摘自明·范立本《明心宝鉴》

**【释义】**吃饭少加盐醋，不该去的地方不要去。想要让人知道了解，就要勤奋学习。怕人知道的事，就不要去做。

◣ 少言语以当贵，多著述以当富。

——摘自明·陈继儒《小窗幽记》

【释义】把言语少当作尊贵，将著书立传当作富有。俗语说，“言多必失”“祸从口出”“沉默是金”，此语意在教人少说废话，多干实事。

◣ 转眼无情，贫寒夭促；时谈念旧，富贵期颐。

——摘自五代·陈抟《心相篇》

【释义】翻脸无情的人一生贫寒，夭折短寿；时时念旧，发迹不忘故友的人，富贵绵远，长寿多福。

◣ 当为秋霜，无为槛羊。

——摘自南朝·范晔《后汉书·广陵思王荆传》

【释义】要成为能拂万物的秋霜，而不要做那被关在笼中的羔羊。比喻做事情要有主见，不能任人摆布。

◣ 自责之外无胜人之术，自强之外无上人之术。

——摘自清·金缨《格言联璧·持躬类》

【释义】除了自我反省，再没有胜过别人的方法；除了自己发愤图强，再没有超过别人的方法。

◣ 举止不失其常，非贵亦须大富，寿可知矣；喜怒不形于色，成名还立大功，奸亦有之。

——摘自五代·陈抟《心相篇》

【释义】行事能够遵循伦常道德的人，不是显贵也是大富，长寿更不用说了；喜怒不形于色的人，功名可成，但也有大奸之人。

◣ 人患不知其过，既知之，不能改，是无勇也。

——摘自唐·韩愈《五箴》

【释义】人最怕的就是不知道自己的过失，知道自己错在哪里却不能改正，说明他是一个没有勇气的人。

◣ **德之不修，学之不讲，闻义不能徙，不善不能改，是吾忧也。**

——摘自《论语·述而》

【释义】品德不去修养，学问不去讲习，听到正义的事不能去做，有错误不能改正，这才是我所忧虑的。

◣ **言重则有法，行重则有德，貌重则有威，好重则有观。**

——摘自西汉·扬雄《法言》

【释义】言语慎重就会合乎原则，行为稳重就会合乎道德，举止庄重就会有威仪，爱好执着就会得到重视。

◣ **贤者安徐正静，柔节先定。**

——摘自《鬼谷子·符言》

【释义】真正有作为的人往往处事沉着冷静又正色寡言，万事以柔克刚，方能得人信服。

◣ **事不可绝，言不能尽，至亲亦戒也。**

——摘自五代·冯道《荣枯鉴》

【释义】做事情要留有余地，说话不能说得太满，纵然是对最亲的人，也得注意这一点。

◣ **在上不骄，高而不危；制节谨度，满而不溢。高而不危，所以长守贵也；满而不溢，所以长守富也。**

——摘自《孝经·诸侯章》

【释义】身居高位而不骄傲，就不会有倾覆的危险；生活节俭，遵守法律，财富再多也不奢侈挥霍，所以能长久地守住自己的财富。身处高位而没有倾覆的危险，所以能长久地保持尊贵；财富充裕而不奢侈挥霍，所以能长久地保持富有。

◣ **自今牧守温良仁俭、克己奉公者，可久于其任，岁积有成，迁位一级。**

——摘自唐·李延寿《北史·魏本记》

【**释义**】克己指克制、约束自己，成语“克己奉公”即出于此。此语劝人要严格要求自己，处处约束自己，全心全意为国家和人民的事业尽职尽责。

◣ **尔不自晦，祸将及矣。**

——摘自宋·司马光《资治通鉴·唐德宗元和八年》

【**释义**】你不能收敛自己的锋芒，祸殃就要到来了。

◣ **与人善言，暖于布帛；伤人以言，深于矛戟。**

——摘自《荀子·荣辱》

【**释义**】用好话去抚慰他人，使人感到比穿上布帛还要温暖；用恶语去伤害他人，比用矛戟刺人还要使人痛苦。

◣ **宵行者能无为奸，而不能令狗无吠也。**

——摘自《战国策·韩策》

【**释义**】半夜赶路的人，能够保证自己不去做奸邪的事情，却无法让狗不对自己乱叫。此语是说人可以恪守自律，却无法阻止小人对自己的非议。

◣ **贤者任重而行恭，知者功大而辞顺。**

——摘自《战国策·赵策》

【**释义**】贤能的人肩负重要使命，行为谦虚且有礼有节；聪明的人建立了大功，却言语和顺亲切。

◣ **见贤思齐焉，见不贤而内自省也。**

——摘自《论语·里仁》

【**释义**】见到有人有超过自己的长处和优点，就虚心请教并努力赶上他；见有人存在某种不足或缺点，就要自我反省，看自己是否也有这样的缺点并改正。

◣ **谦，尊而光，卑而不可逾，君子之终也。**

——摘自《周易·谦卦》

【**释义**】谦逊之人处在尊高之位，道德会更加发扬光大；处于卑下之位时，其德行人们也难以超越，只有真正的君子才能够自始至终保持谦逊。

◣ **偶缘为善受累，遂无意为善，是因噎废食也；明识有过当规，**

却讳言有过，是讳疾忌医也。

——摘自清·王永彬《围炉夜话》

【**释义**】偶尔由于做好事受到拖累，就再不愿意做好事，这是因噎废食；明知道有过错应当改正，却忌讳别人说自己的错误，这是讳疾忌医。

守身不敢妄为，恐贻羞于父母；创业还须深虑，恐贻害于子孙。

——摘自清·王永彬《围炉夜话》

【**释义**】律己而不敢胡作非为，是担心自己的不当行为会使父母蒙羞；创立事业时要深谋远虑，权衡方方面面，防止将来给子孙留下祸患。

# 处世

◣ 子曰："恭、宽、信、敏、惠。恭则不侮，宽则得众，信则人任焉，敏则有功，惠则足以使人。"

——摘自《论语·阳货》

**【释义】**孔子说："恭敬、宽厚、信实、勤敏、慈惠。庄重恭敬就不会遭受侮辱，宽厚就会得到大众的拥护，诚实就会得到别人的信任，勤敏就会有好成绩，慈惠就能更好地影响人。"

◣ 事不可做尽，言不可道尽。势不可倚尽，福不可享尽。

——摘自清·金缨《格言联璧》

**【释义】**事情不能做尽，说话应留有余地。不应当什么都依靠权势，更不能把世上的福气享尽。

◣ 坚其志，苦其心，劳其力，事无大小，必有所成。

——摘自《曾国藩家书》

**【释义】**只有处于艰难困苦之中，才能磨炼出坚韧不拔的志向，经过坚持不懈的努力，不论大事还是小事，都一定会有所成就。

◣ 以铜为镜，可以正衣冠；以古为镜，可以知兴替；以人为镜，可以明得失。

——摘自《旧唐书·魏徵传》

【释义】用铜做镜子，可以端正衣服和帽子；以历史做镜子，可以知道兴衰和更替；以人做镜子，可以明白得失。

◣ 千虚不博一实。吾平生学问无他，只是一实。

——摘自南宋·陆九渊《陆象山语录》

【释义】一千个“虚”不能换得一个“实”，我平生的学问没有别的，只是一个“实”字罢了。

◣ 人无刚骨，安身不牢。

——摘自明·施耐庵《水浒传》

【释义】一个人如果没有坚硬的骨头，身体就站不起来。比喻人没有坚强的意志品格，就难以立身行事。山无脊梁会塌方，人无刚骨易垮掉。锻造一身刚骨，是一个人安身立命、做人做事应有的志气、骨气和底气。一个人有了精神脊梁，才能挺直腰杆做人。

◣ 树德莫如滋，去疾莫如尽。

——摘自《左传·哀公元年》

【释义】修养自身德行最好的方法，便是滋养其不断生长，要像培育花苗一样；消除祸患要像对待毒瘤一样，尽快剔除它，不留隐患，除恶务尽就是这个道理。

◣ 居其位，无其言，君子耻之；有其言，无其行，君子耻之。

——摘自《礼记·杂记下》

【释义】身居其位，而没有良言善谋，君子应当感到羞耻；有良言善谋，却没有相应的行动，君子也应当感到羞耻。

◣ 或激之勉之，以证其不可行也。或讽之喻之，以示其缪。进而推之，以证其不可行也。谏不宜急而宜缓，言不宜直而宜曲。

——摘自明·张居正《权谋残卷·讽谏》

【释义】向别人提出建议可以用激将或勉励的办法，按照对方的思路推断下去，来证实对方的举动不可行。或者讽谏，或者比喻，以此说明对方的谬误。给别人提建议不宜操之过急，而应缓和一些，言语不能太直白，需委婉说出。

《礼》云：欲不可纵，志不可满。宇宙可臻其极，情性不知其穷。唯少欲知足，为之涯限。

——摘自南北朝·颜之推《颜氏家训》

**【释义】**《礼记》有言："欲不可以放纵，志不可以满盈。"宇宙还可到达边缘，情性则没有尽头。只有少欲知止，立个限度。

豺狼能害人，其状易别，人得避之；小人深情厚貌，毒人不可防范，殆其甚于豺狼也。

——摘自北宋·林逋《省心录》

**【释义】**豺狼能害人，从外表就看得出来，所以人容易躲避；小人外表忠厚真挚，害起人来却很难防范，他们比豺狼还要危险。

诚者，天之道也；思诚者，人之道也。至诚而不动者，未之有也；不诚，未有能动者也。

——摘自《孟子·离娄上》

**【释义】**诚是天赋予人的本性；追求诚，是做人的根本准则。一个人做到至诚而不能使人们感动，是从未有过的事；同样，缺乏诚心的人是无法感动别人的。

能伸先要能屈，能飞还要能伏，能方妙在能圆，能直妙在能曲。

——摘自清·李西沤《老学究语》

**【释义】**能够奋发还要能够忍耐，能够高飞还要能够潜伏，能够方正还要能够圆融，能够耿直还要能够弯曲。

物固莫不有长，莫不有短，人亦然。故善学者，假人之长以补其短。

——摘自秦·吕不韦《吕氏春秋·用众》

**【释义】**物体莫不有着自身的长处，也莫不有着自身的短处。人也是这样。所以善于学习的人，总是借助、吸取别人的长处，来弥补自己的短处。

源清流洁，本盛末荣。

——摘自东汉·班固《泗水亭碑铭》

【**释义**】源头的水清，流出的水也是干净的；根系发达，枝叶必定茂盛。

◣ 大智不智，大谋不谋，大勇不勇，大利不利。利天下者，天下启之；害天下者，天下闭之。

——摘自《六韬·武韬·发启》

【**释义**】真正的智慧不显现出智慧，真正的谋略不显现出谋略，真正的勇敢不显现出勇敢，真正的利益不显现出利益。为天下人谋利益的，天下人都欢迎他；使天下人受害的，天下人都反对他。

◣ 能忍所不能忍则胜，能容所不能容则过人。

——摘自明·孙作《座右铭》

【**释义**】能够忍耐他人不能忍耐的事物就能胜过他人，能够包容他人不能包容的事物就能超过他人。

◣ 惟以改过为能，不以无过为贵。

——摘自宋·司马光《资治通鉴·唐纪》

【**释义**】有错能改才是真正的能力，而不是不犯错才可贵。人生谁无过，关键是“过而能改，善莫大焉”。

◣ 其所善者，吾则行之，其所恶者，吾则改之。是吾师也，若之何毁之?

——摘自《左传·襄公三十一年》

【**释义**】百姓认为是好的，我便去施行；百姓认为不好的，我便去改正。他们是我的老师，为何要毁掉呢?

◣ 尽小者大，慎微者著。

——摘自宋·司马光《资治通鉴·汉纪》

【**释义**】尽心竭力做好小事的人方能成就大事，能够在细节上谨慎，德行才能显耀。

◣ 攻人之恶勿太严，要思其堪受；教人之善勿过高，当使其可从。

——摘自明·洪应明《菜根谭》

【释义】指责别人的过错要注意方式，不要过于严厉，应顾及对方的感受，防止其产生抵触情绪而适得其反；教诲别人行善不要期望太高，要考虑到对方能否做到。

◣ 与其有誉于前，孰若无毁于其后；与其有乐于身，孰若无忧于其心。

——摘自唐·韩愈《送李愿归盘谷序》

【释义】与其在人面前有赞美的言辞，倒不如在背后没有毁谤的言论；与其身体上感到舒适快乐，倒不如在心中无忧无虑。

◣ 怨在不舍小过，患在不预定谋，福在积善，祸在积恶。

——摘自秦·黄石公《素书》

【释义】怨恨产生于不肯原谅小的过失，祸患产生于事前未仔细谋划，幸福在于积善累德，灾难在于多行不义。

◣ 容止若思，言辞安定。

——摘自南朝·周兴嗣《千字文》

【释义】仪容举止要像思考问题一样沉静庄重，言语对答要安定沉稳、从容谨慎。这两句教导人们举止言辞要端庄有礼。

◣ 凡事不可执于己，必集思广益，乃罔后艰。

——摘自清·王永斌《围炉夜话》

【释义】做任何事情都不能固执己见，一定要集思广益，才能避免之后出现困难的局面。

◣ 要做男子，须负刚肠；欲学古人，当坚苦志。

——摘自明·陈继儒《小窗幽记》

【释义】要做个真正的大丈夫，必须有一副刚直不阿的心肠；想要学习古人，应当坚定吃苦耐劳的志向。

◣ 求小以直，求大以曲。外愚内明，君子也；内惑外精，小人也。

——摘自唐·狄仁杰《官经》

【释义】追求小的利益可以直接求取，追求大的利益要有谋略，不能显山露水。大智若愚才会有出息，外强中干是不能有所成就的。

**利缰名锁休贪恋，留华迅速如流箭。**

——摘自元·王哲《转调丑奴儿》

【释义】名和利像缰绳一样把人束缚住了，不要去贪恋名和利，人的美好年华流逝迅速，像射出的箭一样。

**骄奢淫逸，所自邪也。**

——摘自《左传·隐公三年》

【释义】骄横、奢侈、荒淫、放荡，是邪恶发源的根，强调人们要以此为戒。

**吾生平长进全在受挫受辱之时，务须明励志，蓄其气而长其智，切不可戢恭然自馁也。**

——摘自《曾国藩家书》

【释义】这是曾国藩写给其九弟曾国荃信里的话。我人生中的所有长进都是在受挫受辱之时，你也千万不要泄气，务必坚定自己的志向，趁机积蓄气力，增加自己的智慧，千万不能一遭受挫折就气馁。

**简傲不可谓高，谄谀不可谓谦，刻薄不可谓严明，苟酷不可谓宽大。**

——摘自明·陈继儒《小窗幽记》

【释义】不可将轻忽傲慢当作高明，不可将阿谀谄媚当作谦让，不可将刻薄当作严明，不可将放任当作宽容。

**困心横虑，正是磨练英雄，玉汝于成。李申夫尝谓余怄气从不说出，一味忍耐，徐图自强。因引谚曰：“好汉打脱牙，和血吞。”此二语，是余生平咬牙立志之诀。**

——摘自《曾国藩家书》

【释义】这是曾国藩在家书中劝慰九弟曾国荃的话。人处困境之时，正是

"沧海横流尽显英雄本色"的好时候；是真好汉就打落牙齿和血吞，将所有委屈和痛苦都忍耐在心中，转化为力量和智慧，咬定牙根，徐图自强，一点一点迎来转机，才是最重要的。

◣ 罚不讳强大，赏不私亲近。

——摘自《战国策·秦策一》

**【释义】**不因为其势力强大就回避对他的惩罚，不因为是自己亲近的人就偏私行赏。

◣ 拨开世上尘氛，胸中自无火炎冰兢；消却心中鄙吝，眼前时有月到风来。

——摘自明·洪应明《菜根谭》

**【释义】**能拨开尘世的纷扰，心中就不会像火炙一般焦灼渴望，也不会如履薄冰一般恐惧不安；消除了心中的卑鄙和吝啬，便能感受到月明风清的景象。

◣ 悖入亦悖出，害人终害己。

——摘自《增广贤文》

**【释义】**通过不正当手段得到的东西同样会被别人以不正当手段夺去，损害别人终究是在损害自己。

◣ 善张网者引其纲。

——摘自《韩非子·外储说右下》

**【释义】**那些善于撒网捕鱼的人，会抓住网的主干大绳去撒开。比喻处理事情要抓住问题的关键，不要过分在细枝末节上下功夫。

◣ 有不虞之誉，有求全之毁。

——摘自《孟子·离娄上》

**【释义】**人们往往会碰到意想不到的赞美，也会遇到求全责备的批评。要正确对待毁誉，受到赞美切勿过于兴奋，被批评时也切勿过于生气，要保持良好心态。

◣ 动则三思，虑而后行。

——摘自西晋·陈寿《三国志·魏书·杨阜传》

【释义】做事情要经过周密的考虑，要三思而后行，不能草率莽撞行事。

◣ 十语九中未必称奇，一语不中则愆尤骈集；十谋九成未必归功，一谋不成则訾议丛兴。君子所以宁默毋躁，守拙无巧。

——摘自明·洪应明《菜根谭》

【释义】十句话说对九句也未必有人称赞，只要说错一句，很快就被挑出毛病；十次谋略九次成功也未必有人称道，只要一次失败，埋怨之声便纷至沓来。所以，君子宁可保持沉默，也不要话多；哪怕显得笨拙，也不要自作聪明。

◣ 物有甘苦，尝之者识；道有夷险，履之者知。

——摘自明·刘基《拟连珠》

【释义】任何事物都有甘苦之分，只有尝试过才知道；天下道路都有平坦坎坷之分，只有自己走过才会明白。强调注重实践的重要性。

◣ 积善三年，知之者少；为恶一日，闻于天下。

——摘自唐·房玄龄等《晋书·帝纪》

【释义】一个人长久积善，但知道的人甚少；有一天做了坏事，四面八方都会知道，故要时刻谨言慎行。

◣ 事不三思终有悔，人能百忍自无忧。

——摘自明·冯梦龙《醒世恒言》卷三十四

【释义】遇事要沉着冷静，三思而为，不可凭一时的感情而为，否则就会为自己的行为后悔；忍得一时之气，冷静思忖，能减少不必要的麻烦和灾祸。

◣ 不制怒，无以纳谏；不从善，无以改过。

——摘自南北朝·傅昭《处世悬镜·忍之》

【释义】不遏制自己的怒气，就无法接纳正确的劝导；不听从他人的善意相劝，就无法改正自己的过错。

◣ 在上位，不陵下；在下位，不援上。

——摘自《中庸》

**【释义】**身处上位的人不欺凌居于下位的人，身处下位的人不攀附居于上位的人。

◣ 论大计者固不可惜小费，凡事必为永久之虑。

——摘自宋·司马光《资治通鉴·唐德宗建中元年》

**【释义】**做大事的人不会吝惜小的花费，做事情一定要为长远考虑。

◣ 交浅而言深者，愚也；在贱而望贵者，惑也；未信而纳忠者，谤也。

——摘自南朝·范晔《后汉书·崔骃列传》

**【释义】**与交情浅的朋友倾吐知心隐私的事情，是愚蠢的；生活贫困的人一直希望得到富贵者的施舍，是糊涂的；没取得他人信任就进献忠言，是诽谤的态度。

◣ 夫轻诺必寡信，多易必多难。

——摘自《老子》第六十三章

**【释义】**轻易就许下诺言的人必定容易失信于人，把事情看得很容易的人必定会遇到很多想不到的困难。

◣ 君子之事上也，必忠以敬；其接下也，必谦以和。小人事上也，必谄以媚；其待下也，必傲以忽。

——摘自清·金缨《格言联璧》

**【释义】**有道德修养的正人君子，对待自己的上级、长辈，必定是忠诚而恭敬的；对待比自己地位低的人，必定是谦虚而和善的。而小人则相反，他对待比自己地位高的人，一定是谄媚奉承的；对待比自己地位低的人，则是傲慢而轻视的。

◣ 君子使物，不为物使。

——摘自《管子·内业》

【释义】成功的人会恰当利用外界事物，却不会为外界事物所牵制。此语充满哲理，告诫从政者，克制贪欲，不为物役，才能做到正道直行，公平公正，说话做事才不会失掉应有的底气、底线。

◣ 得忍且忍，得耐且耐；不忍不耐，小事成大。

——摘自《增广贤文》

【释义】凡事要冷静，能忍耐就忍耐；不能忍耐，就会把小事弄成大事。

◣ 不责人所不及，不强人所不能，不苦人所不好。

——摘自隋·王通《文中子·魏相》

【释义】不要责备别人做不到力所不能及的事情，不要强迫他人做超过能力范围的事情，不要强迫他人做不喜欢做的事情。

◣ 见兔而顾犬，未为晚也；亡羊而补牢，未为迟也。

——摘自《战国策·庄辛论幸臣》

【释义】见到兔子再去招呼狗，不算是晚了；羊丢了再去修补羊圈，也不算太迟。作者以这几句比喻，说明应及时修正错误，总结经验教训，以减少损失。

◣ 堤溃蚁孔，气泄针芒。

——摘自东汉·陈忠《清盗源疏》

【释义】大堤的溃决往往是因为蚂蚁的巢穴，针尖大小的孔眼就可使气全部泄光。指小失误会酿成大祸患，人处事应当谨慎小心。

◣ 开敢谏之路，纳逆己之言。

——摘自西晋·傅玄《傅子·通志》

【释义】敢于开辟直言规劝的渠道，采纳与自己意见不合的言论。当领导的，一定要打开让手下人提意见的渠道，能接纳与自己心意不一致的意见。

◣ 以身教者从，以言教者讼。

——摘自南朝·范晔《后汉书·第五伦传》

【释义】以自己的行动教导百姓，百姓就会接受你的教化；若只流于言论，别人不但不接受，还会生出是非。

◣ **常有小不快事，是好消息，若事事称心，即有大不称心者在其后，知此理可免怨尤。**

——摘自北宋·林逋《省心录》

**【释义】**人常常会碰上一些小小的不如意的事，这是好兆头，若事事都称心如意，就一定会有巨大的挫折等在后头。明白了这一道理，就不会再怨天尤人了。

◣ **世间好看事尽有，好听话极多，惟求一真字难得。**

——摘自清·申居郧《西岩赘语》

**【释义】**人世间美好的事物有很多，好听的话也极多，只有一个“真”字难以求得。

◣ **智者之虑，必杂于利害。杂于利，而务可信也；杂于害，而患可解也。**

——摘自《孙子兵法·九变篇》

**【释义】**聪明人考虑问题，一定会兼顾利与害两个方面。在不利情况下看到有利的一面，便能增强必胜的信心；在有利的情况下看到有害的一面，才能有所准备消除祸患。此语强调遇事要从多方面考虑，思考问题要权衡利弊得失，解决问题要从最坏处着眼，向最好处努力。

◣ **富而不骄者鲜，骄而不亡者，未之有也。**

——摘自《荀子·修身》

**【释义】**富贵而不骄傲的人很少，骄傲而不灭亡的人，从来没有。

◣ **夫州吁，阻兵而安忍。阻兵无众，安忍无亲。众叛亲离，难以济矣。**

——摘自《左传·隐公四年》

**【释义】**州吁仗着手中有兵权，毫无仁慈之心。倚仗重兵而作威作福，这样就会失去民心，安于残忍就会没有亲信。如此，百姓反对他，亲信离开他，他的政权是不可能长久的。

◣ 薄施厚望者不报，贵而望贱者不久。

——摘自秦·黄石公《素书》

【释义】给予别人很少，却希望得到厚报的，一定会大失所望；富贵了就忘却贫贱时的情状，一定不会长久。

◣ 劳谦虚己，则附之者众；骄慢倨傲，则去之者多。

——摘自东晋·葛洪《抱朴子·刺骄》

【释义】勤劳谦虚，跟随他的人就会很多；骄横傲慢，离弃他的人就会很多。

◣ 亲履艰难者知下情，备经险易者达物伪。

——摘自南朝·范晔《后汉书·张衡传》

【释义】亲身经历艰难的人能够了解下情，备经安危险易的人容易辨明事物的真伪。

◣ 不分德怨，料难至乎遐年；较量锱铢，岂足期乎大受。

——摘自五代·陈抟《心相篇》

【释义】对人不分德怨，只知道按自己的情绪行事的人，估计很难长寿；斤斤计较的人，怎么可能得到大富大贵呢。

◣ 弗以见小为守成，惹祸破家难免；莫认惜福为悭吝，轻财仗义尽多。

——摘自五代·陈抟《心相篇》

【释义】不要把爱占小便宜当作“守成”，这样的人难免惹祸败家；不要以为爱惜财物是吝啬，这样的人往往是仗义疏财且懂得利用财物之人。

◣ 能行之者未必能言，能言之者未必能行。

——摘自西汉·司马迁《史记·孙子吴起列传》

【释义】能勤勤恳恳做好一件事的人，不一定能把它讲得头头是道；能把一件事讲得十分透彻在理的人，不一定能做好这件事。

◣ 心者貌之根，审心而善恶自见；行者心之表，观行而祸福可知。

——摘自五代·陈抟《心相篇》

**【释义】**心地是相貌的根本，审察一个人的心地，就可以了解他的善恶；行为是心性的外在表现，观察一个人的行为，就可以知道他的祸福。

◣ 市恩不如报德之为厚，要誉不如逃名之为适，矫情不如直节之为真。

——摘自明·陈继儒《小窗幽记》

**【释义】**给予他人小恩小惠，不如知恩报德来得厚道；沽名钓誉，不如逃避虚名来得自适；矫揉造作，不如刚直坦率来得真实。

◣ 气忌盛，心忌满，才忌露。

——摘自清·金缨《格言联璧》

**【释义】**为人忌讳盛气凌人、骄傲自满和才华外露。

◣ 悠长之趣，不得于浓酽，而得于啜菽饮水；惆怅之怀，不生于枯寂，而生于品竹调丝。故知浓处味常短，淡中趣独真也。

——摘自明·洪应明《菜根谭》

**【释义】**悠久深长的趣味不是在浓郁的美食中得来的，而是从食粗茶淡饭的日子中细细品味出来的；惆怅悲恨的情怀不是由于失意落寞，而是在锦衣玉食的生活中滋生的。由此可知浓郁的东西趣味通常短暂，平淡的生活中往往蕴含了无穷的乐趣。

◣ 褚小者不可以怀大，绠短者不可以汲深。

——摘自《庄子·至乐》

**【释义】**不能用小口袋装大东西，不能用短绳子打深井里的水。比喻人的胸怀应当广大，唯此才能容纳世间万物，面对人生路上的一切挫折，都能以宽大的胸怀容纳。

◣ 屈已者和众，宽人者得人。

——摘自南北朝·傅昭《处世悬镜·曲之》

**【释义】**能够屈身事人的人可以和众人和睦相处，能够宽恕待人的人会得到众人的拥护。

◣ 一犬吠形，百犬吠声。

——摘自东汉·王符《潜夫论·贤难》

**【释义】**吠：狗叫。吠形：见到影子就叫。吠声：闻声即叫。此语讽刺世人喜欢盲从的恶习。

◣ 图功未晚，亡羊尚可补牢；浮慕无成，羡鱼何如结网。

——摘自清·王永彬《围炉夜话》

**【释义】**求取功业任何时候都算不上晚，羊跑掉了尚且还能修补羊圈呢；只是想要水中的鱼是得不到鱼的，想要水中的鱼不如回家编织渔网。

◣ 士君子处权门要路，操履要严明，心气要和易，毋少随而近腥膻之党，亦毋过激而犯蜂虿之毒。

——摘自明·洪应明《菜根谭》

**【释义】**有学识的人处于权势显赫的地位，操守要严格明确，心气要随和平易。不要有任何的依从和附和，以至于接近奸邪之人而同流合污，也不要有过激的言行，以至于触犯恶毒之人而遭其陷害。

◣ 口是祸之门，舌是斩身刀，闭口深藏舌，安身处处牢。

——摘自五代·冯道《舌》

**【释义】**喜好搬弄口舌的人容易招惹杀身之祸，只要管好自己的口舌，不管在什么地方都可以安身。

◣ 人虽无艰难之时，却不可忘艰难之境；世虽有侥幸之事，断不可存侥幸之心。

——摘自清·王永彬《围炉夜话》

**【释义】**人就算没有遇到艰难的时候，也不要忘记了世上存在艰难的处境；世上就算有侥幸的事，却千万不可抱有侥幸的念头。

◣ 上无骄行，下无谄德。

——摘自《晏子春秋·内篇·向上》

【释义】处于上位的人不做出骄纵的行为，处于下位的人就不会形成谄媚的恶习。

◣ 耳司听，听必顺闻，闻审谓之聪。

——摘自《管子·宙合》

【释义】耳朵的功能是听，听到消息后再加以详查，这便可以称作聪明。

◣ 狐疑犹豫，后必有悔。

——摘自西汉·司马迁《史记·李斯列传》

【释义】顾忌小事而误了大事，日后必生祸害；关键时刻犹豫不决，将来必定后悔。

◣ 孤则易折，众则难摧。

——摘自宋·司马光《资治通鉴·宋纪》

【释义】一个人的力量是非常有限的，易导致最终的折损；而众人的力量合在一起却是难以摧毁的。

◣ 有备则制人，无备则制于人。

——摘自西汉·桓宽《盐铁论·险固》

【释义】做事若有所准备，就可以牵制住他人；若事前没有准备，就会被别人所牵制。

◣ 近朱者赤，近墨者黑。

——摘自西晋·傅玄《太子少傅箴》

【释义】接触了朱砂就变红，接触了砚墨就变黑。比喻接近好人可以使人变好，接近坏人可能使人变坏，说明客观环境对人有很大的影响。

◣ 图未就之功，不如保已成之业；悔既往之失，不如防将来之非。

——摘自明·洪应明《菜根谭》

**【释义】** 与其苦心经营未完成的功业，不如保住已到手的成就；与其对犯下的过失追悔莫及，不如将心思放在如何防止再次发生过失上。

◣ **大道劝人三件事，戒酒除花莫赌钱。**

——摘自《名贤集》

**【释义】** 正确的道理规劝世人三件事，戒酒、戒色、戒赌。

◣ **事未有不生于微而成于著，圣人之虑远，故能谨其微而治之；众人之识近，故必待其著而后救之。**

——摘自宋·司马光《资治通鉴》

**【释义】** 天下没有一件事情不是从微小逐渐发展起来的，圣人能够深思熟虑，所以能谨慎地识别那些细微的变化并及时处理；一般人见识短浅，只会等到事情发展严重了才设法挽救。

◣ **不为名之名，其至矣乎。为名之名，其次也。**

——摘自西汉·扬雄《法言·孝至》

**【释义】** 不刻意博取名声而得到的名声，是最高等的。努力追求名声而得到的名声，是次一等的。

◣ **贫贱非辱，贫贱而谄求于人者为辱；富贵非荣，富贵而利济于世者为荣。**

——摘自清·王永彬《围炉夜话》

**【释义】** 贫贱不是耻辱的事，但因此去向人献媚，求取非分的利益，这样就很可耻了；富贵不是荣耀的事，但以此帮助他人，却是很光荣的事。

◣ **从极迷处识迷，则到处醒；将难放怀一放，则万境宽。**

——摘自明·陈继儒《小窗幽记》

**【释义】** 能够在极容易受到迷惑的地方识破迷惑，那么无处不能保持清醒的头脑；能够将难以释怀的事放下，那么到处都是宽广的天地。

◣ **自修之道，莫难于养心；养心之难，又在慎独。**

——摘自清·曾国藩《诫子书》

【**释义**】修身养性一事，最难的就是修养心性；修养心性最难的，就是在独处时思想和行为都谨慎。

◣ **不困在于早虑，不穷在于早豫。**

——摘自西汉·刘向《说苑·谈从》

【**释义**】想要不陷入困境，就必须提前谋划；想要不至于到绝境，就必须事先预防。

◣ **木秀于林，风必摧之；人拔乎众，祸必及之，此古今不变之理也。是故德高者愈益偃伏，才俊者尤忌表露，可以藏身远祸也。**

——摘自明·杨慎《韬晦术》

【**释义**】木秀于林，风必摧之；人拔乎众，祸必及之，这是从古至今不变的道理。德高望重的人更应该谨言慎行，才能出众的人也不要自我张扬。懂此理的人，可明哲保身，远离祸患。

◣ **知足常足，终身不辱；知止常止，终身不耻。**

——摘自《增广贤文》

【**释义**】明白知足常乐的道理就会经常感到满足，懂得任何事物都有止境就应适可而止，能做到这样，一生都不会遭受耻辱。

◣ **大恶多从柔处伏，哲士须防绵里针；深仇常自爱中来，达人宜远刀头之蜜。**

——摘自明·洪应明《菜根谭》

【**释义**】大奸大恶往往隐藏在柔顺的地方，聪明人一定要提防棉花里的钢针；深仇大恨都是从情爱中来，人应该远离刀头上的甜蜜。

◣ **待小人宜宽，防小人宜严。**

——摘自清·金缨《格言联璧》

【**释义**】对待小人应当宽大为怀，提防小人应当严谨小心。

◣ 独视不若与众视明也，独听不若与众听之聪也，独虑不若与众虑之工也。

——摘自西汉·韩婴《韩诗外传》

【释义】一个人看比不上许多人看得清楚，一个人听比不上许多人听得明白，一个人想比不上许多人想得周到。

◣ 是非终日有，不听自然无。宁可正而不足，不可邪而有余。

——摘自《增广贤文》

【释义】是是非非每天都有，若不去听，它们自然就不存在了。宁可做一个正直而生活贫困的人，也不能做一个奸邪而生活富足的人。

◣ 图难于其易，为大于其细。

——摘自《老子》第六十三章

【释义】解决困难的问题要先从容易处着手，成就大事要从小处着手。

◣ 春风秋月不相待，倏忽朱颜变白头。

——摘自明·于谦《静夜思》

【释义】时光不待人，转眼之间，人的青春容颜已经垂垂老矣。

◣ 成远算者不恤近怨，任大事者不顾细谨。

——摘自《明史·汤和传》

【释义】有长远打算的人不应为眼前的一点怨言而担忧，做大事的人不必顾及一些细微琐事。

◣ 正而过则迂，直而过则拙。

——摘自清·王永彬《围炉夜话》

【释义】做人太过刚正就会显得迂腐，行事太过直率就会显得笨拙。

◣ 先知迂直之计者胜。

——摘自《孙子兵法·军争篇》

【释义】做事懂得迂回曲直计策的往往是胜者。

◣ 积羽沉舟，群轻折轴；众口铄金，积毁销骨。

——摘自西汉·司马迁《史记·张仪列传》

**【释义】**轻飘的羽毛堆积多了也能把船压沉，很轻的东西堆积多了也能把车轴压断；众人的赞誉和舆论可以熔化金属，积聚的诋毁可以销蚀骨体。此语提醒我们，在没有全面、充分了解一个人的真实情况时，不要人云亦云地轻易评价别人。

◣ 取人之直恕其戆，取人之朴恕其愚，取人之介恕其隘，取人之敬恕其疏，取人之辩恕其肆，取人之信恕其拘。

——摘自清·金缨《格言联璧》

**【释义】**看重他人的直率就要宽恕他的鲁莽，看重他人的淳朴就要宽恕他的愚笨，看重他人的耿直就要宽恕他的严苛，看重他人的可敬就要容忍他的疏远，看重他人的辩才就要容忍他的桀骜不驯，看重他人的重信重义就要容忍他的拘谨刻板。

◣ 沧海混漾，不以含垢累其无涯之广。

——摘自东晋·葛洪《抱朴子·博喻》

**【释义】**大海广阔无边，不会因为内含污垢便影响其自身的广袤。此语提醒人们对别人不能太过苛刻，以求完美。

◣ 宠极则骄，恩多成怨。

——摘自《明史·杨涟传》

**【释义】**宠爱到了极点就容易使人骄横，恩惠过多就会酿成怨恨。

◣ 非财害己，恶语伤人。

——摘自明·范立本《明心宝鉴》

**【释义】**不义之财害自己，恶语出口伤他人。

◣ 好议论人长短，妄是非正法，此吾所大恶也，宁死不愿闻子孙有此行也。

——摘自汉·马援《诫兄子严敦书》

【释义】喜好议论别人的长短，随意评论法令，这些都是我所厌恶的，我宁愿死去，也不希望看到子孙有这样的行为。

◣ 弗知而言不智，知而不言为不忠。

——摘自《战国策·秦策》

【释义】不知道事情的真相而高谈阔论，这是不明智的；知道事情的真相而不谈论，这也不能称为忠诚。

◣ 好辩说而不求其用，滥于文丽而不顾其功者，可亡也。

——摘自《韩非子·亡征》

【释义】喜欢夸夸其谈而不讲实用，过于追求表面的华丽而不顾功效，就会走向灭亡。

◣ 福不可徼，养喜神以为召福之本而已；祸不可避，去杀机以为远祸之方而已。

——摘自明·洪应明《菜根谭》

【释义】幸福不能过分强求，若能培养积极乐观的心态便可找到幸福；祸患不可避免，去掉心中的邪念就是远离祸患的方法。

◣ 夫人必自侮，然后人侮之；家必自毁，而后人毁之；国必自伐，而后人伐之。

——摘自《孟子·离娄上》

【释义】人必先有自取侮辱的行为，别人才能侮辱他；家必先有自取毁坏的因素，别人才能毁坏它；国家必先有自己被攻打的原因，别人才能攻打它。

◣ 君子而诈善，无异小人之肆恶；君子而改节，不若小人之自新。

——摘自明·洪应明《菜根谭》

【释义】君子如果伪装善良，那就和小人肆意作恶没什么两样；君子如果丧失操守，那还不如一个改过自新的小人。

◣ 贫则见廉，富则见义，生则见爱，死则见哀。

——摘自《墨子·修身》

【**释义**】贫穷时要展现出廉洁，富裕时要展现出道义，对活着的人要表示仁爱，对逝世的人要表示哀痛。

**以肉去蚁，蚁愈多；以鱼驱蝇，蝇愈至。**

——摘自《韩非子·外储说左下》

【**释义**】用肉来驱赶蚂蚁，蚂蚁会越聚越多；以鱼来驱赶苍蝇，苍蝇也会越来越多。此语说明做事要讲究方式方法，否则就会事与愿违。

**两者不肯相舍，渔者得而并禽之。**

——摘自西汉·刘向《战国策·燕策·鹬蚌相争》

【**释义**】双方争斗，如能互相退让一步，则能保全自己；如互不相让，只会两败俱伤，使第三者获利。

**是非审之于己，毁誉听之于人，得失安之于数，陟岳麓峰头，朗月清风，太极悠然可会；君亲恩何以酬，民物命何以立，圣贤道何以传，登赫曦台上，衡云湘水，斯文定有攸归。**

——摘自岳麓书院讲堂联

【**释义**】是非由自己审察，毁誉由别人评说，得失听从天命，不可强求；当我们登上岳麓山头，感受着朗月清风，天地万物的道理便可明白，荣辱得失就可置之度外。国家的培养、父母的养育之恩如何回报，老百姓的日子如何过得更好，中华的优秀文化如何传承，登到山顶的赫曦台上，俯瞰衡云湘水，便可找到答案。这种人生态度正是“达则兼济天下，穷则独善其身”儒家思想的体现。

**害人之心不可有，防人之心不可无，此戒疏于虑也。**

——摘自明·洪应明《菜根谭》

【**释义**】不要有伤害别人的心理，但也不可以没有防备他人的心理，这是人们不可不考虑的问题。

**欲知平直，则必准绳；欲知方圆，则必规矩。**

——摘自秦·吕不韦《吕氏春秋》

【**释义**】要知道平直，一定要依靠水准墨线；要知道方圆，一定要依靠圆规矩尺。社会无规矩和准则，则人无所适从；无诚信，不遵守契约，则无法形成秩序。

◣ 知者不惑，仁者不忧，勇者不惧。

——摘自《论语·子罕》

【释义】有智慧的人，不会对事情感到迷惑；有仁爱之心的人，不会忧愁和担心；勇敢的人，则不会感到恐惧。

◣ 守口如瓶，防意如城。

——摘自宋·晁说之《晁氏客语》

【释义】管住自己的嘴，就好像把瓶口塞紧，不要什么都往外倒；坚守意念，防止贪念侵袭，就如同守护城池，抵御贼寇一样。

◣ 心慎杂欲，则有余灵；目慎杂观，则有余明。

——摘自清·金缨《格言联璧》

【释义】内心慎防私心杂念，就会更加机敏清醒；用眼睛审慎观察万物，就会更加明白。

◣ 疑今者察之古，不知来者视之往。

——摘自《管子·形势》

【释义】对现今的事情有疑问，可以去查看历史；对于未来的事情不了解，也可以去查看历史。

◣ 溢美之言，置疑于人。

——摘自宋·王安石《与孙子高书》

【释义】恭维称赞他人之言太过分，就会被人质疑其真实性。此言告诉人们说恭维话也要适度，否则便让人觉得称赞的话是假话。本意是想拉近人际关系，结果反而引起对方疑忌。

◣ 处难处之事愈宜宽，处难处之人愈宜厚，处至急之事愈宜缓，处至大之事愈宜平，处疑难之际愈宜无意。

——摘自清·金缨《格言联璧》

【**释义**】处理难以处理的事情，胸怀应当宽广；同难以相处的人相处，行为应当宽厚；处理紧急的事情，在抓紧时间的同时应当舒缓稳妥；处理重大的事情，心态应当平和；处理疑难的事情，不要先入为主，应努力做到客观公正。

◣ **竭泽而渔，岂不获得？而明年无鱼。焚薮而田，岂不获得？而明年无兽。**

——摘自秦·吕不韦《吕氏春秋》

【**释义**】使池塘干涸而捕鱼，难道会没有收获吗？但第二年就没有鱼了。烧毁树林来打猎，怎么可能打不到？但是明年就没有野兽了。

◣ **甘受人欺，定非懦弱；自谓予智，终是糊涂。**

——摘自清·王永彬《围炉夜话》

【**释义**】甘愿受人欺负的人，一定不是懦弱；自以为聪明的人，终究是糊涂虫。

◣ **居上位而不骄，在下位而不忧。故乾坤因其时而惕，虽危无咎矣。**

——摘自《周易·乾卦》

【**释义**】身居高位而不骄傲，屈居人下而不忧愁。处于天地之间时时保持警惕，虽面临危险而无灾祸。

◣ **养心莫善于寡欲，养廉莫善于止贪。**

——摘自南北朝·傅昭《处世悬镜》

【**释义**】修身养性，最好的办法就是清心寡欲；培养清廉的作风，最好的办法就是戒除贪婪。

◣ **短莫短于苟得，幽莫幽于贪鄙。**

——摘自秦·黄石公《素书》

【**释义**】最短暂的收获莫过于以不正当手段得来的东西，最愚昧的念头莫过于贪婪卑鄙。

◣ **慎能远祸，勤能济贫。**

——摘自清·申居郧《西岩赘语》

【释义】谨慎可远离祸患，勤俭有助于克服贫穷。

◣ 人皆欲会说话，苏秦乃会说而杀身；人皆欲多积财，石崇乃因多积财而丧命。

——摘自清・王永彬《围炉夜话》

【释义】每个人都希望自己能够能言善辩，然而苏秦就是因为口才太好，才招致杀身之祸；每个人都希望自己能够积累更多的财富，然而石崇就是因为财富太多而遭人忌恨，招来杀身之祸。

◣ 小功不赏，则大功不立；小怨不赦，则大怨必生。

——摘自秦・黄石公《素书》

【释义】小的功劳不奖赏，便不会建立大功劳；小的怨恨不宽赦，大的怨恨便会产生。此语强调一要赏罚分明，二要将矛盾和误会及时消除在萌芽时。

◣ 靡不有初，鲜克有终。

——摘自《诗经・大雅・荡》

【释义】不是人们没有初心，而是很少有人能有很好的终结。告诫人们做事要善始善终。

◣ 不因喜以赏，不因怒以诛。

——摘自西汉・刘向《说苑・政理》

【释义】不因个人一时之喜而随便奖赏人，不因个人一时之怒而随意惩罚人。此言指务必要依法办事，按客观事实实施赏罚，不能感情用事。

◣ 聚天下之人，不可以无财；理天下之财，不可以无义。

——摘自宋・王安石《乞制置三司条例》

【释义】要想得到天下人的拥护，没有一定的物质财富是不行的；要治理好天下的财富，没有合理的方法是不行的。

◣ 略己而责人者不治，自厚而薄人者弃废。

——摘自秦・黄石公《素书》

【释义】对自己马虎，对别人求全责备的人，难以成就事业；对自己宽厚，对别人刻薄的人，一定被众人遗弃。

◣ **汝不知夫螳螂乎？怒其臂以当车辙，不知其不胜任也，是其才之美者也。**

——摘自《庄子·人间世》

**【释义】**你不知道螳螂吗？它奋力舞起那两只大刀似的胳臂，妄图挡住滚滚前进的车轮。它不知道自己的力量是无法胜任的，却自以为是地认为自己的本领很强大。成语“螳臂当车”的典故由此而来，用以比喻不自量力。

◣ **恩宜自淡而浓，先浓后淡者，人忘其惠；威宜自严而宽，先宽后严者，人怨其酷。**

——摘自明·洪应明《菜根谭》

**【释义】**对人施予恩惠应该从淡到浓，如果开始浓厚而后来逐渐淡薄，这样人们就容易忘掉你的恩惠；树立威信要先严厉而后宽容，如果先宽容后严厉，人们就会怨恨你的严酷。

◣ **徐趋自循辙，躁进应覆轨。**

——摘自金·刘迎《晚到八达岭下达旦乃上》

**【释义】**做事、学习应按部就班，循序渐进，急躁冒进就会导致失败。

◣ **先义而后利者荣，先利而后义者辱。**

——摘自《荀子·荣辱》

**【释义】**先考虑道义而后考虑利益，这样就会取得荣耀；先考虑利益而后考虑道义，这样就是耻辱的行为。

◣ **闻人毁己，即艴然而怒，其量小甚矣。**

——摘自《官经》

**【释义】**一听见别人在说自己的坏话，马上就变了脸色发怒，那么他的肚量也太小了。

◣ **但攻吾过，毋议人非。**

——摘自清·陈确《不乱说》

**【释义】**但求克服自己的缺点，不要随便议论他人的缺点。

◣ 值利害得失之会，不可太分明，太分明则起趋避之私。

——摘自明·洪应明《菜根谭》

**【释义】**当利害得失纠葛在一起时，个人利益和他人利益不可以分得太清楚；如果分得太清楚，就会生起趋利避害的私心，而难免伤害他人的利益。

◣ 让，懿行也，过则为足恭，为曲谨，多出机心。

——摘自明·洪应明《菜根谭》

**【释义】**谦让，是善行，但过分谦让就会变得卑躬屈膝、谨小慎微，反而给人有心机的感觉。

◣ 处事迟而不急，大器晚成；己机决而能藏，高才早发。

——摘自五代·陈抟《心相篇》

**【释义】**处事沉稳不慌不忙的，必是大器晚成的人；胸有成竹而又能深藏不露的人，必是才高而年轻得志。

◣ 井蛙不可以语于海者，拘于虚也；夏虫不可以语于冰者，笃于时也；曲士不可以语于道者，束于教也。

——摘自《庄子·秋水》

**【释义】**井里的青蛙，没法和它谈论大海，是因为它受到居住地方的局限；夏天的虫子，没法和它谈论冰冻，是因为它受到存活时间的局限；见识浅薄的人，没法和他谈论大道，是因为他受到知识水平的局限。

◣ 与其喜闻人之过，不若喜闻己之过；与其乐道己之善，不若乐道人之善。

——摘自明·吕坤《呻吟语·修身》

**【释义】**与其喜欢打听别人的过失，不如探求自己的过失；与其得意地宣扬自己的善举，不如快乐地宣扬别人的善举。

◣ 贫与贱，是人之所恶也，不以其道得之，不去也。

——摘自《论语·里仁》

【**释义**】穷困和卑贱都是人们所厌恶的，但若不能用正当的方法摆脱它，君子是不会逃避的。

**处世以忠厚人为法，传家得勤俭意更佳。**

————摘自清·王永彬《围炉夜话》

【**释义**】为人处世，应当以忠实敦厚的人为效法对象；传与后代的，更好的是勤劳和俭朴的品质。

**知止可以不殆。**

——摘自《老子》第三十二章

【**释义**】做事知道适可而止的人，就不会遇到危险。此语提醒人们，做事应该知足知止，不能被欲望迷住双眼。如果贪心不足，奢求无度，不知道罢手止步，就一定会跌入深渊。

**天生人而使有贪有欲，欲有情，情有节。圣人修节以止欲，故不过行其情也。**

——摘自秦·吕不韦《吕氏春秋·情欲》

【**释义**】天生育了人，就让人产生了贪心和欲望，欲望产生了情感，而情感则具有节制的力量。品德高尚的人以节制的力量克制贪欲，因此毫不放纵自己的情感。

**羊质而虎皮，见草而悦，见豺而战，忘其皮之虎矣。**

——摘自西汉·扬雄《法言·吾子》

【**释义**】羊披上了虎皮，但本性未改，看见青草就喜悦，看见豺狼就发抖，而忘记了自身所披的虎皮。

事物的本质不会因虚假的外在形式而改变，有其名而无其实的人是经不起考验的。也说明那些没有本事而装腔作势的人一旦遇到真正的强者，就会原形毕露。

**闻荣誉而不欢，遭忧难而不变。**

——摘自东晋·葛洪《抱朴子·行品》

【**释义**】听到赞誉不会沾沾自喜，碰到忧难也不会改变品行节操。

◣ **好面誉人者，亦好背而毁之。**

——摘自《庄子·盗跖》

【**释义**】喜好当面阿谀奉承的人，也必然喜好背地里诋毁别人。

◣ **持而盈之，不如其已。揣而锐之，不可长保。金玉满堂，莫之能守。富贵而骄，自遗其咎。功成名遂身退，天之道也。**

——摘自《老子》第九章

【**释义**】执持盈满，不如适可而止。将铁器磨出锋利的刀口，不便于长久保持它的锋利。金玉满堂，不能长久守住。富贵而骄纵，总是自己给自己带来祸害。功成身退，是自然运行的规律。

◣ **德足以怀远，信足以一异，义足以得众，才足以鉴古，明足以照下，此人之俊也。**

——摘自秦·黄石公《素书》

【**释义**】品德高尚，可以使远方之士前来归顺。诚实不欺，可以统一不同的意见。道理充分，可以得到群众的拥戴。才识杰出，可以借鉴历史。聪明睿智，可以知众而容众。这样的人，就是人中俊杰。

◣ **直而无媚，上疑也；媚而无直，下弃也。**

——摘自五代·冯道《荣枯鉴》

【**释义**】道德高尚但不懂得顺应领导，领导就会怀疑你的忠诚；当你无原则地顺应领导，老百姓就会抛弃你。

◣ **临事贵守，当机贵断，兆谋贵密。**

——摘自清·申涵煜《省心短语》

【**释义**】面临危难的时候，贵在能持守；在事情的关键时刻，贵在善于决断；对于事先的谋划，贵在计划周密。

◣ **作伪，心劳日拙。**

——摘自《尚书·周官》

【**释义**】弄虚作假、费尽心机的人，处境会越来越困窘。

◣ 明主好要，暗主好详。

——摘自《荀子·王霸》

【释义】英明的君王善于抓住事物的要领，愚昧的君王喜欢事无巨细一手抓。

◣ 处富贵之地，要知贫贱的痛痒；当少壮之时，须念衰老的辛酸。

——摘自明·洪应明《菜根谭》

【释义】衣食无忧的时候，要知道贫穷的痛苦；身强力壮的时候，要懂得衰老的心酸。此语告诫人们要长远思考，换位思考，在事业成功时不可忘记创业的艰辛。

◣ 居卑而后知登高之为危，处晦而后知向明之太露，守静而后知好动之过劳，养默而后知多言之为躁。

——摘自明·洪应明《菜根谭》

【释义】站在低下的位置，就知道攀登高处的危险；处在黑暗的地方，就知道光亮的地方有些刺眼；先保持宁静的心情，然后才能知道终日奔波的人是多么操劳；修养沉默的心性，才知道言语过多是一种浮躁。此语强调要懂得变换角度去看事情，这样才能看清事物的本质，不会被表面现象所迷惑。

◣ 人见利而不见害，鱼见食而不见钩。

——摘自清·李汝珍《镜花缘》第九十二回

【释义】人总是被眼前的好处吸引，而无法看到暗藏的祸害；鱼看见诱饵就会咬食，却不知里面藏着钓钩。

◣ 来说是非者，便是是非人。

——摘自《增广贤文》

【释义】四处传播是非的人，便是挑拨是非的人。

◣ 夫卖友者，谓见利而忘义也。

——摘自东汉·班固《汉书·樊郦滕灌傅靳周传》

【释义】那些出卖朋友的人，见到利益便将朋友间的恩情都抛到脑后，见利忘义，唯利是图。

◣ **上问魏徵曰："人主何为而明，何为而暗？"对曰："兼听则明，偏信则暗。"**

——摘自宋·司马光《资治通鉴·唐太宗》

【释义】唐太宗询问魏徵："做皇帝怎样才能变得明智，怎样才会昏聩？"魏徵回答说："听取多方面的意见就会明智，偏听一方面的意见就易昏聩。"

◣ **君子见人之厄则矜制之，小人见人之厄则幸之。**

——摘自《公羊传·宣公十五年》

【释义】君子看到有人处于危难之中，便会生出怜悯之心；小人见到有人处于困厄之地，则会幸灾乐祸。

◣ **人生莫如闲，太闲反生恶业；人生莫如清，太清反类俗情。**

——摘自明·陈继儒《小窗幽记》

【释义】人生没有比闲逸更好的事情了，但过于闲逸反而会做出不善的事情；人生没有比清高更好的事情了，但太清高反而显得矫俗。

◣ **宁为鸡口，无为牛后。**

——摘自《战国策·韩策一》

【释义】宁可做鸡的嘴巴，而不愿做牛的肛门。其表现的是一种独立自主的意识，喻示人们要做自己的主人，而不做他人的附庸；宁可在小局中独当一面，也不在大局中任人支配。

◣ **不责人小过，不发人隐私，不念人旧恶。三者可以养德，亦可以远害。**

——摘自明·洪应明《菜根谭》

【释义】不要因为别人细小的过失而责难于他；对于别人的隐私应予以尊重理解，不要随意揭发；对他人往日的错处不必念念不忘，耿耿于怀。此三条处世原则既可培养自己的品德，也可使人远离意外的灾祸。

◣ 私视使目盲，私听使耳聋，私虑使心狂。

——摘自秦·吕不韦《吕氏春秋》

**【释义】**带着私心去看问题，就会什么也看不见；带着私心去听问题，就会什么也听不见；带着私心去思考问题，就会使心狂没有准则。

◣ 花不可以无蝶，山不可以无泉，石不可以无苔，水不可以无藻，乔木不可以无藤蔓，人不可以无癖。

——摘自清·张潮《幽梦影》

**【释义】**鲜花不能没有蝴蝶，山峰不能没有泉水，石头不能没有苔藓，池水不能没有浮萍，乔木不能没有藤蔓，人不能没有自己的癖好。

◣ 饱暖人所共羡，然使享一生饱暖，而气昏志惰，岂足有为？饥寒人所不甘，然必带几分饥寒，则神坚骨硬，乃能任事。

——摘自清·王永彬《围炉夜话》

**【释义】**人们都希望能过吃饱穿暖的生活，然而一生享温饱不受饥寒的人，其精神志气会松懈懒惰，这样怎能有所作为呢？人们都不甘过饥饿寒冷的生活，然而只有感受过寒冷饥饿，才会精神抖擞，骨坚气强，使人能承担重任。

◣ 不蹶于山，而蹶于垤，则细微宜防也。

——摘自清·王永彬《围炉夜话》

**【释义】**在高山上不易跌倒，在小土堆上却易跌倒。由此可知，越是细微小事，越要谨慎小心去做。

◣ 轻诺者信必寡，面誉者背必非。

——摘自北宋·林逋《省心录》

**【释义】**轻易许诺的人，很少能信守诺言；当面赞誉你的人，背后必定非难、中伤你。

◣ 得荣思辱，身安思危。

——摘自《名贤集》

**【释义】**得到荣耀的时候要想到可能遭受的羞辱，身处安宁的时候要想到可能发生的危险。

◣ **自暴者，不可与有言也；自弃者，不可与有为也。**

——摘自《孟子·离娄上》

【**释义**】自己损害自己的人，不能和他谈出有价值的言语；自己抛弃自己的人，不能和他做出有价值的事业。

◣ **达者未必知，穷者未必愚。**

——摘自东汉·王充《论衡·自纪》

【**释义**】身份显达高贵的人不一定都聪明，处境贫穷卑微的人不一定都愚蠢。

◣ **瓜田李下，古人所慎。**

——摘自唐·李延寿《北史·袁聿脩传》

【**释义**】在容易引起嫌疑的场合，古人对于自己的行为非常谨慎。

◣ **患生于所忽，祸起于细微。**

——摘自西汉·刘向《说苑·谈丛》

【**释义**】灾难生于疏忽的时候，祸患发生在细小的事情上。此语强调要警钟长鸣，防微杜渐。

◣ **祸患常积于忽微，而智勇多困于所溺。**

——摘自宋·欧阳修《五代史·伶官传序》

【**释义**】祸患常常是由一点一滴细微的失误积累起来的，而人的智慧和勇气往往被他沉迷的东西所困扰。此语告诉人们要时刻保持头脑清醒，不忽视细节，不玩物丧志。

◣ **天地之气，暖则生，寒则杀。故性气清冷者，受享亦凉薄。惟和气热心之人，其福亦厚，其禄亦长。**

——摘自明·洪应明《菜根谭》

【**释义**】大自然有四季的变化，春夏温暖万物获得生机，秋冬寒冷万物就丧失生机。所以性情高傲冷漠的人，他所得到的也就冷漠而淡薄。只有那些性情温和、满怀热情的人，既肯帮助别人，也可得到别人的帮助，所以他所获的福分不但丰富，且禄位也会久长。

◣ **即命当荣显，常作落寞想；即时当顺利，当作拂逆想；即眼前足食，常作贫窭想；即人相爱敬，常作恐惧想；即家世望重，常作卑下想；即学问颇优，常作浅陋想。**

——摘自明·袁了凡《了凡四训》

**【释义】**即使命里应该荣耀显达，也要常作冷落寂寞想；即使时运亨通，也要常作遭遇逆境想；即使眼前衣食丰足，也要常作贫穷想；即使别人对我很敬重，也要常作谦和不骄想；即使门第高名望重，也要常作卑下低微想；即使学识很渊博，也要常作浅陋想。

◣ **喜高怒重，过目辄忘，近“粗”。**

——摘自清·曾国藩《冰鉴》

**【释义】**一个人遇到高兴之事则乐不可支，遇到恼怒之事则怒不可遏，而且事情一过就忘得一干二净，这种人阳刚之气太盛，其气质接近“粗鲁”。

◣ **十分不耐烦，乃为人大病；一味学吃亏，是处事良方。**

——摘自清·王永彬《围炉夜话》

**【释义】**处事轻浮，耐不得麻烦，是一个人最大的缺点；为人永远抱着宁可吃亏的态度，就是最好的处事之道。

◣ **凡事当留有余地，得意不宜再往。**

——摘自清·朱用纯《治家格言》

**【释义】**无论做什么事，都要留有余地；事情顺畅如愿以后，就要懂得知足，万万不可贪心不止。

◣ **慎交游，勤耕读；笃根本，去浮华。**

——摘自左宗棠赠子侄联

**【释义】**要谨慎交友，努力读书，坚守自己的本心，不要被尘世浮华所影响。

◣ **蛇固无足，子安能为之足？**

——摘自西汉·刘向《战国策·齐策·画蛇添足》

**【释义】**蛇本来就没有脚，你怎么能给它画上脚呢？此语讽刺那些本可将事情办好，却采取多余行动将事办糟的人。告诫人们办事要适可而止，不要自作聪明，弄巧成拙。

◣ **缓事宜急干，敏则有功；急事宜缓办，忙则多错。**

——摘自清·金缨《格言联璧》

**【释义】**可以缓办的事情应抓紧时间快办，因为敏捷可以立见功效；急迫的事情处理时可缓慢些，防止因匆忙未慎重考虑而出错。

◣ **物忌全胜，事忌全美，人忌全盛。**

——摘自清·金缨《格言联璧》

**【释义】**物极必反，盛极必衰。天地万物忌讳茂盛到极点，事情忌讳完美无缺，个人生活忌讳十全十美。

◣ **悔悟是去病之药，然以改之为贵。若留滞于中，则又因药发病。**

——摘自明·王阳明《处世心经》

**【释义】**悔悟是去病的良药，贵在改正。若只把悔恨留在心里，那又是因药而生病了。此语告诫人们不仅要懂得悔悟，更要懂得用行动改正。

◣ **好与人争，滋培浅而前程有限；必求自反，蓄积厚而事业能伸。**

——摘自五代·陈抟《心相篇》

**【释义】**争强好胜的人虽能风光一时，却前程有限；不与人争、经常自我反省的人，福德厚实，事业一定发达。

◣ **古人所谓防微杜渐者，以事虽小而不防之，则必渐大。**

——摘自清·爱新觉罗·玄烨《庭训格言》

**【释义】**古人所说的防微杜渐，就是任何事情，如果在其刚刚发生的时候不加以防范，那么小问题就会渐渐变成大麻烦。

◣ 我自讳过，安得有直友；我自喜谀，安得无佞人。

——摘自清·申居郧《西岩赘语》

【释义】好隐瞒自己缺点的人，怎么能有正直的朋友；喜欢听别人恭维的人，怎么会没有花言巧语的人在身边。

◣ 前事之不忘，后事之师。

——摘自《战国策·赵策一》

【释义】前面的事情不能忘记，它可以成为今后行事的借鉴。此语告诫人们决不能忘记历史的经验和教训，要时时提醒自己，引为鉴戒。

◣ 善疑人者，人亦疑之；善防人者，人亦防之。

——摘自明·刘基《郁离子》

【释义】善于猜忌他人的人，别人也一定会猜忌他；善于提防别人的人，别人也会提防他。

◣ 失意之事，恒生于其所得意。

——摘自明·刘基《郁离子》

【释义】令人感到不如意的事情，常常产生于他所得意的事情上。

◣ 将欲败之，必姑辅之；将欲取之，必姑予之。

——摘自《战国策·魏策》

【释义】想要击败对手，一定要暂时帮助它；想要得到一些东西，一定要先给予一些利益。

◣ 毁誉从来不可听，是非终久自分明。

——摘自明·冯梦龙《警世通言》

【释义】那些诽谤和美誉都不必认真听，也不用去争论，是非最终自会明了。

◣ 明君之所以立功成名者四：一曰天时，二曰人心，三曰技能，四曰势位。

——摘自《韩非子·功名》

【释义】贤明的君主立功成名有四个必备条件：第一是天时，即客观自然条件；第二是人心，即人心都向着你，与你保持一致；第三是技能，即办事的才能、技巧；第四是势位，即所处的位置和境地。

◣ **语而当，智也；默而当，知也。**

——摘自唐·赵蕤《反经·钓情》

**【释义】**该讲话的时候才讲，恰到好处，这就是智慧；不该讲话的时候则保持沉默，这也是智慧。

◣ **穷不言富，贱不趋贵。忍辱为大，不怒为尊。蹇非敌也，敌乃乱焉。**

——摘自隋·王通《止学》

**【释义】**在穷困时不说过去富贵的事，身份贫贱时不攀附富贵的人，否则会自取其辱。能忍辱、不动怒是一个人最宝贵的品质。困境并不是敌人，自乱阵脚才是敌人。

◣ **父兄有善行，子弟学之或不肖；父兄有恶行，子弟学之则无不肖。可知父兄教子弟，必正其身以率之，无庸徒事言词也。君子有过行，小人嫉之不能容；君子无过行，小人嫉之亦不能容。可知君子处小人，必平其气以待之，不可稍形激切也。**

——摘自清·王永彬《围炉夜话》

**【释义】**父辈或兄长有好的行为，晚辈学来可能不像；父辈或兄长有不好的行为，晚辈倒是一学就会，没有不像的。由此可知，长辈在教导晚辈时，一定要先端正自己的行为以做他们的表率，而不是只在言辞上白费工夫。有德之人如果在言行上稍有过失，一些无德之人就会因嫉妒之心而不放过他；有德之人即使在言行上没有什么过失，无德之人出于嫉妒也未必能够容得下他。由此可见，君子在和那些品行恶劣的小人相处时，一定要平心静气地对待他们，不可表现出一丝急切怨怒的样子。

◣ **处世让一步为高，退步即进步的张本；待人宽一分是福，利人实利己的根基。**

——摘自明·洪应明《菜根谭》

【**释义**】为人处世懂得让一步的道理是高明的人，退一步是为将来进一步做准备。对待别人宽厚真诚是福气，使别人得利是自己获利的基础。

◣ 笃初诚美，慎终宜令。

——摘自南朝·周兴嗣《千字文》

【**释义**】事情有好的开端固然是好，但能够坚持到最后才更难能可贵。

◣ 自知者不怨人，知命者不怨天；怨人者穷，怨天者无志。

——摘自《荀子·荣辱》

【**释义**】有自知之明的人不会抱怨别人，能掌握自己命运的人不抱怨苍天；抱怨别人的人穷途不得志，抱怨苍天的人则不会立志进取。

◣ 君子以思患而豫防之。

——摘自《周易·既济》

【**释义**】君子总是能够在灾祸没有发生时想着可能发生的祸患，并且事先做好防范，这样就能减少或杜绝灾祸带来的损失。

◣ 谋先事则昌，事先谋则亡。

——摘自西汉·刘向《说苑·说丛》

【**释义**】先谋算好再行动就会成功，行动之后才谋算就会失败。

◣ 不慕往，不闵来，无邑怜之心，当时则动，物至而应，事起而辨，治乱可否，昭然明矣。

——摘自《荀子·解蔽》

【**释义**】不要沉迷于过去，也不要担忧未来，没有忧愁怜悯的心情，时势合适就行动，外物来了就应对，问题发生了就处理。这样，是治还是乱，就一清二楚了。

◣ 事以急败，思因缓得。

——摘自清·申居郧《西岩赘语》

【**释义**】办事常因急躁冒进而致失败，思考问题常因深思熟虑而有所收获。

◣ 能甘淡泊，便有几分真学问。

——摘自清·申居郧《西岩赘语》

【释义】一个人能甘于淡泊，不慕名利，便是有几分真正的学识。

◣ 山高自有客行路，水深自有渡船人。

——摘自明·吴承恩《西游记》

【释义】高山上自然有行人能够走过去的路，深水处自然有行船摆渡的人。此语劝诫我们，人生没有过不去的坎儿，遇事别慌张，总会找到出路的。

◣ 喜时之言多失信，怒时之言多失体。

——摘自明·陈继儒《小窗幽记》

【释义】一个人高兴时脱口而出的话，往往是不会遵守的；一个人生气的时候往往口不择言，会说出一些不得体的话。

◣ 利不可两，忠不可兼。不去小利则大利不得，不去小忠则大忠不至。故小利，大利之残也；小忠，大忠之贼也。圣人去小取大。

——摘自秦·吕不韦《吕氏春秋》

【释义】利益不可兼得，忠诚也是。不放弃小的利益，则大的利益就得不到；不放弃对个别人的忠诚，则对国家的忠诚也做不到。所以，小利益是大利益的阻碍，对个别人的忠诚是对国家忠诚的阻碍。所以，圣人丢弃小的，选择大的。

◣ 读书起家之本，循理保家之本，和顺齐家之本，勤俭治家之本。

——摘自朱熹语

【释义】读书是起家的根本，遵循天理是家族稳定的根本，和顺是家风肃然的根本，勤俭是治理家业的根本。

◣ 尺之木必有节目，寸之玉必有瑕适。

——摘自秦·吕不韦《吕氏春秋·离俗览》

【释义】一尺长的木头，一定会有节眼；一寸大的美玉，一定会有疵瘢。

◣ 行之以躬，不言而信。

——摘自宋·欧阳修《连处士墓表》

**【释义】**事事都亲自去做，虽不说话但能取信于人。此语强调要以实际行动证明自己主张的正确性。

◣ 不安于小成，然后足以成大器；不诱于小利，然后可以立远功。

——摘自明·方孝孺《赠林公辅序》

**【释义】**不满足于小的成功，然后才有可能成为有大成就的人才；不被眼前的小利益所诱惑，然后才有可能获得长远的利益和功绩。

◣ 富家惯习骄奢，最难教子；寒士欲谋生活，还是读书。

——摘自清·王永彬《围炉夜话》

**【释义】**富贵人家习惯于奢侈豪华，最难教育子弟；贫寒的人要谋得生路，还是应该走读书这条路。

◣ 饱暖匪天降，赖尔筋与力。

——摘自明·刘基《田家》

**【释义】**衣食之物不是从天上掉下来的，要靠自己的辛勤劳动才能得到。

◣ 执狐疑之心者，来谗贼之口；持不断之意者，开群枉之门。

——摘自东汉·班固《汉书·楚元王传》

**【释义】**生性多疑的人，会被谗言所左右；犹豫不决的人，会被恶人钻了空子。

◣ 闻恶不可就恶，恐为谗夫泄怒；闻善不可即亲，恐引奸人进身。

——摘自明·洪应明《菜根谭》

**【释义】**听到别人有了过错，千万不要立刻就起憎恶的心理，以防小人为泄愤而诬陷；听到别人做了善事，也不要立刻就去亲近他，以防奸人靠近。此语强调要学会冷静看待所有人和事，不要轻易对一个人作出评判。

◣ **君子不畏虎，独畏谗夫之口。**

——摘自东汉·王充《论衡》

【**释义**】君子不畏惧老虎，只畏惧小人的谗言。

◣ **闻谤而怒者，谗之隙；见誉而喜者，佞之媒。**

——摘自明·陈继儒《小窗幽记》

【**释义**】听到毁谤的言语就发怒的人，进谗言的人就有机可乘；听到赞美恭维的话就沾沾自喜的人，谄媚的人就会乘虚而入。

◣ **智而用私，不若愚而用公。**

——摘自秦·吕不韦《吕氏春秋·贵公》

【**释义**】聪明却有私心，倒不如愚蠢而秉持公心。意思是，越聪明的人，做事出于私心，其危害就越大。

◣ **以言语谤人，其谤浅。若自己不能身体实践，而徒入耳出口，呶呶度日，是以身谤也，其谤深矣。**

——摘自明·王阳明《阳明心学六则》

【**释义**】用言语诋毁他人，这种诋毁是肤浅的。若自己不能身体力行，只是夸夸其谈、虚度光阴，这是在诽谤自己，这样就严重了。

◣ **一言足以召大祸，故古人守口如瓶，惟恐其覆坠也；一行足以玷终身，故古人饬躬若璧，唯恐有瑕疵也。**

——摘自清·王永彬《围炉夜话》

【**释义**】一句话就可以招来大祸，所以古人言谈十分谨慎，以免招来杀身毁家之灾；人生做一件错事足以使一生的清白受到玷污，所以古人守身如玉，唯恐做错事使自己有瑕疵。

◣ **识时务者为俊杰，昧先几者非明哲。**

——摘自明·程登吉《幼学琼林》

【**释义**】能够认清时事的人才是真正的俊杰；对于即将发生的事情一定要有所察觉，否则就算不上是明智的。

◣ **人有才而露只是浅，深则不露。方为一事，即欲人知，浅之尤者。**

——摘自《官经》

**【释义】**人有才能而将其显露出来，这是一种浅薄的表现，真正的才能是不会显露出来的。刚做成一件事便马上让人知道，这是浅薄的表现。

◣ **玉在山而草木润，渊生珠而崖不枯。**

——摘自《荀子·劝学》

**【释义】**宝玉藏在山中，山上的草木都显得滋润；珍珠产在深渊里，连崖岸也显得不干枯。学问、韬略藏于胸中，自然会举止不俗，气魄风度不凡。

◣ **与善人居，如入芝兰之室，久而自芳也；与恶人居，如入鲍鱼之肆，久而自臭也。君子必慎交游焉。**

——摘自南北朝·颜之推《颜氏家训》

**【释义】**与善人相处，就像进入满是芝草兰花的屋子一样，时间一长自己也变得芬芳起来；与恶人相处，就像进入满是鲍鱼的店铺一样，时间一长自己也变得腥臭起来。君子与人交往一定要慎重。

◣ **好荣恶辱，好利恶害，是君子小人之所同也，若其所以求之之道则异矣。**

——摘自《荀子·荣辱》

**【释义】**爱好荣誉而讨厌耻辱，爱好利益而讨厌祸害，是君子和小人相同的地方，但是他们用来追求荣誉、利益的方法可就不同了。

◣ **世路风波，炼心之境；人情冷暖，忍性之场。**

——摘自《增广贤文》

**【释义】**人生道路上遭遇挫折，正是修炼自己心境的时候；人际关系中遭遇冷淡，正是培养自己忍耐的场所。

◣ **凡作乱之人，祸希不及身。**

——摘自秦·吕不韦《吕氏春秋·贵直论·原乱》

【释义】那些制造祸乱的人，灾祸很少不降临到他们身上。

◣ 凡用赏者贵信，用罚者贵必。

——摘自《六韬·赏罚》

【释义】奖赏贵在能够守信，惩罚贵在能够做到坚决执行。

◣ 善人要奖劝之，恶人先戒谕之，不改，则惩儆之。元恶则剪除之。

——摘自宋·吕本中《官箴》

【释义】对好人，要奖赏劝勉他们；对坏人，要警诫他们，如果不改，就严惩他们。如果是罪魁祸首，就要铲除他。

◣ 人有祸，则心畏恐；心畏恐，则行端直；行端直，则思虑熟；思虑熟，则得事理。

——摘自《韩非子·解老篇》

【释义】人有了祸患，心中便会有所畏惧；心中有所畏惧，做起事来行为便能够端正；行为能够端正，考虑问题就能够懂得事情的原理。

◣ 久利之事勿为，众争之地勿往。

——摘自清·曾国藩《警示家书》

【释义】长久能获利的事不要做，众人争利的地方不要去。长久获利的事、众人都争利的地方可能有害，容易惹麻烦或招致祸患。

◣ 白石似玉，奸佞似贤。

——摘自东晋·葛洪《抱朴子·祛惑》

【释义】白色的石头看起来像玉石一样，奸佞的人看起来像贤臣一样。此语提醒人们不要被事物的表象所蒙蔽，需努力辨别其真伪。

◣ 才高非智，智者弗显也。位尊实危，智者不就也。大智知止，小智惟谋，智有穷而道无尽哉。

——摘自隋·王通《止学》

【释义】才能出众不是智慧，有智慧的人并不显露自己。地位尊崇其实充满危险，有智慧的人不恋权位。大智慧的人知道适可而止，小聪明的人只会不停地谋利，智计有穷尽的时候，天道却没有尽头。

◣ **忍之一字，众妙之门。当官处事，尤是先务。若能清、慎、勤之外，更行一忍，何事不办？**

——摘自宋·吕本中《官箴》

**【释义】**一个忍字，是通向许多奥妙之处的法门。当官的处理事情，尤其先要做到忍。如果能够在清正、谨慎、勤勉之外，再加上忍耐，那么还有什么事情办不到呢？

◣ **偷安者后危，虑近者忧迩。**

——摘自西汉·桓宽《盐铁论·结和》

**【释义】**苟且偷安的人，会有危险的后果；不能从长计议的人，忧患很快就会临头。

◣ **倚势欺人，势尽而为人欺；持财侮人，财散而受人侮。**

——摘自清·金缨《格言联璧·悖凶类》

**【释义】**倚仗权势欺压别人，一旦权势没了，便会遭别人欺压；仗着自己富有而羞辱别人，一旦钱财散尽，便会被人羞辱。

◣ **口里伊周，心中盗跖，责人而不责己，名为挂榜圣贤。独凛明旦，幽畏鬼神，知人而复知天，方是有根学问。**

——摘自清·金缨《格言联璧·学问类》

**【释义】**嘴里说着伊尹和周公的名字，满口仁义，心中却如盗跖一般奸邪无比，只要求别人而不约束自己，这种人被称为挂榜圣贤。在白天能光明正大，在夜晚则敬鬼畏神，既懂得人事，又明白天理，这才是有根基的真实学问。

◣ **能让终有益，忍气免受灾。**

——摘自《增广贤文》

**【释义】**能够谦让总是有好处的，能够忍得气愤就可避免灾祸。

◣ 谤而不辩，其事自明，人恶稍减也；谤而强辩，其事反浊，人怨亦增也。

——摘自五代·冯道《荣枯鉴》

【释义】遇到诽谤而不去辩解，事实真相慢慢自己就清楚了，别人的厌恶或许能稍微减少一些；如果遇到诽谤而强行争辩，只会越描越黑，结果是别人的怨恨和厌恶越来越多。

◣ 除害在于敢断，得众在于下人。

——摘自《尉缭子·十二陵》

【释义】消除祸害在于果敢善断，能得众心在于谦恭待人。

◣ 祸在于好利，害在于亲小人。

——摘自《尉缭子·十二陵》

【释义】造成祸害是由于贪利和亲近不正直的人。

◣ 求，忌直也，曲之乃得；拒，忌明也，婉之无失。

——摘自五代·冯道《荣枯鉴》

【释义】提要求时忌讳直截了当，含蓄地提出比较容易达到目的；拒绝别人忌讳明白直说，委婉地拒绝不会有失误。

◣ 玩人丧德，玩物丧志。

——摘自《尚书·旅獒》

【释义】玩弄他人会丧失德行，玩弄外物会丧失志气。

◣ 秉纲而目自张，执本而末自从。

——摘自三国·杨泉《物理论》

【释义】抓住总纲，渔网的网眼自然会张开；抓住根本，末节自然会顺从。

◣ 登峻者戒在于穷高，济深者祸生于舟重。

——摘自东晋·葛洪《抱朴子·博喻》

【释义】攀登高山峻岭的人，要当心登高跌重；进入深水的人，要防止船重发生祸患。

◣ **相形不如论心，论心不如择术。形不胜心，心不胜术。**

——摘自《荀子·非相》

**【释义】**看一个人的相貌不如看内心，看内心不如看他立身处世的方法。看相貌不如看内心来得准确，看内心不如看立身处世的方法来得准确。

◣ **子曰："君子周而不比，小人比而不周。"**

——摘自《论语·为政》

**【释义】**孔子说："君子普遍地团结人而不相互勾结，小人相互勾结而不能普遍地团结人。"

◣ **贵必以贱为本，高必以下为基。天将与之，必先苦之；天将毁之，必先累之。**

——摘自西汉·刘向《说苑·谈丛》

**【释义】**尊贵是以卑贱为根本的，高也一定以低为基础。上天将要给予他，就一定会先让他受苦；上天将要毁灭他，也一定会让他积累罪恶。

◣ **智不重恶，勇不逃死。**

——摘自西汉·刘向《说苑·立节》

**【释义】**聪明人不重犯过去的罪恶，勇敢的人不逃避死亡。

◣ **小人以小善为无益而弗为也，以小恶为无伤而弗去也，故恶积而不可掩，罪大而不可鲜。**

——摘自《周易·系辞》

**【释义】**小人将小的善行看作无益的事情，因而不屑去做；将小的恶行当作无伤大雅的事情，因而愿意去做，从而导致恶行由小到大，最终无法掩盖，罪恶大到无法挽回的地步。

◣ **子曰："君子坦荡荡，小人长戚戚。"**

——摘自《论语·述而》

**【释义】**孔子说："君子胸怀宽阔坦荡，小人永远局促忧愁。"

◣ **名利之不宜得者竟得之，福终为祸。困穷之最难耐者能耐之，苦定回甘。**

——摘自清·王永彬《围炉夜话》

**【释义】**不该得到的名誉和利益居然得到了，福分最终会酿成祸患；能在贫穷和困苦中忍耐，幸福的甘甜终会到来。只有用汗水浇灌出来的成功，才是真正的成功。任何名誉和利益的获得，都要经过自己辛勤的努力。

◣ **佯惧实忍，外恭内忌，奸人亦惑也。**

——摘自五代·冯道《荣枯鉴》

**【释义】**心里不满有火也要忍住，假装畏惧；心里满是仇恨也要藏着，假装恭敬。你若能如此，坏心眼再多的人也得上当。

◣ **作人无甚高远事业，摆脱得俗情，便入名流；为学无甚增益工夫，减除得物累，便超圣境。**

——摘自明·洪应明《菜根谭》

**【释义】**为人没有什么显著的功业，摆脱了世俗的功名利禄便进入了名流之列；做学问没有什么很好的方法，能够去除功名的束缚便到达了圣人的境界。此语提醒我们不要把功名太放在心上，多想想人生的意义是什么。

◣ **日月欲明，浮云盖之；河水欲清，沙石涔之；人性欲平，嗜欲害之。**

——摘自西汉·刘安《淮南子·齐俗训》

**【释义】**日月想要明亮，浮云遮蔽了它；河水想要清澈，沙石弄脏了它；人的性情想要平和，嗜好和欲望损害了它。此语表明，人性要平淡，嗜好贪婪之心要控制。

◣ **知戒近福，惑人远祸，俟变则存矣。**

——摘自五代·冯道《荣枯鉴》

**【释义】**知道戒惧谨慎的人能够接近福运，知道迷惑别人的人能够远离祸患，能随时应对事物的改变则能长久生存下去。

◣ 君子惑于微，不惑于大；小人虑于近，不虑于远。

——摘自五代·冯道《荣枯鉴》

【释义】君子在小事上可能装糊涂，但大事上绝对不糊涂；小人一般只考虑眼前的利益，不考虑未来的发展。

◣ 君子战虽有陈，而勇为本焉；丧虽有礼，而哀为本焉；士虽有学，而行为本焉。

——摘自《墨子·修身》

【释义】君子作战虽用阵势，但必以勇敢为本；办丧事虽讲礼仪，但必以哀痛为本；做官虽讲才识，但必以德行为本。

◣ 顺则为友，逆则为敌，敌友常易也。

——摘自五代·冯道《荣枯鉴》

【释义】一般情况下，人们都会把顺应自己的人当朋友，拿反对自己的人当敌人，其实没有永远的朋友或敌人，因为他们会随着情势的变化而变化。

◣ 修身正行，不可以不慎；谋虑机权，不可以不密。

——摘自唐·武则天《臣轨》

【释义】修养自身端正言行，不可以不慎重；谋划事情必须考虑权变，必须严守机密。

◣ 感慨而自杀者，非能勇也。

——摘自东汉·班固《汉书》

【释义】因伤感愤恨而自杀的人，不能算是勇敢的人，这也不是明智之举。

此语用来劝勉世人，不要因为一些挫折就走上绝路。真正勇敢、明智的人是敢于直面危境和挫折，能够在逆境中奋力求生存的人；因挫折而感世伤时自杀，这是懦夫的行为。

◣ 天下事未有理全在我，非理全在人者，但念自己有几分不是，即我之气平；肯说自己一个不是，即人之气亦平。

——摘自《六事箴言》

【释义】天下的事情不可能道理全在我一边，而别人都是无理取闹，所以，只要能想到自己也有不对的地方，那么内心就会平静；如果能承认自己也有不对的地方，那么别人也就心平气和了。

◣ 人一生大罪过，只在自是自私四字。

——摘自明·吕坤《呻吟语》

**【释义】**人一生中最大的罪过，就在于自以为是和自私自利。

◣ 不幸福，斯无祸；不患得，斯无失；不求荣，斯无辱；不干誉，斯无毁。

——摘自清·魏源《默觚·治篇》

**【释义】**不去追求幸福，就不会有什么灾祸；不去算计得到的，也不会有什么失去；不去追求光荣，便没有耻辱；不去求得美名，也不会遭到诋毁。

◣ 为善易，避为善之名难；不犯人易，犯而不校难。

——摘自北宋·林逋《省心录》

**【释义】**做好事容易，但回避做好事带来的荣誉困难；不受别人的侵犯容易，但若遇到侵犯而不去计较就很困难。

◣ 将相顶头堪走马，公侯肚里好撑船。

——摘自《增广贤文》

**【释义】**将相的头顶上可以走马，公侯的肚子里可以撑船。此语说明真正有大成就的人需要有宽大的胸襟和气量。

◣ 忍一时风平浪静，退一步雨过天晴。

——摘自《增广贤文》

**【释义】**忍让一时，就能够摆脱纠纷；退让一步，双方都会心情舒畅。每个人都应该保持理智、冷静、慎重，遇事要三思而后言、三思而后行。

◣ 吉莫吉于知足，苦莫苦于多愿。

——摘自秦·黄石公《素书》

**【释义】**最吉祥的事情，莫过于安分知足；最痛苦的事情，莫过于欲求太多。

◣ **花看半开，酒饮微醉，此中大有佳趣。**

——摘自明·洪应明《菜根谭》

**【释义】**赏花要看它半开的时候，喝酒要喝到微醉的程度，其中有很美妙的趣味。

◣ **真者，精诚之至也。不精不诚，不能动人。**

——摘自《庄子·渔父》

**【释义】**真诚的人，能做到十分的真诚。不真诚，就不能打动别人。

◣ **大知闲闲，小知间间。大言炎炎，小言詹詹。**

——摘自《庄子·齐物论》

**【释义】**有大智慧的人，总会表现出豁达大度之态；小有才气的人，总爱为微小的是非而斤斤计较。合乎大道的言论，其势如燎原烈火，既美好又盛大，让人听了心悦诚服；那些耍小聪明的言论，琐琐碎碎，废话连篇。

◣ **君所谓可而有否焉，臣献其否以成其可；君所谓否而有可焉，臣献其可以去其否。**

——摘自《左传·昭公二十年》

**【释义】**君王认为是正确的，其中也会包含不正确的，臣子指出其中不正确的地方，可使其更加完备；君王认为不正确的，其中也会包含正确的，臣子指出其中正确的，则可以去除错误。

◣ **以子之矛，陷子之盾，何如？**

——摘自《韩非子·难一》

**【释义】**如果用你的矛去刺你的盾，结果会怎么样呢？此语指言论和行动要一致，不能自相矛盾，违反逻辑，否则无法让人信服。

◣ **念高危，则思谦冲而自牧。**

——摘自唐·魏徵《谏太宗十思疏》

**【释义】**想到自居高位会有危险，就会想到要谦虚平和，加强自我修养。

◣ **君子可以寓意于物，而不可留意于物。**

——摘自宋·苏轼《宝绘堂记》

**【释义】**君子可以寄意于物，但不可专注于物。此语告诫人们可以借物陶冶情性，但不可玩物丧志。

◣ **奸不绝，惟驭少害也；奸不止，惟驭可制也。**

——摘自明·张居正《驭人经》

**【释义】**奸邪的人在任何时候都不会绝迹，只有发现他们，小心驾驭，才能减少其危害；他们的破坏行为是不会停止的，只有小心驾驭才能制止。

◣ **张杨园曰：土薄则易崩，器薄则易坏；酒醇厚则能久藏，布帛厚则堪久服。存心厚薄，固寿夭福祸之分也。**

——摘自《六事箴言》

**【释义】**张杨园说："泥土层太薄就容易崩塌，器皿太薄就容易被损坏；酒味醇正浓厚能够长久收藏，布帛厚实能够经久耐穿。居心厚道还是刻薄，是关系到人一生长寿还是夭亡、招祸还是得福的大事。"

◣ **不善之名，每成于一事，后有诸长不能掩也，而惟一不善传。君子之动，可不慎欤？**

——摘自《六事箴言》

**【释义】**不好的名声，往往是由某一件事情造成的，以后哪怕有再多的长处也不能挽回影响，只有这一个坏名声流传开来。君子的一举一动，怎能不十分慎重呢？

◣ **当仁，不让于师。**

——摘自《论语·卫灵公》

**【释义】**担当实现仁道的重任，即使和老师相比也不逊色。此语后发展为成语"当仁不让"。

◣ 天下古今之庸人，皆以一惰字致败；天下古今之才人，皆以一傲字致败。

——摘自清·曾国藩《人生六戒》

【**释义**】对于一般人来说，没有过人的智慧和能力，只有勤奋才能成就事业，如果懒惰，则将一事无成；有智慧有能力的人做事易成功，但也容易孤傲自大，故步自封，不肯向别人学习，这也是容易失败的。

◣ 至诚之言，人未能信；至洁之行，物或致疑。皆由言行声名无余地也。

——摘自南北朝·颜之推《颜氏家训·名实》

【**释义**】至诚的言辞，不能令人相信；至洁的行径，反启人疑窦。这都是言行、声名没有留出余地的关系。

◣ 财高气壮，势大欺人。言多语失，食多伤心。

——摘自《名贤集》

【**释义**】钱财多就底气壮，势力大就会欺负人。说话多了一定有说错的地方，进食多了一定损害身心。

◣ 既往不咎，来事之师也。

——摘自东汉·班固《汉书·李寻传》

【**释义**】已经过去的事情，就不要再去追究了，可作为日后做事情的借鉴。

◣ 身劳而心安，为之；利少而义多，为之；事乱君而通，不如事穷君而顺焉。

——摘自《荀子·修身》

【**释义**】身体劳累而心安然的事情便去做；利益少而道义多的事情也去做；与其侍奉胡来的君王违背礼义而显达，不如侍奉穷困的君王遵从礼义而顺心。

◣ 窾言不听，奸乃不生，贤、不肖自分，白黑乃形。

——摘自东汉·班固《汉书·司马迁传》

【**释义**】不听假话，就不会产生奸佞，贤与不贤自然分明，白和黑也会明显地区分开来。

◣ 瑕不掩瑜，瑜不掩瑕。

——摘自《礼记·聘义》

【释义】缺点掩盖不了优点，而优点同样也掩盖不了缺点。

◣ 一张一弛，文武之道。

——摘自《礼记·杂记》

【释义】宽和严是周文王和周武王的治理方法，现用来指生活中应当劳逸结合，在治国理政上要宽严相济，合理安排。

◣ 刚不是暴虐，是坚强；柔不是低下软弱，是谦逊退让。

——摘自《曾国藩家书》

【释义】所谓的刚强并不是暴虐，而是内心坚强；所谓柔顺也不是低三下四的软弱，而是谦逊退让的品行。

◣ 好与人争，滋培浅而前程有限；必求自反，蓄积厚而事业能伸。

——摘自五代·陈抟《心相篇》

【释义】争强好胜的人虽然风光一时，却前程有限；一定要自我反省，品重德厚，事业才能一帆风顺。

◣ 万夫一力，天下无敌。

——摘自明·刘基《郁离子·多疑不如独决》

【释义】一万个人如果能够团结一心，那么他们便会无敌于天下。此语说明团结力量大。

◣ 仰以观于天文，俯以察于地理，是故知幽明之故。

——摘自《周易·系辞》

【释义】仰望天空以观察日、月、星辰，俯瞰大地以观察地理，这样便能够通晓事理，知晓幽隐。

◣ 重为轻根，静为躁君……轻则失根，躁则失君。

——摘自《老子》第二十六章

【释义】厚重是轻率的根本，静定是躁动的主宰……轻率就会失去根本，急躁就会丧失主导。

◣ **休倚时来势，提防时去年；藤萝绕树生，树倒藤萝死。**

——摘自《名贤集》

【释义】不要仗势欺人，要提防时运不好倒霉的时候；就像藤萝总是绕着树生长，树一倒藤萝就死了。

◣ **谏之双美，毁之两伤。**

——摘自《名贤集》

【释义】当面直率地指出对方的缺点，对双方都好；背后说人家的坏话，则伤害别人，对自己也没有什么好处。

◣ **尺有所短，寸有所长；物有所不足，智有所不明。**

——摘自战国·屈原《卜居》

【释义】尺虽比寸长，但和更长的东西相比，就显得短；寸虽比尺短，但和更短的东西相比，就显得长；事物总有它的不足之处，智者也总有不明智的地方。人或事物各有长处和短处，不应求全责备，而应扬长避短。

◣ **夫修善立名者，亦犹筑室树果，生则获其利，死则遗其泽。**

——摘自南北朝·颜之推《颜氏家训·名实》

【释义】通过行善树立名声的人，就像是建房种树，活着时自身能够得到好处，死后还可以给后代留下惠泽。

◣ **治大者不可以烦，烦则乱；治小者不可以怠，怠则废。**

——摘自西汉·桓宽《盐铁论·刺复》

【释义】处理大事不能烦琐，烦琐会使事情混乱；处理小事不能懈怠，懈怠就办不好。

◣ **人苦不知足，既平陇，复望蜀，每一发兵，头鬓为白。**

——摘自南朝·范晔《后汉书·岑彭传》

【释义】人之所以痛苦，是由于不知足。得到了陇右之地，还想攻取蜀地，

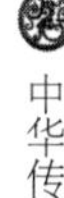

每一次发兵，头发便白了许多。说明人不能贪得无厌。

## 人有悲欢离合，月有阴晴圆缺。

——摘自宋·苏轼《水调歌头·明月几时有》

**【释义】**人世间总有悲欢离合，如天上的月亮有阴晴圆缺一样，这些自古以来都是难以周全圆满的。

## 抽刀断水水更流，举杯消愁愁更愁。

——摘自唐·李白《宣州谢朓饯别校书叔云》

**【释义】**诗人李白希望自己能洒脱地抽刀把水切断，可刀是无法切断水的，烦恼仍然像流水一样纠缠自己；希望用酒来消愁，可酒也是消不了愁的，反而使人在愁境中更加不能自拔。

## 安能摧眉折腰事权贵，使我不得开心颜。

——摘自唐·李白《梦游天姥吟留别》

**【释义】**我怎么可以卑躬屈膝去侍奉那些权贵，使我内心不愉快。此语反映了李白不媚权贵的高尚品德。

## 欲穷千里目，更上一层楼。

——摘自唐·王之涣《登鹳雀楼》

**【释义】**想看到更远更广阔的景物，你就要再上一层楼。想学到更多更深的知识，你就要比原来更加努力。

## 兄弟阋于墙，外御其侮。

——摘自《诗经·小雅·常棣》

**【释义】**尽管兄弟们在家里可能会争吵或不和，但受到别人的侵侮，就会一致对外了。说明兄弟之间能团结对外，共处患难。

## 山重水复疑无路，柳暗花明又一村。

——摘自宋·陆游《游山西村》

**【释义】**一重重山，又一道道水，正在疑惑无路可行间，忽见柳色浓绿，花色明丽，一个村庄出现在眼前。比喻人在做事时遇到艰难险阻，经过奋发努力终能看到成功的曙光。

◣ 反复变诈，不如慎始；防人疑众，不如自慎；智数周密，不如省事。

——摘自宋·吕本中《官箴》

【释义】反复变诈，不如从一开始就慎重行事；提防怀疑别人，不如自己谨小慎微；什么事都考虑周密，不如避免各种事端。

◣ 天地间，惟谦谨是载福之道，骄则满，满则倾矣。

——摘自《曾国藩家书》

【释义】天地之间，只有谦虚、谨慎是获得幸福的方法，骄傲了就会自满，自满必然倾覆。

◣ 宁耐是思事第一法，安详是处事第一法，谦退是保身第一法，涵容是处人第一法，置富贵贫贱死生常变于度外，是养心第一法。

——摘自明·吕坤《呻吟语》

【释义】宁静耐心是思事的最好方法，安详是处事的最好方法，谦退是保身的最好方法，涵养宽容是处人的最好方法。置富贵、贫贱、死生、常变于度外，是养心的最好方法。

◣ 知者不言，言者不知。

——摘自《老子》第五十六章

【释义】明智的人不随便说话，随便说话的人不明智。

◣ 君子当守道崇德，蓄价待时。

——摘自南北朝·颜之推《颜氏家训》

【释义】君子应该谨守正道，重视德行，积蓄声望，等待时机的到来。

◣ 凡事预则立，不预则废。

——摘自《中庸》

【释义】任何事情，有准备就能成功，没准备就会失败。

◣ 能择善者而从之，美自归己。

——摘自宋·司马光《资治通鉴·宋纪》

【释义】择取别人的长处，然后去学习践行，这种长处自然也就属于自己了。

◣ 恶言不出于口，忿言不反于身。

——摘自《礼记·祭义》

【释义】自己不说出恶言，别人的愤语就不会伤及自身。

◣ 君子不辞负薪之言，以广其名。故多见者博，多闻者智，拒谏者塞，专己者孤。

——摘自西汉·桓宽《盐铁论·刺义》

【释义】君子不会推辞普通人的意见，这样能够使得自身的名声远扬。因此见多识广的人知识渊博，闻听很多事的人有智慧，不听别人的意见而只相信自己的人，一定是孤陋寡闻的。

◣ 大勇若怯，大智若愚。

——摘自宋·苏轼《贺欧阳少师致仕启》

【释义】有胆量的人表面上看似乎很怯弱，才智高的人表面上看好像很愚笨。

◣ 一曰长目，二曰飞耳，三曰树明。千里之外，隐微之中，是谓洞。

——摘自《鬼谷子·符言篇》

【释义】眼睛看得远的叫长目，耳朵听得远的叫飞耳，大脑善于判断各种情报信息的叫树明。有这三样，就能了解千里之外的情况和隐秘微小的事物，这就叫作“洞察”。此语强调生存要会看、会听、会思考。在信息社会，“树明”的能力尤为重要。

◣ 痛不着身言忍之，钱不出家言与之。

——摘自东汉·王符《潜夫论·救边》

【释义】疼痛不在自己身上，当然可以说要忍耐；钱财不从自己家拿出来，嘴上便喊叫给别人。比喻人对没有切身利害的事情会漠然处之。

◣ 自胜之谓强。

——摘自《韩非子·喻老》

【释义】能够战胜自己的人才是强者。

◣ 邀千百人之欢，不如释一人之怨；希千百事之荣，不如免一事之丑。

——摘自明·洪应明《菜根谭》

【释义】得到千百个人的欢心，比不上和一个与你有矛盾的人和解；努力盼望千百种事的成功，比不上免去一件事的错误。

◣ 涉世无一段圆活的机趣，便是个木人，处处有碍。

——摘自明·洪应明《菜根谭》

【释义】为人处世如果不会圆滑机灵随机应变，就等于是一个木头人，无论做什么都会处处碰壁。

◣ 遇沉沉不语之士，且莫输心；见悻悻自好之人，应须防口。

——摘自明·洪应明《菜根谭》

【释义】遇到一个内心深沉而不喜欢说话的人，一定不要对他推心置腹；遇到满脸愤怒自以为是的人，一定要小心谨慎地说话。

◣ 言必信，行必果，使言行之合，犹合符节也，无言而不行也。

——摘自《墨子·兼爱下》

【释义】说了就办，办事必果断，使言行就像古代通关的符节一样才行，说过的话没有不去做的。

◣ 友直，友谅，友多闻，益矣。

——摘自《论语·季氏》

【释义】和正直的人交朋友，和诚信的人交朋友，和见识广博的人交朋友，对人都是有益处的。

**为臣当忠，交友当义。**

——摘自清·褚人获《隋唐演义》

【**释义**】身为臣子应当忠心事主，交朋友应当讲义气。

**念己之短，好人之长，近仁也。**

——摘自唐·马总《意林·法训》

【**释义**】不忘自己的缺点，学习他人的优点，这算是接近高尚的品德了。

**善人同处，则日闻嘉训；恶人从游，则日生邪情。**

——摘自南朝·范晔《后汉书·杨李翟应霍爰徐列传》

【**释义**】和善良的人相处，天天都能听到有益的训勉；和坏人相处，就会逐渐产生邪恶的念头。

**众人重利，廉士重名，贤士尚志，圣人贵精。**

——摘自《庄子·刻意》

【**释义**】普通人看重利益，廉洁之士看重名声，贤人君子崇尚志向，圣人看重精神。

**山以高移，谷以卑安。恭则物服，骄则必挫。**

——摘自南北朝·傅昭《处世悬镜》

【**释义**】山峰因高耸而被风雨侵蚀变形，山谷因为身处低下的位置而得平安。一个人恭敬待人则他人可服，一个人骄傲自负必定遭受挫败。

**己所不欲，勿施于人。**

——摘自《论语·卫灵公》

【**释义**】自己不想要的，就不要把它施加给别人。

**智者因危而建安，明者矫失而成德。**

——摘自唐·陆贽《奉天请罢琼林大盈二库状》

【**释义**】有智慧的人可以转危为安，聪明的人往往能改正自己的错误而养成良好的品德。

◣ 凡戏无益，惟勤有功。人非贤莫交，物非义莫取，忿非善莫举，事非是莫说。谨则无忧，忍则无辱，静则常安，俭则常足。

——摘自明·范立本《明心宝鉴》

【释义】所有的嬉戏都没有好处，只有勤奋才会有成就。不是贤人不要结交，不义之财不要索取，不是出于善意的愤怒不要发作，不是正确的事情不要说。谨慎行事则无忧虑，忍耐则不会受辱，清静则常常平安，节俭则常常丰足。

◣ 莫喜无危道，虽平更陷人。

——摘自唐·修睦《雪中送人北游》

【释义】不要盲目窃喜于没有危险的道路，平坦的道路更容易使人跌倒。

◣ 治其本，朝令而夕从；救其末，百世不改也。

——摘自宋·苏轼《关陇游民私铸钱与江淮漕卒为盗之由》

【释义】从根本上进行治理，政令会迅速得到执行；只从细枝末节上进行治理，经过一百代也不会有所改变。比喻处理问题要从根本着手，不能只治标而不治本。

◣ 愚而好自用，贱而好自专。

——摘自《中庸》

【释义】愚蠢的人喜欢凭主观意愿做事，卑贱的人喜欢独断专行。

◣ 人不率则不从，身不先则不信。

——摘自《宋史·宋祁传》

【释义】如果不能做出表率，就无法让别人听从；如果不能以身作则，就无法使别人信服。

◣ 为人上者，患在不明；为人下者，患在不忠。

——摘自西汉·刘向《说苑·谈丛》

【释义】高居上位的人，其忧患在于昏聩不明察；地位低下的人，其忧患在于不忠诚。

## 君子表不隐里，有暗同度。

——摘自唐·马总《意林·魏子》

【**释义**】君子表里如一，嘴里说的和心里想的都一样。

## 饥不从猛虎食，暮不从野雀栖。

——摘自汉·佚名《猛虎行》

【**释义**】饿死也不与猛虎一起去吃人，晚上无处栖身也不与野雀同栖一林。“猛虎”指作恶之人，“野雀”指卑鄙小人。此语比喻衣食温饱固然重要，但做人的原则与人格尊严更为重要。

## 不耻不若人，何若人有。

——摘自《孟子·尽心上》

【**释义**】不如别人还不知道羞耻，这样的人怎能赶上别人?

## 当断不断，反受其乱。

——摘自西汉·司马迁《史记·春申君列传》

【**释义**】到了决断之时却犹豫不决，这样就会遭受祸害牵累。

## 修辞立其诚。

——摘自《周易·乾卦》

【**释义**】君子说话写文章要持客观、公正之心，怀敬畏之情，建立在诚实守信的基础上，对自己的言辞负责，绝不信口开河，谎话连篇。

## 莫信直中直，须防仁不仁。

——摘自《增广贤文》

【**释义**】不要太相信人们嘴上说的正直无私，对满口仁义的人要提高警惕。

## 比于善者，自进之阶；比于恶者，自退之原。

——摘自西汉·韩婴《韩诗外传》

【**释义**】向好人看齐，这是进步的阶梯；向坏人看齐，这是退步的根源。

◣ 见富贵而生谗容者，最可耻；遇贫穷而作骄态者，贱莫甚。

——摘自《朱子家训》

**【释义】**看到富贵的人便生出嫉妒之心，这是最可耻的；看到贫困的人而显出看不起的神态，这是最卑贱的。

◣ 宽不可激而怒，清不可事以财。

——摘自《尉缭子·兵谈》

**【释义】**心胸宽厚的人是不会因言语相激而动怒的，清正廉洁的人是不能用财物打动他的心的。此语表明，只要修身养性到了宽以待人、淡薄财利的境界，就能不怒、不贪。

◣ 见人行善，多方赞成；见人过举，多方提醒。

——摘自清·王永彬《围炉夜话》

**【释义】**看到别人好的行为，就要大加赞赏；见到别人错误的行为，就要尽力提醒。

◣ 君子以思患而预防之。

——摘自《周易·既济》

**【释义】**君子能考虑到可能会遭受的祸患，做好预防措施。

◣ 笙歌正浓处，便自拂衣长往，羡达人撒手悬崖；更漏已残时，犹然夜行不休，笑俗士沉身苦海。

——摘自明·洪应明《菜根谭》

**【释义】**在笙歌艳舞一片繁华热闹的时刻，能自行拂袖而去，这种清醒豁达的态度是非常令人羡慕的。有些人深夜还在不知疲倦地忙忙碌碌，这些因贪慕俗世繁华而使自己沉陷苦海的人是可悲的。指为人处世要把握一个度，适可而止，否则一定会过犹不及。

◣ 羁锁于物欲，觉吾生之可哀；夷犹于性真，觉吾生之可乐，则圣境自臻。

——摘自明·洪应明《菜根谭》

**【释义】**为尘世物欲所羁绊，便会觉得此生可悲；若能不受负累舒展真性情，便会觉得这一生过得非常快乐。意识到物欲羁绊的悲哀，这世俗的负累便可破除。明了真性情舒展的快乐，便能感受到古时圣贤的境界。

◣ **心不专一，不能专诚。**

——摘自西汉·刘安《淮南子·主术训》

**【释义】**心中杂念太多，就不能集中精力做好事情。

◣ **闲中不放过，忙处有受用；静中不落空，动处有受用；暗中不欺隐，明处有受用。**

——摘自明·洪应明《菜根谭》

**【释义】**在闲暇无事的时候，不要虚度宝贵光阴，忙碌的时候才能从容不迫；在安宁平静的时候，不要让心灵空白虚度，出现突发情况的时候才能应对自如；在没人看见的时候，也要做到内心光明磊落，到了光明的时候便会享受到好处。

◣ **有生者必有死，有始者必有终，自然之道也。**

——摘自西汉·扬雄《法言》

**【释义】**人有生必定有死，万物有伊始也总会有结束的一天，不存在永恒持续的事物，这是自然的规律。

◣ **不加功于亡用，不损财于亡谓。**

——摘自东汉·班固《汉书·杨王孙传》

**【释义】**不在无用的事情上耗费功夫，不在无意义的事情上耗费钱财。

◣ **守独悟同，别微见显；辞高居下，置易就难。**

——摘自清·翁同龢自题联

**【释义】**“守独悟同”：一个人要有主见，若认为自己的意见是正确的，就要坚持；但同时也要认真听别人的意见并从中吸取有价值的内容。在吸纳大家意见的基础上，求同存异，争取共识，努力将一件事办成。“别微见显”：为人处世要从细微处做起，勿因善小而不为，勿因恶小而为之。细节能显现一个人的真正本质。“辞高居下，置易就难”：一个人要做到能上能下，处顺境而不忘形，处逆境而不失落。

注：翁同龢为晚清著名政治家、书法家，历任工部尚书、户部尚书、协办大学士等职，先后任清同治、光绪两代帝师，康有为称他为“中国维新第一导师”。

# 为学

◣ 子曰："学而时习之，不亦说乎？有朋自远方来，不亦乐乎？人不知而不愠，不亦君子乎？"

——摘自《论语·学而》

**【释义】**孔子说："学习了又时常温习所学的知识，不是很愉快吗？有志同道合的朋友自远方来，不是很令人高兴吗？人家不了解我，我也不怨恨、恼怒，不也是一个有德的君子吗？"

◣ 非学无以广才，非志无以成学。

——摘自三国·诸葛亮《诫子书》

**【释义】**不努力学习就不能增长才智，不立志就无法成就学业。

◣ 博学之，审问之，慎思之，明辨之，笃行之。

——摘自《中庸》

**【释义】**学习要广泛涉猎，有针对性地请教提问，慎重地加以思考，正确地辨别是非，脚踏实地去践行学得的知识。

◣ 青，取之于蓝而胜于蓝；冰，水为之而寒于水。

——摘自《荀子·劝学》

**【释义】**青色是从蓝草中提炼出来的，但是颜色比蓝草更加青。冰是由水凝结而成的，却比水更寒冷。此语比喻学生是可以超过老师的，如长江后浪推前浪，一代更比一代强。

◣ 发愤忘食，乐以忘忧，不知老之将至。

——摘自《论语·述而》

**【释义】**发愤读书，连吃饭都忘记了，沉醉在求知的快乐中，忘却了所有的烦恼和忧愁，不知道自己已经一天天变得衰老了。

◣ 读书做学问，无论资性高低，但能勤学好问，凡事思一个所以然，自有义理贯通之日。

——摘自清·王永彬《围炉夜话》

**【释义】**读书做学问，不论资质高低，只要能勤奋好问，凡事都能想想为什么，自然会有通晓道理融会贯通的那一天。

◣ 生而不知学，与不生同；学而不知道，与不学同；知而不能行，与不知同。

——摘自宋·黄晞《聱隅子·生学篇》

**【释义】**生在人世却不知道学习，就如同没有出生一样；学习了却不知道道理，与没有学习一样；知道了道理却不能实践，与不知道道理一样。

◣ 彼美不琢雕，椟中竟何如。

——摘自宋·文天祥《题钟圣举积学斋》

**【释义】**好的玉石不加以雕琢，藏在匣子里，这怎么可以呢！比喻良才如不勤勉学习、修养品德，就如同良玉不加雕琢一般。

◣ 读书有三到，谓心到、眼到、口到。心不在此，则眼不看仔细，心眼既不专一，却只漫浪诵读，决不能记，记亦不能久也。

——摘自宋·朱熹《训学斋规》

**【释义】**读书要做到三到，即心到、眼到、口到。如果读书时心不在焉，那么眼睛看书也不能认真仔细，心眼便不可能专一，如果只是随意散漫地阅读，即便记下来，也不可能长久。

◣ **古之学者必有师。师者，所以传道、受业、解惑也。**

——摘自唐·韩愈《师说》

**【释义】**古代求学的人必定有老师。老师是传授圣人的学说、讲授学业、解答疑难的人。

◣ **天地无穷期，生命则有穷期，去一日，便少一日；富贵有定数，学问则无定数，求一分，便得一分。**

——摘自清·王永彬《围炉夜话》

**【释义】**天地万物永恒存在，没有结束的时候，而人的生命是有终结的，时间消逝一天，生命就减少一天；财富和地位有一定的运数，而做学问却没有止境，多下一点功夫，就多一点收获。

◣ **头悬梁，锥刺股，彼不教，自勤苦。**

——摘自《三字经》

**【释义】**刻苦读书是取得成功的必要条件。晋朝的孙敬为防止读书困倦，将头发拴在屋梁上；战国时的苏秦，每到读书疲倦的时候就用锥子刺大腿。

◣ **刺股情方励，偷光思益深。**

——摘自唐·孟简《惜分阴》

**【释义】**只有具有“头悬梁、锥刺股”和“凿壁偷光”的刻苦勤奋精神，才能学到更多的知识。

◣ **家贫不常得油，夏月则练囊盛数十萤火以照书，以夜继日焉。**

——摘自唐·房玄龄等《晋书·车胤传》

**【释义】**车胤家境贫寒，不常有点灯的油，夏天的夜晚他就用白绢做口袋，装几十只萤火虫，以萤火虫的光亮来照书学习，说明车胤的刻苦用功。

◣ **凿壁借光。**

——摘自《西京杂记》

**【释义】**汉朝人匡衡勤学，但家贫无烛，其邻居家有烛光但透不过来，他就在墙上打了个洞将烛光引进来借以读书，于是成了“凿壁借光”苦读的佳话。

◣ 多闻而体要，博见而善择，藉众术之共成长生也。

——摘自东晋·葛洪《抱朴子·微旨》

【释义】选择众多门类的书认真读，选出好的观点汲取其精华，帮助自己的思想成长；多多学习，从不同的领域找生活灵感的人，其人生会比只钻研一个领域的人更加丰富。

◣ 玉不琢，不成器；人不学，不知道。然玉之为物，有不变之常德，虽不琢以为器，而犹不害为玉也。人之性，因物则迁，不学，则舍君子而为小人，可不念哉?

——摘自宋·欧阳修《诲学说》

【释义】玉如果不雕琢，就不能制成器物；人如果不学习，就不会懂得道理。然而玉这种东西，有它永恒不变的特性，即使不雕琢成器物，也还是玉，其特性不会受到损伤。人的本性会因外界事物的影响而发生变化，因此，人如果不学习，就会失去君子的高尚品德而变成品行恶劣的小人，这难道不值得深思吗?

◣ 不积跬步，无以至千里；不积小流，无以成江海。

——摘自《荀子·劝学》

【释义】不把半步、一步积累起来，就不能走到千里远的地方；不把细流汇集起来，就不能形成江河大海。比喻不经过日积月累的学习，不能成为知识渊博的人。

◣ 善学者，当求其所以然之故，不当诵其文过目而已也。

——摘自北宋·程颢、程颐《二程粹言·论学》

【释义】善于学习的人，应该了解之所以这样的缘故，不应只求得背诵文章，看看便可以了。

◣ 读书百遍，其义自见。

——摘自西晋·陈寿《三国志·魏书·王肃传》

【释义】一本书读得次数多了，自然就会理解书中的意思了。

◣ 有教无类。

——摘自《论语·卫灵公》

【**释义**】教育不应当有贫富贵贱等差别，而应当对所有人都给予相应的教育。

◣ 教学相长。

——摘自《礼记·学记》

【**释义**】教和学应当相互影响和促进。

◣ 君子之学也，入乎耳，箸乎心，布乎四体，形乎动静。端而言，蠕而动，一可以为法则。

——摘自《荀子·劝学》

【**释义**】君子为学，听在耳里，记在心上，体现在仪表举止上，表现在一举一动间。即使是极细小的一言一行，都可以作为别人学习的榜样。

◣ 人之为学，不日进则日退。

——摘自明·顾炎武《与友人书》

【**释义**】在学习上，如果一天没有进步，那么这一天便是退步了。

◣ 与其为数顷无源之塘水，不若为数尺有源之井水，生意不穷。

——摘自明·王阳明《传习录》

【**释义**】若想解决炊饮之困，与其掘一方数顷之大却没有源头的池塘，不如在有活水的地方深挖数尺掘一口井，井水源源不绝，自然生生不息。比喻学习之“井”要坚持不懈，坚持终身学习，才能不断增长才干，实现人生价值。

◣ 少年读书如隙中窥月，中年读书如庭中望月，老年读书如台上玩月，皆以阅历之浅深，为所得之浅深耳。

——摘自清·张潮《幽梦影》

【**释义**】少年读书，如从窗户的隙缝中窥看明月，只觉新奇有趣；中年读书，如站在庭院中赏月，自是品评一番人生滋味；老年读书，如站在高台上赏玩明月，人生况味，一览无余。这都是因为人生阅历不同，从书中体会的深浅自然也不尽相同。

◣ **不登高山，不知天之高也；不临深溪，不知地之厚也；不闻先王之遗言，不知学问之大也。**

——摘自《荀子·劝学》

**【释义】**不登上高山，就不知道天有多高；不亲临深涧，就不知道地有多厚；只有看到前人丰厚的知识成果，方才知道自己的浅薄与不足。学无止境，要持之以恒地学习。

◣ **学必求其心得，业必贵于专精。**

——摘自清·章学诚《文史通义·博约》

**【释义】**学习一定要注重心中有所得，才能真正有所收获；学业最重要的是有专长，又对某方面精通。

◣ **博学而笃志，切问而近思，仁在其中矣。**

——摘自《论语·子张》

**【释义】**学识广博而志向坚定，急迫地钻研而切实地思考，仁就在其中了。

◣ **不学而求知，犹愿鱼而无网焉，心虽勤而无获矣。**

——摘自东晋·葛洪《抱朴子·勖学》

**【释义】**不去学习却想有知识，就像想捕鱼却没有渔网一样，心情虽急却一无所得。

◣ **学不贵博，贵于正而已。**

——摘自北宋·程颢、程颐《二程粹言·论学》

**【释义】**学习不以学识渊博为可贵，贵在所学的为正道。

◣ **善学者尽其理，善行者究其难。**

——摘自《荀子·大略》

**【释义】**善于学习的人能深刻地认识事物的道理和规律，善于实践的人能把事物中的疑难探究清楚。此语强调无论是学习还是实践，都要深入，不能浅尝辄止。

◣ 书到用时方恨少，事非经过不知难。

——摘自《增广贤文》

【释义】只有等到实践的时候，才后悔书读得太少了；只有自己亲身经历过一些事情，才知道其中的酸甜苦辣。

◣ 亲贤学问，所以长德也。

——摘自西汉·刘向《说苑·建本》

【释义】亲近那些有才能的人并向他们虚心请教，这样有助于自身德行的增长。

◣ 凡学之道，严师为难。师严然后道尊，道尊然后民知敬学。

——摘自《礼记·学记》

【释义】凡是求学之道，以尊敬老师最难做到。老师受到尊敬，他所传授的道理、知识才会受到尊重，知识的地位提高了，人们才能够敬重学习。

◣ 学然后知不足，教然后知困。知不足，然后能自反也；知困，然后能自强也。

——摘自《礼记·学记》

【释义】学习后才知道自己的不足，教了别人后才知道自己的困窘贫乏。认识到自己的不足，才能反躬自问要求自己；认识到自己的困窘贫乏，才能自我图强奋发向上。

◣ 卵待复而为雏，茧待缫而为丝，性待教而为善。

——摘自西汉·董仲舒《春秋繁露·深察名号》

【释义】鸟蛋须孵才能变成小鸟，茧须缫才能抽出丝，人须经过教育才能行善。此语以孵蛋为鸟、缫茧成丝为喻，说明人性的改变需要经过学习与教化，强调了学习对改造人的重要性。

◣ 善为师者，既美其道，有慎其行。

——摘自西汉·董仲舒《春秋繁露·玉杯》

【释义】善于为人师的，既要使自己的理论或学说臻至完美，又要审慎思考自己的言行举止。指良师应当为人师表，道德与教学并重。

◣ **书多前益智，文古后垂名。功到阔深处，天教勤苦成。**

——摘自宋·叶适《送赵几道邵武司户》

**【释义】**读书要多，才能够及早激发自己的智慧，做文章应该力求寓意深远，使其在后世也能够广为流传。只要功夫足够深，经过勤学苦练就自然能够有所成就。

◣ **不愤不启，不悱不发，举一隅不以三隅反，则不复也。**

——摘自《论语·述而》

**【释义】**教学生，不到他苦思冥想而仍不能领会时，不去开导他；不到他想说而又说不出来时，不去启发他；不能举一例就理解其他类似的问题，就不要再重复去教他了。

◣ **为学无间断，如流水行云，日进而不已也。**

——摘自清·王永彬《围炉夜话》

**【释义】**学习不可以间断，应当像流水一样持久，每天都精进成长，没有停歇。

◣ **读书志在圣贤，非徒科第；为官心存君国，岂计身家？**

——摘自《朱子家训》

**【释义】**读书，目的在学圣贤的行为，不只为了科举及第；做官吏，要有忠君爱国的思想，怎么可以只考虑自己和家人？

◣ **积财千万，无过读书。**

——摘自南北朝·颜之推《颜氏家训》

**【释义】**即使累积下成千上万的家财，也比不上读书的价值。

◣ **日习则学不忘，自勉则身不堕。**

——摘自东汉·徐幹《中论·治学》

**【释义】**每天温习则不会忘记已学得的知识，经常勉励自己则思想行为不会堕落。此语指出温习、自勉具有很大的内驱力，对学识长进和修己立身具有重要意义。

◣ 不知则问，不能则学，虽能必让，然后为德。

——摘自《荀子·非十二子》

【释义】不知道的事情就去问，不会做的事情就去学习，即便能够做到也要谦虚谨慎，这样才能够成为有道德的人。

◣ 知之愈明，则行之愈笃；行之愈笃，则知之愈益明。

——摘自宋·朱熹《朱子语类》

【释义】知道得越清楚，行动就越踏实笃定；行动踏实笃定，对事物的了解就更清楚明了。

◣ 博学切问，所以广知。

——摘自秦·黄石公《素书·求人之志》

【释义】广泛地学习，诚恳地求教，才会获得丰富的知识。

◣ 欲知天下事，须读古今书。学了就用处处行，光学不用等于零。不能则学，不知则问；读书全在自用心，老师不过引路人。

——摘自《古今贤文》

【释义】要想知道天下大事，必须博览群书，博古通今。学了必须亲自实践，只知书本知识而没有实践经验是不行的。不会就要去学，不知道就要去问，读书全靠自己用心下苦功，老师只不过是引路的人。

◣ 书须成诵，精思多在夜中，或静坐得之。不记则思不起，但通贯得大原后，书亦易记。

——摘自宋·朱熹、吕祖谦《近思录·格物穷理》

【释义】读书须要背诵下来，精妙的思考大多在夜间或静坐之时。如果不背诵就不容易想起来，通晓了大意之后，读书就容易背诵了。

◣ 人不博览者，不闻古今，不见事类，不知然否，犹目盲、耳聋、鼻痈者也。

——摘自东汉·王充《论衡·别通》

【释义】人不博览群书，不了解古今情况，不能识别世间事物，不知道是与非，就像盲人、失聪者和鼻子长痈的人一样啊！

◣ **好曲不厌百回唱，好书不厌百回读。读书贵能疑，疑能得教益。默读便于思索，朗读便于记忆。初读好书，如获良友；重读好书，如逢故知。处处留心皆学问，三人同行有我师。**

——摘自《古今贤文》

【释义】好歌百听不厌，好书百读不厌。读书贵在能提出疑问，这样能获得知识。默读有益于思考，朗读有利于记忆。一本好书开始读时，就像获得一位良友；再读时，就如与故友相逢。只要细心观察，到处都是知识，三个人中定有值得我学习的人。

◣ **人之为学有难易乎？学之，则难者亦易矣；不学，则易者亦难矣。**

——摘自清·彭端淑《为学一首示子侄》

【释义】人们学习有困难和容易之分吗？坚持学习，困难的就会变得容易；放弃学习，那么容易的也会变得困难。

◣ **人非生而知之者，孰能无惑？**

——摘自唐·韩愈《师说》

【释义】人不是生来就知道一切的，谁能没有困惑呢？此语说明人有困惑是正常的，但有困惑就应该学习，向老师请教。

◣ **学在一人之下，用在万人之上。一字为师，终身如父。**

——摘自《增广贤文》

【释义】从一个人那里学到的知识，可以应用在千万人身上。即使老师只教给你点滴知识，也要终身像对待父亲那样尊敬他。

◣ **训曰：“徒学知之未可多，履而行之乃足佳。”故学者所以饰百行也。**

——摘自汉·孔臧《与子琳书》

【**释义**】古训说："仅仅通过学习获得知识，是很不够的，只有脚踏实地去践行，这样才是最佳的。"因此，这正是真正喜好学习的人也喜好践行的原因所在。

◣ **吾尝终日而思矣，不如须臾之所学也；吾尝跂而望矣，不如登高之博见也。**

——摘自《荀子·劝学》

【**释义**】我曾经整天苦思冥想，但还不如学习一会儿收获大；我曾经踮起脚向远处看，但还不如登高之后看得宽广。

当我们在工作、生活中遇到困难、问题时，应将此作为学习的契机，积极思考而不闭门造车，善于主动寻找已有的知识经验来丰富自己，并力争更上一层楼。

◣ **君子博学而日参省乎己，则知明而行无过矣。**

——摘自《荀子·劝学》

【**释义**】君子广泛地学习知识，并且能经常反省自己，这样他就会变得聪明，在行动上也不会犯错误。

◣ **不患老而无成，只怕幼而不学。**

——摘自《古今贤文》

【**释义**】不要忧虑老来没有成就，最怕少年时不思进取。

◣ **是故弟子不必不如师，师不必贤于弟子，闻道有先后，术业有专攻，如是而已。**

——摘自唐·韩愈《师说》

【**释义**】因此弟子不一定不如老师，老师也不一定都比弟子强，懂得道理的时间有先有后，学问和技艺上各有各的主攻方向，如此而已。

◣ **圣人无常师。**

——摘自唐·韩愈《师说》

【**释义**】圣人没有固定的老师。也就是说，能够虚心向一切人学习的人才能成为圣人。意在鼓励人们虚心向学，不必拘泥于传统的"师"的观念。

◣ **俱收并蓄，待用无遗者，医师之良也。**

——摘自唐·韩愈《进学解》

**【释义】**读书学习就应当像一个高明的医师，平日多吸收积蓄一些学问，有朝一日就能用上。

◣ **焚膏油以继晷，恒兀兀以穷年。**

——摘自唐·韩愈《进学解》

**【释义】**没有了阳光，就点上油灯，继续读书；一年到头不间断地刻苦用功。

◣ **学如不及，犹恐失之。**

——摘自《论语·泰伯》

**【释义】**这是孔子谈自己学习的经验。努力学习，好像来不及了一样，就怕有什么遗漏。

◣ **少不勤苦，老必艰辛。**

——摘自北宋·林逋《省心录》

**【释义】**年轻时若不勤劳刻苦，等到老年时必定生活艰辛。

◣ **学如弓弩，才如箭镞。**

——摘自清·袁枚《续诗品·尚识》

**【释义】**学问的根基如弓，人的才能如箭，真知灼见（学识）引导箭头射出，才能命中目标。此语强调没有学问，才能就无法发挥，没有学识指导，人生就没有正确的方向。

◣ **学无早晚，但恐始勤终随。**

——摘自宋·张孝祥《勉过子读书》

**【释义】**学习并不在于起步的早晚，只是怕开始勤奋，到最后却懈怠了。

◣ **好问则裕，自用则小。**

——摘自《尚书·仲虺之诰》

**【释义】**遇事不懂而多问的人就能不断丰富自己的知识和能力，自以为是、刚愎自用的人会使自己变得狭隘。不耻下问是进步的重要途径。

◣ **吾尝终日不食，终夜不寝，以思，无益，不如学也。**

——摘自《论语·泰伯》

**【释义】**我曾经整天不吃不睡去苦思冥想，但没有什么益处，不如去学习。

◣ **知不足者好学，耻下问者自满。**

——摘自北宋·林逋《省心录》

**【释义】**知道自己的不足并努力学习就是聪明人，耻于请教又骄傲自满的人是愚蠢的。

◣ **独学而无友，则孤陋而寡闻。**

——摘自《礼记·学记》

**【释义】**独自学习而没有朋友共同学习、研讨，就会导致学识浅陋，见闻不广。

◣ **多知而无亲，博学而无方，好多而无定者，君子不与。**

——摘自《荀子·大略》

**【释义】**知道很多知识，但是没有什么特别喜好的；广泛地学习，但是没有准确的方向；喜欢很多，但是没有确定的目标，君子不会同这样的人交朋友。

◣ **无贵无贱，无长无少，道之所存，师之所存也。**

——摘自唐·韩愈《师说》

**【释义】**无论是地位高的还是地位低的，无论是年长的还是年轻的，圣人的学说所在的地方，就是老师所在的地方。

◣ **勤读圣贤书，尊师如重亲；礼义勿疏狂，逊让敦睦邻。**

——摘自宋·范仲淹《范文正公家训》

**【释义】**范仲淹告诫后代要勤学读书，尊师重道，讲求礼仪，懂得谦让，和朋友邻居要和睦相处。

◣ **业精于勤，荒于嬉；行成于思，毁于随。**

——摘自唐·韩愈《进学解》

【**释义**】事业或学业的成功在于奋发努力，勤勉进取；贪玩、放松要求便会一事无成；做人行事，必须谨慎思考、考虑周详才会有所成就，马虎、随便只会导致失败。

◣ 墙上芦苇，头重脚轻根底浅；山间竹笋，嘴尖皮厚腹中空。

——摘自明·解缙

【**释义**】长在墙上的芦苇，头重脚轻根底浅，怎么能够长久存活呢？山间的竹笋，嘴尖皮厚中间空，又有什么值得炫耀的呢？此语意在讽刺那些没有真才实学而又夸夸其谈的人。

◣ 不闻不若闻之，闻之不若见之，见之不若知之，知之不若行之，学至于行之而止矣。

——摘自《荀子·儒效》

【**释义**】没有听到的不如听到的，听到的不如见到的，见到的不如了解到的，了解到的不如去践行，学问到了践行这一步，就达到了极点。

◣ 学不博者，不能守约；志不笃者，不能力行。

——摘自北宋·程颢、程颐《二程粹言·论学》

【**释义**】学识不够渊博的人，就无法掌握其中的要领；志向不够坚定的人，就不能努力践行。

◣ 人之为学，心中思想，口中谈论，尽有百千义理，不如身上行一理之为实也。

——摘自清·颜元《颜习斋先生言行录》

【**释义**】人在学习的时候，心中所想的、口中所谈论的，尽管有成百上千条真理，却不如以自己的实际行动去践行一条。

◣ 学不足以修己治人，则为无用之学。

——摘自清·方苞《年谱序》

【**释义**】如果学到的知识不能够修身正己，不能够服务于社会，那就是没有用处的学问。

◣ **士虽有学，而行为本焉。**

——摘自《墨子·修身》

【**释义**】读书人虽说要有学问，但是能把学问用于实践才是根本。此语指书本知识要经过实践检验才能得到完善，实践是学习知识的根本目的。

◣ **学者贵于行之，而不贵于知之。**

——摘自宋·司马光《答孔文仲司户书》

【**释义**】学习贵在能够行动，而不在于仅仅懂得。

◣ **读书贵在用世。徒读死书而全无阅历，亦岂所宜。**

——摘自清·林则徐《林则徐家书》

【**释义**】读书最重要的是要为社会做出贡献。如果只是一味地死读书而没有一点生活阅历和见识，那又有什么用处呢。

◣ **学，行之，上也；言之，次也；教人，又其次也；咸无焉，为众人。**

——摘自西汉·扬雄《法言》

【**释义**】学习之后，能见诸行动，是最好的；著书立言，稍次一等；以教授为业，又次一等；一切都没有，就是普通人。

◣ **学不必博，要之有用。**

——摘自南宋·罗大经《鹤林玉露》

【**释义**】学问不必有多么渊博，最重要的是能够学以致用。

◣ **一语不能践，万卷徒空虚。**

——摘自明·林鸿《饮酒》

【**释义**】假如一句话都不能实践，纵使读万卷诗书也是枉然。此语揭示了“学以致用”“行胜于言”的道理。

◣ **下以言语为学，上以言语为治。**

——摘自南宋·罗大经《能言鹦鹉》

【**释义**】只学说老师的言语而不懂联系实际，这种学习是下等的学习；能够将老师讲的话与实际相联系，并用以治身做事，这样的学习是上等的学习。

◣ **论先后，知为先；论轻重，行为重。**

——摘自宋·朱熹《朱子语类》

**【释义】**在知和行之间论先后，是知在先；论重要，则行更重要。这句话强调了知识与行为结合的重要性，体现了知行统一的德育原则。

◣ **饥，读之以当肉；寒，读之以当裘；孤寂而读之，以当朋友；幽忧以读之，以当金石琴瑟。**

——摘自宋·尤袤《尤溪翁传》

**【释义】**饥饿了，就把读书当作肉；寒冷了，就把读书当作皮衣；孤独寂寞时候，就把读书当作朋友；忧愁烦闷的时候，就把读书当作消解和宣泄感情的乐器。

◣ **善学者，假人之长以补其短。**

——摘自秦·吕不韦《吕氏春秋·用众》

**【释义】**善于学习的人，能够以人之长补己之短，使自己更快进步。

◣ **大抵观书先须熟读，使其言皆若出于吾之口。继以精思，使其意皆若出于吾之心，然后可以有得尔。**

——摘自宋·朱熹《训学斋规》

**【释义】**读书要先读熟，读顺口，读到仿佛书中的话是从自己嘴里说出来的一样；然后顺着作者的思路深入思考，推演其中的逻辑，把自己置身于作者的位置体味思考，使书中的思想好像是自己内心得出的结论，这样自己也就能有所得了。

◣ **博学笃志，切问近思，此八字，是收放心的工夫；神闲气静，智深勇沉，此八字，是干大事的本领。**

——摘自清·王永彬《围炉夜话》

**【释义】**广泛地涉猎知识，志向坚定，真诚地向人请教，并仔细思考，这是使心态收放自如的功夫；心神安详，无浮躁之气，拥有深厚的智慧和沉毅的勇气，这是做大事的本领。

◣ 学不精勤，不如不学。

——摘自《周书·庚信传》

【释义】学习不精通不勤奋，还不如不学。学习贵在勤奋和坚持，如果总是只求一知半解而不深入思考，是难以取得好的学习效果的。

◣ 好学近乎知，力行近乎仁，知耻近乎勇。

——摘自《中庸》

【释义】爱好学习就接近智慧，努力行善就接近仁德，知道耻辱就接近勇敢。

◣ 粉黛至则西施以加丽。

——摘自东晋·葛洪《抱朴子·勖学》

【释义】美丽的西施，如果再用粉黛修饰，就会变得更加楚楚动人。指人如果天资聪慧，再通过后天的学习，就会变得更加聪敏。

◣ 惟书不问贵贱贫富老少。观书一卷，则增一卷之益；观书一日，则有一日之益。

——摘自明·陈继儒《小窗幽记》

【释义】只有书不问人的贵贱、贫富、老少。读书一卷，就会获得读一卷书的好处；读书一天，就会获得读一天书的好处。

◣ 子曰：学而不思则罔，思而不学则殆。

——摘自《论语·学而》

【释义】孔子说："只读书而不深入思索，就会茫然无所知；只空想而不读书，就会产生疑惑。"

◣ 博观而约取，厚积而薄发。

——摘自宋·苏轼《稼说送张琥》

【释义】只有广见博识，多了解古今中外的人和事，才能择其精要者而取之；只有积累丰厚，才能得心应手为我所用。

◣ **力学如力耕，勤惰尔自知。但使书种多，会有岁稔时。**

——摘自宋·刘过《游郭希吕石洞二十咏·书院》

**【释义】**努力学习就像努力耕种一样，勤奋和懒惰自己应该知道。就算书的种类繁多，只要努力读书，总会有熟读、理解的那一天。

◣ **读书破万卷，下笔如有神。**

——摘自唐·杜甫《奉赠韦左丞丈二十二韵》

**【释义】**熟读万卷书本，甚至将书都翻破了，这样写文章便会如有神灵相助。要想写出好文章，一定要多读书。

◣ **读书贵神解，无事守章句。**

——摘自清·徐洪钧《书怀》

**【释义】**读书贵在领会书中的精神和要旨，不必拘泥于其中的章节和句子。

◣ **早岁读书无甚解，晚年省事有奇功。**

——摘自宋·苏辙《省事》

**【释义】**年轻时读书并没有取得深刻理解，到了晚年的时候并没有付出多大努力却取得了惊人的成就。

◣ **养心莫若寡欲，至乐无如读书。**

——摘自郑成功自勉读书联

**【释义】**没有比清心寡欲更有益于修身养性的，没有比读书更令人快乐的。

◣ **博学而不穷，笃行而不倦。**

——摘自《礼记·儒行》

**【释义】**广泛地学习而永不停止，坚定地实践而永不厌倦。

◣ **少年易老学难成，一寸光阴不可轻。未觉池塘春草梦，阶前梧叶已秋声。**

——摘自宋·朱熹《劝学诗》

**【释义】**时光易逝，少年时代若不珍惜，时光一晃就要慢慢走向衰老，如老年了才想起学习，就晚了。哪怕一点点光阴，都不要浪费。春天刚刚来临，还没来得及感受春草变绿，转眼间，阶前的梧桐叶已经发黄了。

◣ **盛年不重来，一日难再晨。及时当勉励，岁月不待人。**

——摘自魏晋·陶渊明《杂诗》

**【释义】**精力充沛的年岁不会重来，犹如一天之中不会有两个早晨。此语劝人们应当在风华正茂之时奋发进取，珍惜时间，岁月是一去不复返的。

◣ **百川东到海，何时复西归？少壮不努力，老大徒伤悲。**

——摘自《汉乐府·长歌行》

**【释义】**时间如江河流入大海，一去不复返；人在年轻时不努力学习，年龄大了一事无成，那就只有悲伤、后悔。

◣ **花有重开日，人无再少年。**

——摘自宋·陈著《续侄溥赏酴醾劝酒二首》其一

**【释义】**花凋谢后还会有重开的那一天，人如果老去了，青春便不会再回来。人在青年时一定要珍惜大好时光，奋发向上。

◣ **青春须早为，岂能长少年。**

——摘自唐·孟郊《劝学》

**【释义】**人应当在年少的时候奋发向上，有所作为，又有谁能够长久保持青春呢?

◣ **光阴似箭催人老，日月如梭趱少年。**

——摘自元·高明《琵琶记》

**【释义】**光阴像射出的飞箭一样，催人变老；岁月就如飞梭一样，追赶着年少的人们。

◣ **三更灯火五更鸡，正是男儿读书时。黑发不知勤学早，白首方悔读书迟。**

——摘自唐·颜真卿《劝学》

**【释义】**每天三更半夜到拂晓鸡鸣，正是男儿读书的好时候。如年轻时不知道要勤奋学习，到年老时后悔也来不及了。此语劝导人们珍惜时间，争分夺秒地学习。

◣ **贫无可奈惟求俭，拙亦何妨只要勤。**

——摘自清·王永彬《围炉夜话》

**【释义】**贫穷得毫无办法的时候，只要力求节俭，总还是可以过的。天性愚笨没有关系，只要比别人更勤奋学习，还是可以改变的。

◣ **不广求，故得；不杂学，故明。**

——摘自隋·王通《文中子·魏相》

**【释义】**做学问不贪多求广，所以能有所收获；不杂乱而贵在专精，所以能深刻明了。

◣ **学所以益才也，砺所以致刃也。**

——摘自西汉·刘向《说苑·建本》

**【释义】**人经过学习，方能增长才智；刀经过磨砺，方能更加锋利。

◣ **古人学问无遗力，少壮工夫老始成。纸上得来终觉浅，绝知此事要躬行。**

——摘自宋·陆游《冬夜读书示子聿》

**【释义】**自古以来要在学问上有成就，都要不遗余力地去钻研，在青壮年时期下苦功夫，到老年时才能有所成就。只从书中学习知识终究是不够完善的，要深入理解其中的道理，还需要亲自实践。

◣ **学如逆水行舟，不进则退。**

——摘自《增广贤文》

**【释义】**学习要不断进取，犹如逆水行驶的小船，不努力向前就会倒退。

◣ **少年辛苦终身事，莫向光阴惰寸功。**

——摘自唐·杜荀鹤《题弟侄书堂》

**【释义】**少年时期辛苦学习，将为一生的事业扎下根基，切莫有丝毫懒惰，不要浪费了大好光阴。

◣ 粗缯大布裹生涯，腹有诗书气自华。

——摘自宋·苏轼《和董传留别》

【释义】虽然身上包裹着粗布衣裳，但饱读诗书，胸有学问，气质自然光彩夺目。

◣ 非精不能明其理，非博不能至其约。

——摘自明·徐春甫《古今医统大全》

【释义】不精思熟虑就不能明白其中的道理，不博闻广识就不能掌握要领。

◣ 书山有路勤为径，学海无涯苦作舟。

——摘自唐·韩愈《古今贤文·劝学篇》

【释义】勤奋是登上知识高峰的一条捷径，不怕吃苦才能在知识的海洋里自由遨游，刻苦学习才能有所收获。

◣ 读书勤乃有，不勤腹空虚。

——摘自唐·韩愈《符读书城南》

【释义】学问只有勤奋才能获得，不勤奋学习只有腹中空虚。

此语是韩愈勉励其子韩符勤奋读书的话。他认为，做一个有为的人，必须腹中有诗书，成为一个学识渊博的人，而要如此，只有勤奋读书一途。

◣ 睹百抱之枝，则足以知其本之不细；睹汪岁之文，则足以觉其人之渊邃。

——摘自东晋·葛洪《抱朴子·博喻》

【释义】看见巨大的树木，就知道它的树根又粗又深；读过才情充沛的美文，便能够知道作者有渊博的学识。

◣ 古今至文，皆血泪所成。

——摘自清·张潮《幽梦影》

【释义】古往今来凡属顶好的诗文，都是作者用自己的血泪写成的。

◣ 书卷多情似故人，晨昏忧乐每相亲。

——摘自明·于谦《观书》

【**释义**】此语以拟人的手法，将书卷比作有情有义的老朋友，而且朝夕相处，晨昏不离，一起分享忧愁和快乐，生动描绘出作者如饥似渴勤奋读书的情态。

◣ **学不可以已。**

——摘自《荀子·劝学》

【**释义**】学习是不能够停止的，应该持之以恒。

◣ **读书患不多，思义患不明。患足已不学，既学患不行。**

——摘自唐·韩愈《赠别元十八协律》

【**释义**】读书担忧读得不多，思考书中的含义担忧想不明白。担忧有自满情绪不再学习，学成之后又担忧不去践行。

◣ **君子知夫不全不粹之不足以为美也，故诵数以贯之，思索以通之，为其人以处之，除其害者以持养之。**

——摘自《荀子·劝学》

【**释义**】君子明白学识不全面、不纯粹是不足以称为完美的，所以总是反复学习、前后联系、用心思考，以融会贯通，效法良师益友努力去践行，除掉其中有害的东西，培养有益的学识。

◣ **学莫便乎近其人。**

——摘自《荀子·劝学》

【**释义**】学习，没有比接近良师益友并向其积极学习效率更高的途径了。

◣ **一时劝人以言，百世劝人以书。**

——摘自清·金缨《格言联璧》

【**释义**】用言语去奉劝别人只能是一时的，而用书中的道理奉劝别人则能影响百世。

◣ **人之为学，不可自小，又不可自大。**

——摘自明·顾炎武《日知录》

【**释义**】学习时不要在渊博浩瀚的知识面前感到自卑，也不能因为学到一点点知识而骄傲自满。

◣ **善学者其如海乎。**

——摘自清·袁枚《随园诗话》

**【释义】**善于学习的人就像吸纳百川的大海。

◣ **子曰："默而识之，学而不厌，诲人不倦，何有于我哉？"**

——摘自《论语·述而》

**【释义】**孔子说："把所学的东西默默记下来，不断地学习而不厌烦，教导别人而不感到倦怠，这些我做得怎么样呢？"

◣ **记问之学，不足以为人师。**

——摘自《礼记·学记》

**【释义】**只懂得教学生死记硬背的人，不足以成为老师。

◣ **人多以老成则不肯下问，故终身不知。**

——摘自宋·朱熹、吕祖谦《近思录》

**【释义】**人们大多因为自己老练成熟而不肯向比自己地位低的人学习，所以一辈子无知。

◣ **与朋友交游，须将他好处留心学来，方能受益；对圣贤言语，必要我平时照样行去，才算读书。**

——摘自清·王永彬《围炉夜话》

**【释义】**结交朋友要留心学习他们的长处，这样才能从中受益；读圣贤的书一定要在平时效仿践行，这才算是真正的读书。

◣ **凡学之不勤，必其志之尚未笃也。**

——摘自明·王阳明《勤学》

**【释义】**但凡那些求学而不勤奋的人，一定是因为他们的志向不够坚定。

◣ **问讯者，知之本；念虑者，知之道也。**

——摘自西汉·刘向《说苑·谈丛》

【**释义**】请教，是增长自身学问的根本方法；思考，是增长自身智慧的重要途径。

◣ **学贵心悟，守旧无功。**

——摘自北宋·张载《经学理窟》

【**释义**】读书学习最重要的是用心感悟其中的道理，因循守旧不会有什么收获。

◣ **善读书惟其意，不惟其文。**

——摘自明·吴承恩《射阳先生存稿》

【**释义**】善于学习的人，要注重文章的含义，而不要单单追求其文采。

◣ **人若志趣不远，心不在焉，虽学无成。**

——摘自北宋·张载《经学理窟·义理》

【**释义**】人如果没有远大的志向，心思不在学习上，即便学了，也不会有所成就。

◣ **君子学以聚之，问以辩之，宽以居之，仁以行之。**

——摘自《周易·文言传》

【**释义**】君子通过学习来积累知识，通过讨论来明辨事理，用宽厚的态度立身，用仁义之道行事。

◣ **读书须用意，一字值千金。**

——摘自《增广贤文》

【**释义**】读书只有下苦功夫，才能写出文辞精妙的文章。

◣ **旦旦而学之，久而不怠焉，迄乎成。**

——摘自清·彭端淑《为学一首示子侄》

【**释义**】每天坚持学习、刻苦钻研，从不懈怠，直到最终有所成就。

◣ **口而诵，心而惟。朝于斯，夕于斯。**

——摘自《三字经》

【释义】学习的时候要一边口诵，一边思考。早晚都坚持学习，才能真正有所成就。

◣ 读万卷书，行万里路。

——摘自明·董其昌《画旨》

【释义】人生既要读很多的书本，又要行走很远的路程。此语说明读书学习与社会实践相结合的道理。“读书”与“行路”是不可或缺的两个部分，光“读书”不“行路”，只是纸上谈兵，一到实际工作和生活中，就会处处碰壁。

◣ 知而好问，然后能才。

——摘自《荀子·儒效》

【释义】聪明并且勤学好问，然后才能成才。

◣ 温故而知新，可以为师矣。

——摘自《论语·为政》

【释义】温习过去所学的知识从而得到新的体会和理解，这样便可以成为老师。

◣ 吾生也有涯，而知也无涯 。以有涯随无涯，殆已！已而为知者，殆而已矣！为善无近名，为恶无近刑。缘督以为经，可以保身，可以全生，可以养亲，可以尽年。

——摘自《庄子·养生主》

【释义】人的生命是有限的，而知识却是无限的，用有限的人生追求无限的知识，就会精疲力竭。面对浩瀚的知识海洋，要有时不我待的紧迫感，抓紧时间努力学习，尽可能多地摄取知识，完满自己的人生，为国家做出自己的贡献。

◣ 敏而好学，不耻下问。

——摘自《论语·公冶长》

【释义】一个人仅有聪明天资是远远不够的，还必须要有勤学好问的精神。与人的天资相比，勤学好问的精神更为重要。

◣ 好学深思，必知其意。

——摘自西汉·司马迁《史记·五帝本纪赞》

【**释义**】喜好学习并能深入地思考，便能领会其中的意义。

◣ 熟读唐诗三百首，不会吟诗也会吟。

——摘自清·孙洙《唐诗三百首序》

【**释义**】经常读唐诗三百首，即使不会自己作诗也会吟诵诗歌。比喻学习优秀作品，会潜移默化地受到影响，从而增长聪明才智。

◣ 口辩者其言深，笔敏者其文沉。

——摘自东汉·王充《论衡·自纪》

【**释义**】口才好的人言语深刻，文笔好的人文章深沉。

◣ 有书癖而无剪裁，徒号书橱；惟名饮而少蕴藉，终非名饮。

——摘自明·陈继儒《小窗幽记》

【**释义**】有读书的癖好，却对书中的知识不加选择和取舍，这样的人只不过像藏书的书橱罢了；只有善饮之名，却不懂饮酒时所蕴含的意趣，终不能算是善饮之人。

◣ 口会说，笔会做，都不济事。须是身上行出，才算学问。

——摘自清·颜元《习斋记余》

【**释义**】读书光会口说笔写还不行，必须从自身实践中得来，才算是真学问。

# 察人

◣ 夫尚贤者，政之本也。

——摘自《墨子·尚贤》

**【释义】**崇尚贤能的人，是为政的根本所在。

◣ 治国之难，在于知贤。

——摘自《列子·说符》

**【释义】**治理国家的难处，在于明白谁是德才兼备、可以委以重任的人才。

◣ 内举不避亲，外举不避仇。

——摘自秦·吕不韦《吕氏春秋·去私》

**【释义】**举荐人才，于内不有意回避自己亲近的人，于外不回避与自己有矛盾的人。指推举人才时，要秉持公正无私之心。

◣ 选士用能，不拘长幼。

——摘自西晋·陈寿《三国志·蜀书·秦宓传》

**【释义】**选拔人才，任用能人，不可拘泥于年龄的大小。强调选用人才要唯才是举，突破论资排辈的陈旧框架。

◣ 尊贤使能，俊杰在位，则天下之士皆悦，而愿立于其朝矣。

——摘自《孟子·公孙丑上》

【**释义**】尊重贤能，让他们在其位谋其职，那么天下有才能的人都愿意为这个朝代效力。

◣ 功无大乎进贤。

——摘自秦·吕不韦《吕氏春秋·赞能》

【**释义**】没有比举荐贤才更大的功劳了。

◣ 九征观人法："君子远使之而观其忠，近使之而观其敬，烦使之而观其能，卒然问焉而观其知，急与之期而观其信，委之以财而观其仁，告之以危而观其节，醉之以酒而观其侧，杂之以处而观其色。九征至，不肖人得矣。"

——摘自《庄子·列御寇》

【**释义**】庄子提出一种遴选人才的办法——九征：观察一个人，有意疏远他，看他是否依旧忠诚；近距离接触他，看他是否能保持恭敬；给他安排很多有挑战性的工作，看他是否游刃有余；突然向他提出职责范围内的问题，看他是否胸怀全局、应对自如；仓促与他约定时间，看他守信的程度；安排他管理财务，考察他是否廉洁；将他置于某种危难处境，观察他是否能临危不乱；让他喝醉酒，观察他酒后的行为仪态；让他与各式各样的人相处，观察他的面部表情，看他处理人际关系的能力。

◣ 识人六验："喜之以验其守，乐之以验其僻，怒之以验其节，惧之以验其持，哀之以验其人，苦之以验其志。"

——摘自秦·吕不韦《吕氏春秋》

【**释义**】识人有六条检验标准：让他高兴，以检验其操守；使他快乐，以检验其有无邪念；激他发怒，看他能否控制情绪；使他恐惧，看他是否意志坚定；引他悲哀，以检验其仁爱之心；使之劳苦，看其意志力是否坚强。

◣ 人有所优，固有所劣；人有所工，固有所拙。

——摘自东汉·王充《论衡·书解》

【**释义**】人有优点，必然也有缺点；人有擅长，必然也有不擅长。指看人要全面，看问题要一分为二，不能求全责备，只看到长处或短处。人无完人，必然都有自身的长处和短处。

◣ **用才必察其德，拒奸必正己心。莫以一事论之，勿以一时断之。**

——摘自唐·狄仁杰《官经》

**【释义】**任用一个人才要考察其德行，远离小人首先要加强自身修养。不能因一件事、一时的事而对人或物下判断。

◣ **居视其所亲，富视其所与，达视其所举，窘视其所不为，贫视其所不取。**

——摘自宋·司马光《资治通鉴·周纪》

**【释义】**看一个人平常都与谁在一起，如与贤人亲近，则可重用；若与小人为伍，就要当心。看一个人如何支配自己的财富，如只满足自己的私欲，贪图享乐，则不能重用；如接济穷人，或培植有为之士，则可重用。一个人处于显赫之时，就要看他如何选拔部属，若任人唯贤，则是良士真人；反之则不可重用。当一个人处于困境时，要看其操守如何，若不做苟且之事，不出卖良心，则可重用；反之则不可重用。人在贫困潦倒之际也不取不义之财，则可重用；反之不可重用。

注：李悝是战国初期魏国著名的政治家、法学家，曾任魏国丞相。魏文侯请李悝为自己挑选的两位宰相候选人提出裁决意见，李悝提出了以上的“识人五法”供魏文侯参考。

◣ **然知人之道有七焉：一曰问之以是非而观其志；二曰穷之以辞辩而观其变；三曰咨之以计谋而观其识；四曰告之以祸难而观其勇；五曰醉之以酒而观其性；六曰临之以利而观其廉；七曰期之以事而观其信。**

——摘自三国·诸葛亮《将苑·知人》

**【释义】**一代谋圣诸葛亮在《知人》一文中讲述了自己的观人识人的诀窍：问他关于大是大非的问题，看他的志向；用无懈可击的言辞把他逼到理屈词穷的地步，看他的应变能力如何；向对方咨询计谋，考察他的见识如何；告诉对方危险困难的事情，观察他是否具备足够的勇气；通过一起饮酒来观察他酒后的言论及性情；把重要岗位交付给他，考察他是否清正廉明；与他约定好某事，看他能否讲信用。通过以上七法考察一个人的志、变、识、勇、性、廉、信。

◣ **简能而任之，择善而从之，则智者尽其谋，勇者竭其力，仁者播其惠，信者效其忠。**

——摘自唐·魏徵《谏太宗十思疏》

**【释义】**选拔有才能的人而任用他们，选择好的意见来采纳，如此，那些有智慧的人就会施展他们的全部才谋，勇敢的人就会竭尽他们的能力，仁爱的人就会广施他们的恩惠，诚信的人就会报效他们的忠心。

◣ **昔高祖纳善若不及，从谏若转圜，听言不求其能，举功不考其素。**

——摘自东汉·班固《汉书·杨胡朱梅云传》

**【释义】**从前汉高祖刘邦听从好的建议，唯恐不能及时听到；听从好的建议，不管提建议的人才能如何；选用那些有功劳的人，也不去考察他们平素的表现。

◣ **此三者，皆人杰也，吾能用之，此吾所以取天下也。**

——摘自西汉·司马迁《史记·高祖本纪》

**【释义】**萧何、张良、韩信，这三人都是英杰，我能够任用他们，这便是我取得天下的原因。

◣ **干将不可以缝线，巨象不可使捕鼠。**

——摘自东晋·葛洪《抱朴子·用刑》

**【释义】**宝剑虽好，却不能用来缝衣物；大象虽大，却不能用来捕捉老鼠。比喻各类人才各有所长，也各有所短。

◣ **任人当才，为政大体，与之共理，无出此途。而之用才，非无知人之鉴，其所以失溺，在缘情之举。**

——摘自宋·司马光《资治通鉴·唐纪》

**【释义】**重用有真才实学的人，是治理国家的基本原则，与有识之士齐心协力处理政事，是成功之途。但以往在任用贤才的时候，掌权的人并非不具备知人善任的见地，之所以存在很多弊病，是过多考虑情面的缘故。

◣ **宰相必起于州部，猛将必发于卒伍。**

——摘自《韩非子·显学》

**【释义】**宰相的任用，一定要从各个地方选拔出来；勇猛的将领，一定要从士兵的队伍中选拔出来。

◣ **人身之所重者元气，国家之所重者人才。**

——摘自清·金缨《格言联璧》

**【释义】**人身最重要的是元气，而国家最重要的是人才。

◣ **千金何足惜，一士固难求。**

——摘自元·迺贤《南城咏古》

**【释义】**千两黄金不值得珍惜，一个有才之士很难求访得到。真正杰出的人才是不能用金钱的价值来衡量的，强调人才在治国安邦中的重大作用。

◣ **天生才甚难，不忍以微瑕弃也。**

——摘自《明史·徐薄传》

**【释义】**人才难得，不忍心因为一点小缺点而弃之不用。人无完人，无论用人还是交友，都应宽厚和大度。

◣ **时危始识不世才。**

——摘自唐·杜甫《寄狄明府》

**【释义】**只有在危难之际才能辨别谁是真正的人才。

◣ **士为知己者死，女为悦己者容。**

——摘自《战国策·赵策一》

**【释义】**士乐于为知己的人舍生忘死，女子乐于为能使自己欢喜的人打扮。

◣ **任人者，故逸。**

——摘自秦·吕不韦《吕氏春秋·开春论》

【**释义**】任用贤能的人做事情，就能事半功倍。

◣ 若录长补短，则天下无不用之人；责短舍长，则天下无可用之才。

——摘自唐·陆贽《陆贽论人才》

【**释义**】人若有某一方面的长才，那也一定有某方面的欠缺。如能取其长而补其短，则天下没有一个人是无用的。若求全责备，看其短处而不见其长处，那么天下就无可用之才。

◣ 见贤而不能举，举而不能先，命也；见不善而不能退，退而不能远，过也。

——摘自《大学》

【**释义**】见到贤才而不能举荐，或是虽然推荐了却又不能优先重用，这是怠慢；见到坏人而不能予以黜退，或是已予黜退却不能驱之远离，这是政治上的失误。

◣ 通才之人，或见赘于时；高世之士，或见排于俗。

——摘自宋·王安石《取材》

【**释义**】文韬武略兼备的人，有的被闲置，成为一个多余的人；有旷世奇才的人，有的成为众人排挤的对象，结果一生没有用武之地。此语指不是发现人才难，而是任用人才、善用人才难。

◣ 观操守在利害时，观精力在饥疲时，观度量在喜怒时，观修养在纷华时，观镇定在震惊时。

——摘自清·林则徐《观操守》

【**释义**】观察一个人的操守、志向，要在利害相关的时候；观察一个人的精力，要在饥饿疲劳的时候；观察一个人的度量，要在喜或怒的时候；观察一个人的道德修养，要在繁华兴盛的时候；观察一个人是否镇定，要在震惊的时候。

◣ 虽有千里之能，食不饱，力不足，才美不外见，且欲与常马等不可得，安求其能千里也?

——摘自唐·韩愈《杂说四》

**【释义】**即使是能日行千里的马，若吃不饱，精力不够，它出众的才能也不会被发现；而且这种马有时也得不到与普通的马相等的待遇，怎么能指望它日行千里呢？这是以千里马为喻，说明对杰出人才既要重视，又要精心呵护，以充分发挥他们治国安邦的才能。

◣ 人之有能有为，使羞其行，而邦其昌。

——摘自《尚书·周书·洪范》

**【释义】**对于那些有真才实能的人，要创造条件让他们贡献自己的力量，使国家昌盛。

◣ 夷吾善鲍叔牙。鲍叔牙之为人也，清廉洁直；视不己若者，不比于人；一闻人之过，终身不忘。

——摘自秦·吕不韦《吕氏春秋·贵公》

**【释义】**管仲生病，齐桓公去探望他，并问他还有谁是可托付国家之人。管仲说，我与鲍叔牙是至交。他虽为官清廉，也有能力水平，但他孤芳自赏，对待不如自己的人，不屑与之为伍。一旦得知他人的过失，则一辈子都不忘。这与“成大事者必有大格局”的相国职位不相匹配。

◣ 得十良马，不若得一伯乐；得十良剑，不若得一欧冶。

——摘自秦·吕不韦《吕氏春秋·赞能》

**【释义】**得到十匹良马，也比不上得到一个懂相马的伯乐；得到十把宝剑，也不如得到一个能够铸宝剑的欧冶子。

◣ 川泽纳污，山薮藏疾，瑾瑜匿瑕。

——摘自《左传·宣公十八年》

**【释义】**江河能够容纳污垢，深山中的草野会暗藏瘴疾，美玉也会有细微的杂质。此语喻事物不可能十全十美，人也不可能没有缺点。

◣ 夫贤不肖、智愚、勇怯、仁义有差，乃可捭，乃可阖。

——摘自《鬼谷子》

**【释义】**世人有贤良和不肖的差别，有聪明和愚蠢的差别，有勇敢和懦弱的差别，也有仁义之间的差别。对不同的人可采取不同的方法，对贤能的人可以奉为上宾，对不贤的人可以拒之门外。

## ◣ 山不厌高，海不厌深；周公吐哺，天下归心。

——摘自三国·曹操《短歌行》

**【释义】**山不辞土石才这么高，海不弃细流才这么深。只有像周公那样礼待贤才，才能使天下人心都归向自己。据说，周公为了接待天下之士，有时洗一次头、吃一顿饭都中断数次，显示了他尊重人才、求贤若渴的胸怀。

## ◣ 凡官民材，必先论之。论辩，然后使之；任事，然后爵之；位定，然后禄之。

——摘自《礼记·王制》

**【释义】**那些凭借才能当官的人，一定要先考验他们。考验其才情德行后，再试用他们一段时间；能够胜任工作的，再确定他们的官阶品级；品阶确定之后，再给他们相应的俸禄。

## ◣ 以骥待马，则马皆骥也。

——摘自明·方孝孺《深虑论十》

**【释义】**用对待千里马的态度对待普通的马，普通的马也会成为千里马。此语以养马说明用人的道理：善于用人，就能收获他全身心的报效，从而实现用人效果的最大化。

## ◣ 不惜名，莫嫌仇，不吝财，人皆堪驭也。

——摘自明·张居正《驭人经》

**【释义】**只要愿意把名声分给下属，不记恨下属的失误和抱怨，不吝啬手中的财物和资源，任何人都可以在你手下发挥出你想要的能力。

## ◣ 善察者知人，善思者知心。知人不惧，知心堪御。

——摘自五代·冯道《荣枯鉴·揣知》

**【释义】**善于观察的人能够了解别人，善于思索的人能够理解别人真实的想法。了解了别人才能无所畏惧，理解别人的内心才能很好地任用。

◣ 有作用者，器宇定是不凡；有智慧者，才情决然不露。

——摘自清·金缨《格言联璧·存善类》

**【释义】**有非常作为的人，气度必定不平凡；有智慧的人，才情绝不外露。

◣ 知人则哲。

——摘自《尚书·皋陶谟》

**【释义】**能鉴察人的品行才能，即可谓之明智。

◣ 任人之长，不强其短；任人之工，不强其拙。

——摘自《晏子春秋》

**【释义】**用人要用他的长处，不要强求他的短处；用人要用他所擅长的一面，不要强求他拙劣的一面。

◣ 剑不试则利钝暗，弓不试则劲挠诬。

——摘自东汉·王符《潜夫论·考绩》

**【释义】**刀剑不试就不知其锋利还是不锋利；弓不拉开就无法得知它是强劲还是脆弱。指只有经过实践才能考察出一个人才能的优劣。

◣ 论士必定于志行，毁誉必参于效验。

——摘自东汉·王符《潜夫论·交际》

**【释义】**评论个人一定要看他的志向与言行，批评或称赞必须要以事实为证。

◣ 不忌其失，惟记其功，智不负德者焉。

——摘自明·张居正《驭人经》

**【释义】**不要忌讳他人的失误，要常常把他人的功劳挂在嘴上；一个有智慧和能力的人，是不会背叛有极高道德品质的领导者的。

◣ 臣闻报恩莫大于荐贤，贤者虽在板筑，犹可为相，况至亲乎！

——摘自宋·司马光《资治通鉴·晋纪二十三》

**【释义】**我听说报恩没有比荐贤更重要的了，贤能的人虽然隐遁在服役筑墙的人中间，也可以起用为宰相，何况是近亲呢！

◣ 沧海混漾，不以含垢累其无涯之广。

——摘自东晋·葛洪《抱朴子·博喻》

**【释义】**茫茫大海，不会因为其中有脏东西便影响其广大。指对人不应当求全责备。

◣ 君子曰："石碏，纯臣也，恶州吁而厚与焉。大义灭亲，其是之谓乎！"

——摘自《左传·隐公三年、四年》

**【释义】**这是《左传》对石碏的高度赞扬：石碏确实是一位忠臣，他厌恶自己的儿子石厚同州吁一起做坏事，便将石厚处死。大义灭亲，不正是这个样子吗？这是"大义灭亲"成语的由来。

◣ 圣人之官人，犹匠之用木也，取其所长，弃其所短。

——摘自宋·司马光《资治通鉴·周纪一》

**【释义】**圣人选人任官，好比工匠选材料，应选用他的长处，避开他的短处。

◣ 君子拒恶，小人拒善。明主识人，庸主进私。

——摘自明·张居正《驭人经》

**【释义】**有道德的人拒绝做坏事，小人却拒绝做好事。英明的领导善于识别人，平庸的领导只会选择自己的亲信和私交。

◣ 智者驭智，不以智取；尊者驭智，不以势迫；强者驭智，不以力较。

——摘自明·张居正《驭人经》

**【释义】**真正有能力有智慧的领导者驾驭有能力有智慧的下属，从不会跟他比智慧和能力，防止因较量形成内耗；一个真正有地位的人驾驭有能力和智慧的下属，也不会用威势来压迫他，防止因威势而滋生不满之心；一个真正强大的人驾驭有能力和智慧的下属，绝不会用蛮力来让他们屈服，防止因蛮力而离心离德。

◣ 危莫危于任疑，败莫败于多私。

——摘自秦·黄石公《素书》

【释义】最危险的举措，莫过于任人而疑；最失败的行径，莫过于自私自利。

◣ 计功而行赏，程能而授事。

——摘自《韩非子·八说》

【释义】计算其功劳去施行封赏，衡量其才干而授予官职。

◣ 以言取士，士饰其言；以行取人，人竭其行。

——摘自《梁书·武帝下》

【释义】根据言辞来选取士人，士人必将夸饰他们的言辞；根据其行为来选取士人，士人必将竭力而行。

◣ 与其位，勿夺其职；任以事，勿间以言。

——摘自宋·陈亮《论开诚之道》

【释义】给予其官职，就不要过分干涉他的职权；将事情交给了他，就不要再去指手画脚。

◣ 国有贤士而不用，非士之过，有国者之耻。

——摘自西汉·桓宽《盐铁论·国病》

【释义】国内有贤能的士人而没有得到重用，这并非贤能士人的过失，而是国君的耻辱。

◣ 谋臣良将，何代无之？贵在见知，要在见用耳。

——摘自南朝梁·郭祖深《舆榇诣阙上封事》

【释义】有文韬的谋臣与有武略的良将，任何时代都不缺，关键是他们是否能被发现、被任用罢了。此言指人才任何朝代都有，就看用人者是否有眼光发现并有效任用人才。

◣ 私不驭忠，公堪改志也；赏不驭忠，旌堪励众也。

——摘自明·张居正《驭人经》

【释义】以私心处理事情，很难让忠直的人佩服，只有公心才能得到他们的真心拥护；通过奖赏他们，树立起你明察秋毫的形象，这不是主要目的，激励团队中所有的人才是目的。

◣ 为政在人，取人以身，修身以道，修道以仁。

——摘自《中庸》

【释义】处理政务关键在于懂得用人之道，要想得到人才，关键在于修养自身，修养自身的关键在于能够按照大道做事情，遵循大道要从仁义开始。

◣ 爱人深者求贤急，乐得贤者养人厚。

——摘自秦·黄石公《素书》

【释义】爱人深切的人，必定会寻求贤能之士的帮助；乐于得到贤能之士帮助的人，必定会宽厚地对待他人。

◣ 井以甘竭，李以苦存。

——摘自明·刘基《苦斋记》

【释义】水井因为其水甘甜而干涸，李子因为味道苦涩而得以保全。

◣ 各以官名举人，按名督实，选才考能，令实当其名，名当其实，则得举贤之道也。

——摘自《六韬·举贤》

【释义】根据各级官吏所具备的才能、政绩选拔贤能，按照各级官吏的职责考核其成绩，选拔出人才。要考察他们履职能力的强弱，使其德才与官位相匹配。这样便是掌握了举贤的原则和方法。

◣ 苟得其人，虽仇必举；苟非其人，虽亲不授。

——摘自西晋·陈寿《三国志·蜀书·许靖传》

【释义】如果一个人是人才，即使是仇敌，也要举荐任用；如果不是人才，再亲近的人也不可授予官职。

◣ 不才者进，则有才之路塞。

——摘自《新唐书·韦思谦传》

【释义】没有才能的人得到晋升和重用，那么有才能的人的进路就会被阻塞。

◣ 周公一沐三握发，一饭三吐餐，以接白屋之士，一日所见者七十余人……门不停宾，古所贵也。

——摘自南北朝·颜之推《颜氏家训》

【释义】周公洗一次头发中断了三次，吃一顿饭也停止了三次，来接见没有功名的客人，一天要接待七十多位客人……他从不让客人在门口等待，这是古人所看重之处。

◣ 良玉未剖，与瓦石相类；名骥未驰，与驽马相杂。

——摘自唐·李延寿《北史·苏绰传》

【释义】玉石没有被剖开的时候，和瓦片石头很相似；千里马在未奔驰的时候，同劣马混在一起，并没有什么差别。比喻在实践中才能发现真正有治国之才的人。

◣ 安危在出令，存亡在所任。

——摘自西汉·司马迁《史记·楚元王世家》

【释义】国家是安全还是危险，关键在于发出的政令；国家是存在还是灭亡，关键在于任用的人。

◣ 常格不破，人才难得。

——摘自宋·包拯《明刻本附录》

【释义】如果不破除常规，就很难招揽到人才。选人用人既要破除论资排辈的"格"意识，做到"不拘一格"，又要防止任人唯亲。

◣ 我劝天公重抖擞，不拘一格降人才。

——摘自清·龚自珍《己亥杂诗》

【释义】我奉劝老天能重新振作精神，不要拘守一定规格降下更多的人才。现在多用"不拘一格降人才"来形容任人要"唯才是举"，不要论资排辈。

◣ 黄钟毁弃，瓦釜雷鸣。

——摘自《楚辞·卜居》

【释义】黄钟被砸烂并抛弃在一边不用，却把泥土制作的锅敲得很响。比喻有才德的人被弃置不用，而才德平庸之辈却居于高位。

◣ 长材靡入用，大厦失巨楹。

——摘自唐·邵谒《赠郑殷处士》

【释义】大材不加以重用，高楼大厦就失去了支柱。比喻若不重用人才，事业就会失去骨干。

◣ 爱之则不觉其过，恶之则不知其善。

——摘自南朝·范晔《后汉书·爰廷传》

【释义】喜爱一个人，就察觉不到他的过错；厌恶一个人，就看不到他的优点。

◣ 夫选贤之义，无私为本；奉上之道，当仁是贵。

——摘自唐·李世民《帝范》

【释义】选择贤臣的原则，没有私心是最根本的；侍奉君主的原则，推行仁爱是最重要的。

◣ 君子不以言举人，不以人废言。

——摘自《论语·卫灵公》

【释义】君子不会因为一个人的言语就推荐他，也不会因为一个人的错误和缺点就不用他好的言论。

◣ 教之、养之、取之、任之，有一非其道，则足以败乱天下之人才。

——摘自宋·王安石《上仁宗皇帝言事书》

【释义】教育人才、培养人才、选拔人才、任用人才，其中若有一个环节有错误，都足以毁掉天下的人才。此言指统治者对人才的教育、培养、选择、任用要认真对待，否则治国安邦便会无才可用。

◣ 不知人之短，不知人之长，不知人长中之短，不知人短中之长，则不可以用人，不可以教人。

——摘自清·魏源《默觚下·治篇七》

【释义】如果不知道一个人的长处、短处，不知道其长处中存在的缺点，短处中存在的优点，就不可能合理地用人，也不可能正确地教育人。

**慢其所敬者凶，貌合心离者孤，亲谗远忠者亡。**

——摘自秦·黄石公《素书》

【释义】怠慢应受尊重的人，一定会招致不幸；表面上关系亲切，实际上心怀异志的人，一定会陷于孤立；亲近谗慝，远离忠良，一定会灭亡。

**才以用而日生，思以引而不竭。**

——摘自清·王夫之《周易外传》

【释义】才干因为使用而不断增进，思想因为疏导而不穷竭。此语指人的才干和思想只有在不断实践中才能得到增强和提高，若无实践激发，人的才思便会枯竭。

**得人之道，在于知人；知人之法，在于责实。**

——摘自《宋史·苏轼传》

【释义】得到人才的方法，在于了解人；而了解人，在于了解他是否名实相符。

**良马难乘，然可以任重致远。**

——摘自《墨子·亲士》

【释义】好的马虽然不好驾驭，但它可以背负很重的东西跑很远的路。

**人臣若无学业，不能识前言往行，岂堪大任？**

——摘自唐·吴兢《贞观政要·崇儒学》

【释义】做臣子的假若没有学识，不能通晓前人的言行得失，怎么能够担负重任？

**善为政者，远者近之，而旧者新之。**

——摘自《墨子·耕柱》

【释义】善于处理政务的人，对于那些疏远的人，要亲近他们；对于那些故交，应当像新交的朋友一样。

◣ 天下唯公足以服人。

——摘自《明史·王汝训传》

【释义】只有公正无私，才能令人信服。

◣ 芝兰生于深林，不以无人而不芳。

——摘自《孔子家语·在厄》

【释义】芝兰生长在森林深处，但它并不因为没人观赏就不散发迷人的芬芳。比喻品德高尚的人不因没有人看见而变节或不做好事。

◣ 以过弃功者损，群下外异者沦，既用不仁者疏。

——摘自秦·黄石公《素书》

【释义】因为小的过失便取消别人的功劳，一定会大失人心；部下纷纷有离异之心，必定沦亡；用人却不给予信任，必定导致关系疏远。

◣ 审察其所先后，度权量能，校其伎巧短长。

——摘自《鬼谷子·捭阖》

【释义】要想准确地任用人才，先要度量对方的智谋，测试对方的能力，比较技巧方面的长处和短处。

◣ 失之上者，下必毁之；失之下者，上必疑之。

——摘自五代·冯道《荣枯鉴》

【释义】失去了上层领导信任的人，下层的人就可能诋毁他；失去了下层信任的人，上层领导必定会怀疑他。

◣ 能用度外人，然后能周大事。

——摘自北宋·沈括《梦溪笔谈·杂志》

【释义】能够任用那些同自己关系疏远但有才能的人，这样才能够成就一番大事业。

◣ 言过其实，不可大用。

——摘自西晋·陈寿《三国志·蜀书·马良传》

【释义】言语浮夸、超过自己实际能力的人，不能重用。这是刘备临终前对马谡的评价。意谓他是个夸夸其谈的人，表面看来非常有才华，其实不堪大任。这话后来为“失街亭”所证明，让诸葛亮追悔莫及，也给后人在用人方面留下深刻教训。

◣ 伯乐乃还而视之，去而顾之，一旦而马价十倍。

——摘自《战国策·燕策》

**【释义】**伯乐就绕着马儿转了几圈，临走时又回去看了一眼，这匹马的价钱立马涨了十倍。比喻名家对人才的引荐和评价具有重要的作用，也讽刺了一些人无识别能力而唯权威是从。

◣ 用人取其长，教人责其短。

——摘自《增广贤文》

**【释义】**用人，主要取他的长处，做到扬长避短；教育人，就要严格要求，批评其缺点，并帮其克服短处。

◣ 以利使奸，以智防奸，以忍容奸，以力除奸。

——摘自明·张居正《驭人经》

**【释义】**奸邪之人，用利益就能驱使他为你服务，但是要时刻保持对他的警惕，加以防范；在没有必要和把握铲除他们的时候，采取点到为止的容忍策略，但等到时机成熟，要干净利落地除掉他。

◣ 官贤者量其能，赋禄者称其功。

——摘自《韩非子·八奸》

**【释义】**任用贤达的人，要根据其才能；给予俸禄，要根据其功劳。

◣ 世人皆欲杀，吾意独怜才。

——摘自唐·杜甫《不见》

**【释义】**此言是杜甫怜才怜友之辞。背景为“安史之乱”后李白参与永王起事被查，杜甫认为他卷入王室争端事件确有错误，但他的才华还是应该被珍视。

◣ 士别三日，即更刮目相待。

——摘自西晋·陈寿《三国志·吴志·吕蒙传》

【**释义**】三天没有相见，就应该换个眼光去看待他人。

◣ **用人不宜刻，刻则思效者去；交友不宜滥，滥则贡谀者来。**

——摘自明·洪应明《菜根谭》

【**释义**】用人不要刻薄，为人应该宽厚，若过于刻薄，即便对方想为你效力，也会觉得与你无法相处而离去；交友要看清人品，有所选择，若交友随意而泛滥，就会有善于逢迎献媚的人接近你，可能给你造成伤害。

◣ **如诚君子，虽有小过，亦不必言，何则？其平日之善者多也。**

——摘自宋·吕本中《官箴》

【**释义**】如果是君子，即使有小过失，也不必多说，应该举荐，为什么？是由于他平时做的好事太多了。

◣ **君子用人如器，各取所长。**

——摘自宋·司马光《资治通鉴·唐太宗贞观元年》

【**释义**】君子，指执政者；器，本指器物，此处指人才。执政者任用人才应如使用器物一样，取用每件器物的长处。此语强调了用人善用其长的道理。

◣ **天下万物，不可备能，责其备能于一人，则什么能力都具备，贤圣其犹病诸。**

——摘自《尹文子·大道》

【**释义**】天下万事万物，不可能要求一个人具备各种能力，若如此，就是圣人也感到为难。

◣ **智不足则纳谏，事不兴则恃智。**

——摘自明·张居正《驭人经》

【**释义**】当你对一件事想不出解决的好办法时，要让有能力和智慧的下属想办法，博采众长；当你的事业没有办法做大做强的时候，就要将权力交给那些有能力和智慧的人，让他们帮你完成。

◣ **人之材有大小，而志有远近也。**

——摘自宋·王安石《送陈升之序》

【释义】人的才能有大小之分，志向也有大小之别。此语指要承认人与人的差别，不可强求一律。

## 疑人勿使，使人勿疑。

——摘自《金史·熙宗本纪》

【释义】这是金熙宗的一句名言。怀疑的人就不要任用他，任用的人就不要怀疑他。

## 千羊之皮，不如一狐之腋；千人之诺，不如士之谔谔。

——摘自西汉·司马迁《史记·商君列传》

【释义】上千张羊皮，也不如狐狸腋下之皮；千人随声附和，唯唯诺诺，不如一个直言不讳的人。

## 居移气，养移体，大哉居乎！

——摘自《孟子·尽心上》

【释义】居处环境能够改变人的气度，奉养条件能改变人的身体状况，生活环境真是重要啊！这句话指出人所处的客观环境对于人的成长发展具有重要意义。

## 好不废过，恶不去善。

——摘自《左传·哀公五年》

【释义】对于喜爱的人，不忽视他有过失的一面；对于憎恶的人，不排除他有善良的一面。

## 大匠不为拙工改废绳墨，羿不为拙射变其彀率。

——摘自《孟子·尽心上》

【释义】高明的工匠不因徒工笨拙而改变或废弃规矩，羿不为射手拙劣而改变开弓的标准。这句话表明高明的工匠和射手在培养徒工、弟子时，始终坚持严格的标准和规范，如此才能培养出优秀的新一代工匠和射手。

## 以绳墨取木，则宫室不成矣。

——摘自秦·吕不韦《吕氏春秋》

【释义】如果用绳墨严格地取量木材，那宫室就建不成了。比喻人才不是

“全才”，若求全责备，则天下无人可用。

乐处生悲，一生辛苦；怒时反笑，至老奸邪。

——摘自五代·陈抟《心相篇》

【**释义**】高兴的时候却生出悲伤的情绪，这样的人难免辛苦一辈子；明明非常生气却露出笑容，这样的人到老都是奸诈凶邪之辈。

任贤勿贰，去邪勿疑。

——摘自《尚书·大禹谟》

【**释义**】任用贤才不能三心二意，铲除奸邪不能犹豫不决，举棋不定。

不逢大匠材难用，肯住深山寿更长。

——摘自清·袁枚《大树》

【**释义**】一块好材料如果碰不到能工巧匠就很难物尽其用，一个人如果肯住进深山避开尘世的喧嚣，寿命能更长。此语意指才华卓越的人不遇到有眼光气度的人，很难被重用。

不实在于轻发，固陋在于离贤。

——摘自《尉缭子·十二陵》

【**释义**】做事不能取得实际效果，是由于轻易采取行动；缺乏见识，是因为疏远贤人。此言指治国安邦要慎重处事，不贸然行动；要亲近贤者能人，从而增长见识，做成大事。

不察其德，非识人也。识而勿用，非大德也。

——摘自隋·王通《止学》

【**释义**】看不出一个人的德行，就算不上会识别人；能识人却不能任用他，就不能说是高明的管理者。

不遇盘根错节，何以别利器乎？

——摘自南朝·范晔《后汉书·虞诩列传》

【**释义**】不遇上盘绕的树根和交错的木节，怎能看出斧子是不是锋利？比喻通过处理错综复杂、棘手难办的事情，才能看出一个人的聪明才智。

# 哲理

◣ 天不变其常。

——摘自《管子·牧民》

**【释义】**上天不会改变发展的规律。只有按照事物发展的规律去处理事物，才是正确的选择。

◣ 物有必至，事有固然。

——摘自西汉·司马迁《史记·孟尝君列传》

**【释义】**万物必有终结，世事有其自身发展的规律。

◣ 天行有常，不为尧存，不为桀亡。应之以治则吉，应之以乱则凶。

——摘自《荀子·天论》

**【释义】**大自然运行有其自身的规律，不会因为尧的圣明或者桀的暴虐而改变。顺应规律治理则能收获吉祥，胡乱治理则会遭遇凶灾。

◣ 日中则移，月满则亏，物盛则衰。

——摘自《战国策·秦策三》

**【释义】**太阳运行到中天则向西移，月亮满盈后就会亏缺，万物极盛之后就会衰败。

自然界的万物都遵循着由兴至盛、由盛转衰的客观规律而运行变化。当其发展到极盛阶段之后，就会向相反的方面转化。明白事物的这种特性，对于人的处事、立身都是有益的。

**衰飒的景象，就在盛满中，发生的机缄，即在零落内。故君子居安宜操一心以虑患，处变当坚百忍以图成。**

——摘自明·洪应明《菜根谭》

**【释义】**在志满意得的时候就种下了衰败的祸根，但凡机运转变，多半是在失意的时候就种下了善果。所以君子处在安逸的环境中要保持清醒，以防备随时可能发生的危难，在风云变幻或穷困潦倒的情况下，要以坚忍的毅力咬紧牙关努力奋斗，以取得事业上的成功。

**日月得天而能久照，四时变化而能久成。**

——摘自《周易·恒卦》

**【释义】**日月顺应自然规律，所以能够长久照耀；四季更替有序，所以能够长久养物。

**善除害者察其本，善理疾者绝其源。**

——摘自唐·白居易《策林》

**【释义】**善于消除灾祸的人，总是先查找其根由；善于调理疾病的人，总是先断绝疾病的源头。比喻解决问题要找到问题的症结，从而根治。

**天下之至柔，驰骋天下之至坚。无有入于无间，吾是以知无为之有益。**

——摘自《老子》第四十三章

**【释义】**天下最柔弱的东西，能够驾驭天下最坚硬的东西。无形的道能够进入没有间隙的坚硬之物，我由此知道了清静无为的好处。

**巧者能生规矩，不能废规矩而正方圆。**

——摘自《管子·法法》

**【释义】**心灵手巧的人发明了圆规和曲尺，人们不能离开这两样工具画出规矩的方形和圆形。说明人们要从事劳作，必须依据一定的标准，借助一定的工具。

◣ 舌存，常见齿亡；刚强，终不胜柔弱；户朽，未闻枢蠹；偏执，岂及乎圆融。

——摘自明·陈继儒《小窗幽记》

**【释义】**舌头还存在，牙齿已经缺损，可见刚强终是胜不过柔弱。木门已经朽坏，却没有听说门轴已经腐蚀，可见偏执总是比不上圆融。

◣ 灵天下有一言之微，而千古如新：一字之义，而百世如见者，安可泯灭之？故风、雷、雨、露，天之灵；山、川、民、物，地之灵；语、言、文、字，人之灵。此三才之用，无非一灵以神其间，而又何可泯灭之？

——摘自明·陈继儒《小窗幽记》

**【释义】**灵气是天下很平常的话，经历千百年仍然有新意：一个字所体现的意义，在百世之后还如亲眼所见，怎么可以让它消失呢？风、雷、雨、露，是天的灵气；山、川、民、物，是地的灵气；语、言、文、字，是人的灵气。天、地、人三才所呈现出来的种种现象，无非是灵气使得它们神妙难尽，而又怎么能让其泯灭呢？

◣ 离娄之明，公输子之巧，不以规矩，不能成方圆；师旷之聪，不以六律，不能正五音。

——摘自《孟子·离娄上》

**【释义】**即使有离娄那样好的眼力，鲁班那样高明的技巧，如果不用圆规和矩尺，也不能做出标准的方形和圆形的东西；即使有师旷那样灵敏的听觉，如果不依靠六律，也不能精准地校正五音。

一个人无论多么有天赋，在学习的时候也必须遵循规则，借助某种工具。做人也是如此。就算是天生就有善良的本性，如果不遵循道德规范做事，即使是出于好心，也往往会办成坏事。有的人本性善良，往往会因为一念之差而铸成大错，其原因就在于他没有遵循为人处世的基本原则。

◣ 大成若缺，其用不弊。大盈若冲，其用不穷。大直若屈。大巧若拙。大辩若讷。静胜躁，寒胜热。清静为天下正。

——摘自《老子》第四十五章

【释义】最完美的东西好似有残缺一样，但它的作用永远不会衰竭。最充盈的东西好似是空虚一样，但它的作用永远不会穷尽。最正直的东西好似弯曲，最灵巧的东西好似笨拙，最卓越的辩才好似不善言辞，最大的盈利好似亏本。清静胜过躁动，寒冷胜过暑热。清静无为，则天下可治。

◣ **同声相应，同气相求。水流湿，火就燥。云从龙，风从虎……各从其类也。**

——摘自《周易·乾卦》

【释义】同样的声调能产生共鸣，同样的气息能相互吸引。水往潮湿的地方流，火往干燥的地方烧。云随龙而出，风从虎中现……天下万物都是亲附同类的。物以类聚，人以群分，说的就是这个道理。

◣ **积于柔则刚，积于弱则强，观其所积，以知祸福之向。**

——摘自西汉·刘安《淮南子·原道训》

【释义】积攒更多的柔弱，就会变得刚劲；积累更多的虚弱，就会变得强大。看到其积累的事物，进而可以预见其福祸的趋向。

◣ **欲刚，必以柔守之；欲强，必以弱保之。**

——摘自《列子·黄帝》

【释义】若想达到刚，则必须守住柔的一面；若想达到强，必须守住弱的一面。

◣ **祸与福同门，利与害为邻。**

——摘自西汉·刘安《淮南子·人间训》

【释义】灾祸与福分出自一家，利益与危害互为邻居。

此语告诫人们，灾祸与福分、利益与危害往往相倚并存，互为因果，互相转化。当幸福与利益到来时不可得意忘形，要清醒预防灾祸与危害；当灾祸与危害来临时亦不必过于悲观失望，要积极努力促使其向好的方面转化。

◣ **月晕而风，础润而雨。**

——摘自宋·苏洵《辨奸论》

【释义】月亮生晕，就要刮风；础石湿润，就要下雨。说明事物之间是相

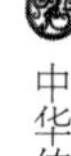

互联系的，通过观察某一事物的发展变化，就可预见与之相联系的事物的发展变化。

◣ **暑极不生暑而生寒，寒极不生寒而生暑。**

——摘自清·魏源《默觚·学篇》

**【释义】**暑热到了极点，便不会再炎热，而会生出寒冷；冬天到了最寒冷的时候，也不会再冷，而生出热来。事物发展到了一定的极点，就会朝着相反的方向发展。

◣ **福不察非福，祸不预必祸。福祸先知，事尽济耳。**

——摘自五代·冯道《荣枯鉴》

**【释义】**福运到来时不能够察觉就不算是福气，灾祸来临前不预防就肯定成为祸害。福与祸能预先知道，则任何事情都可以平安处理。

◣ **金以刚折，水以柔全；山以高移，谷以卑安。**

——摘自东晋·葛洪《抱朴子·广譬》

**【释义】**金属是因为刚硬才被折断，流水是因为柔和才得以保全；高山是因为高大才被夷平，山谷是因为低下才能安全。

◣ **人法地，地法天，天法道，道法自然。**

——摘自《老子》第二十五章

**【释义】**人根据大地的特点和规律而劳作，地上万物根据天时变化而生息，天象根据自然规律而变化，规律是在事物发展过程中自然而然地产生出来的。说明事物之间相互联系、相互影响。

◣ **无伪则无真也，真不忌伪，伪不代真，忌其莫辨。**

——摘自五代·冯道《荣枯鉴》

**【释义】**没有虚假也就没有真实，真实的并不怕虚假的，虚假的不能代表真实的，忌讳的是真真假假掺和在一起难以分清。

◣ **日中则昃，月盈则食，天地盈虚，与时消息。**

——摘自《周易·丰卦》

【**释义**】太阳升到正空中，便会向西偏斜；月亮盈满之后，便会出现亏蚀。天地有盈满和亏虚，万物都随着时间推移而更替和消亡。

◣ **天无私覆，地无私载，日月无私照。**

——摘自《礼记·孔子闲居》

【**释义**】上天无私地笼罩着大地，大地无私地承载着万物，日月无私地照耀着一切。

◣ **物无孤立之理。**

——摘自北宋·张载《正蒙》

【**释义**】万事万物都是相互联系的，没有孤立存在的道理。

◣ **欲思其利，必虑其害；欲思其成，必虑其败。**

——摘自三国·诸葛亮《便宜十六策·思虑》

【**释义**】想要得利，一定要考虑其中危害的因素；想要成功，一定要考虑可能失败的因素。

◣ **物至则反，冬夏是也；致至而危，累棋是也。**

——摘自《战国策·秦策》

【**释义**】事物发展到一定程度就会向相反的方向转化，就像冬夏的交替一样；事物发展到极致便会有危险，就像堆积在一起的棋子一样。此语说明了物极必反的原理。

◣ **将欲歙之，必固张之；将欲弱之，必固强之；将欲废之，必固举之；将欲取之，必固予之。**

——摘自《老子》第三十六章

【**释义**】想要收敛它，就要先扩张它；想要削弱它，就要先强化它；想要废除它，就要先抬举它；想要夺取它，就要先给予它。

◣ **穷理亦当有渐。见物多，穷理多，如此可尽物之性。**

——摘自北宋·张载《张子语录·语录上》

【**释义**】推究道理也应当循序渐进，见识的事物多了，推究的道理多了，这样才可穷尽事物的性质。

◣ **大方无隅，大器免成，大音希声，大象无形。**

——摘自《老子》第四十一章

**【释义】**最方正的东西反而没有棱角，越贵重的器具越不需要雕琢，越好的音乐越寂静无声，越好的形象越缥缈宏远。

◣ **夫火形严，故人鲜灼；水形懦，故人多溺。**

——摘自《韩非子·内说储上》

**【释义】**火的样子猛烈灼人，故人们很少被烧伤；而水的样子柔和平缓，人们反而多溺水毙命。

◣ **循流而下易以至，背风而驰易以远。**

——摘自西汉·刘安《淮南子·主术训》

**【释义】**船顺着水而下，容易到达目的地；车顺着风势而行，容易跑得远。比喻顺势行事能够事半功倍。

◣ **筹策万类之终始，达人心之理，见变化之朕焉，而守司其门户。**

——摘自《鬼谷子·捭阖》

**【释义】**要预测万事万物发展的开始和结束，通达人们内心变化的规律，预见事物变化的预兆，从而掌握事物变化的关键之处，以求因势利导。

◣ **假作真时真亦假，无为有处有还无。**

——摘自清·曹雪芹《红楼梦》第一回

**【释义】**将假的当成了真的，这样真的也就变成了假的；将没有当作有，这样有也就变成了没有。

◣ **有意栽花花不发，无心插柳柳成荫。**

——摘自《增广贤文》

**【释义】**用心地栽花施肥，花却总是不开；随意插在地里的柳条，却长成了郁郁葱葱的柳树。

◣ **万物必有盛衰，万事必有弛张。**

——摘自《韩非子·解老》

**【释义】**天下万物都一定有兴盛和衰败，万事也一定有松弛和紧张。盛衰、张弛是一切事物发展的规律。

◣ **他山之石，可以攻玉。**

——摘自《诗经·小雅·鹤鸣》

**【释义】**其他山上的石头，可以制成加工玉石的工具。比喻做事可以借助外力。

◣ **大智知止，小智惟谋。**

——摘自隋·王通《止学》

**【释义】**有大智慧的人懂得适可而止，而小聪明的人只知道不停地谋划。

◣ **贫生于富，弱生于强，乱生于治，危生于安。**

——摘自东汉·王符《潜夫论·浮侈》

**【释义】**贫穷生于富贵，弱小生于强盛，混乱生于太平，危险生于安定。指事物在一定条件下可以相互转化。

◣ **一尺之棰，日取其半，万世不竭。**

——摘自《庄子·天下》

**【释义】**一尺长的木棍，每天截取一半，永远也截不完。

◣ **审知今则可知古，知古则可知后。**

——摘自秦·吕不韦《吕氏春秋·仲冬纪·长见》

**【释义】**审查当今就可以了解古代，了解古代就可以了解未来。

◣ **推古验今，所以不惑。**

——摘自秦·黄石公《素书》

**【释义】**研究历史的经验，检验当今的得失，所以不会迷惑。

**畏其祸则福生，忽其福则祸至。**

——摘自北宋·林逋《省心录》

**【释义】**敬畏灾祸反而会带来福泽，无视福泽反会招致灾祸。

**尺蠖之屈，以求信也；龙蛇之蛰，以存身也。**

——摘自《周易·系辞》

**【释义】**尺蠖弯曲回收身体，是为了使自身伸展；龙蛇之所以蛰伏，是为了保全性命。

**易则易知，简则易从。易知则有亲，易从则有功。**

——摘自《周易·系辞上》

**【释义】**平易就容易让人明了，简朴就容易使人顺服。容易明了则有人亲近，容易顺服则能够建功。

**深计远虑，所以不穷。**

——摘自秦·黄石公《素书》

**【释义】**能够考虑、计划得周到且深远，就能避免遭遇挫折、困厄。

**祸兮福所倚，福兮祸所伏；忧喜聚门兮，吉凶同域。**

——摘自西汉·贾谊《鹏鸟赋》

**【释义】**福是祸的诱因，祸是福的根源；忧与喜聚集在一门之中，吉与凶同在一个区域。

这句话揭示了一个辩证的道理，即“福”与“祸”相互依存，在一定条件下可以相互转化。“福”可以变成一种灾祸，“祸”也可能成为一种福气。如塞翁失马，焉知非福？矛盾双方相互依存和转化的哲理，使我们明白在得意时不可过于张狂和招摇，在失意时也不必过于悲观和绝望。

**全则必缺，极则必反。**

——摘自秦·吕不韦《吕氏春秋》

**【释义】**太完美必定会出现缺陷，事物发展到极端必定会向相反的方面转化。

◣ **蝉高居悲鸣，饮露，不知螳螂在其后也；螳螂委身曲附，欲取蝉，而不知黄雀在其傍也。**

——摘自西汉·刘向《说苑·正谏》

**【释义】**蝉在树上动听地鸣叫，喝露水解渴，却不知道身后有一只螳螂。那只螳螂弓着身子，弯着前肢，想把蝉杀死，却不知道身旁还有一只黄雀呢！比喻有的人目光短浅，只见眼前利益，而不知后患会随之而来。

◣ **鹬蚌相争，渔人得利。**

——摘自《战国策·燕策》

**【释义】**河蚌和鹬鸟争斗，谁也不让谁。这时一个打鱼的人路过，就把它们两个一起捉去了。比喻双方相持不下，结果两败俱伤，让第三者得利。

◣ **权，然后知轻重；度，然后知长短。**

——摘自《孟子·梁惠王上》

**【释义】**称量后才知道多轻多重，度量后才知道多长多短。这句话说明事物只有经过衡量、比较才能分辨、判断出轻重、长短。

◣ **前事不忘，后事之师。**

——摘自《战国策·赵策》

**【释义】**记取从前的经验教训，作为以后行事的借鉴。

◣ **不塞不流，不止不行。**

——摘自唐·韩愈《原道》

**【释义】**这一方不予以堵塞，另一方就不能流淌；这一方不予以阻止，另一方就不能通行。强调不抑制不好的东西，好的东西就不能树立起来并发扬光大。

◣ **皮之不存，毛将焉附。**

——摘自《左传·僖公十四年》

**【释义】**皮都没有了，毛往哪里依附呢？比喻事物失去借以生存的基础就不能存在。

◣ **事有必至，理有固然。**

——摘自宋·苏洵《辨奸论》

**【释义】**有些事是必然会发生的，因为事物有其自身发展的规律，并不以人的意志为转移。

◣ **企者不立，跨者不行。自见者不明，自是者不彰，自伐者无功，自矜者不长。**

——摘自《老子》第二十四章

**【释义】**踮起脚跟想要站得高，反而站立不住；迈起大步想要前进得快，反而不能远行。自逞己见的反而得不到彰明，自以为是的反而得不到昭显，自我夸耀的建立不了功勋，自高自大的不能取众人之长有所长进。

◣ **云厚者雨必猛，弓劲者箭必远。**

——摘自东晋·葛洪《抱朴子·喻蔽》

**【释义】**浓厚的乌云，预示着一定会下大雨；强劲的弓弩，一定能够将箭射到很远的地方。

◣ **图难于其易，为大于其细。天下难事，必作于易；天下大事，必作于细。**

——摘自《老子》第六十三章

**【释义】**谋划困难的事情要从简单的地方开始，做大事要从细节着手。天下的难事必然都是通过一件件简单的事做成的，天下的大事必然都是通过一个个细节做成的。

◣ **福祸非命，其道乃察。**

——摘自五代·冯道《荣枯鉴》

**【释义】**其实祸福并不一定是命中注定的，关键看你是否有观察、判断和解决问题的能力。

◣ **其安易持，其未兆易谋。其脆易泮，其微易散。为之于未有，治之于未乱。**

——摘自《老子》第六十四章

【**释义**】事物在安静状态下易于掌握维持，在没有明显征兆时容易图谋对付。当事物还脆嫩时容易分解破坏，当事物还微小时容易消散破灭。行动要在祸乱未成前，治理要在未混乱前。

**见已生者慎将生，恶其迹者须避之。畏危者安，畏亡者存。**

——摘自秦·黄石公《素书》

【**释义**】见到已发生的事情，应警惕还将发生类似的事情；预见险恶的人事，应事先回避。害怕危险，常能得安全；害怕灭亡，反而能生存。

**糟糠不为彘肥，何事偏贪钩下饵；锦绮岂因牺贵，谁人能解笼中囮囮。**

——摘自明·洪应明《菜根谭》

【**释义**】糟糠喂猪吃，猪都不肥，但用来做鱼饵却能引鱼上钩；华丽的彩绸并不是因为用了纯色鸟羽才显得珍贵，人们却总是因拥有这样的东西而夸耀，谁又能明白笼中那只用来引诱同类的鸟的感受呢。

**夫欲行一事，辄以他事掩之，不使疑生，不使衅兴。此即明修栈道，暗度陈仓。事有不可拒者，勿拒。掩之缓之，消其势也，而后徐图。**

——摘自明·张居正《权谋残卷·权奇》

【**释义**】想做一件事情，要借用其他事情来做好铺垫和掩护，不要让别人有所怀疑，不要使别人对你要做的事情产生阻力。这就是明修栈道，暗度陈仓。当事情无法扭转的时候，就不要抗拒。拖延，延缓，从而慢慢消除它的攻势，然后再图谋它。

**同欲者相憎，同忧者相亲。**

——摘自《战国策·中山策》

【**释义**】内心企求相同的人容易相互憎恶，有共同的痛苦或忧患的人容易互相亲近。

**多能者鲜精，多虑者鲜决。**

——摘自明·刘基《郁离子·一志》

【释义】才艺过多的人，他所精通的就少；思虑过多的人，他所理解的就少。

◣ 临渊羡鱼，不如退而结网；扬汤止沸，不如釜底抽薪。

——摘自明·程登吉《幼学琼林·饮食》

【释义】与其站在水边想得到游鱼，还不如赶快回到家中编织渔网；用水瓢扬走锅里的汤防止沸腾，还不如撤去锅底的柴薪。比喻做事要从根本上解决问题，不能只在表面上下功夫。

◣ 事不可绝，言不能尽，至亲亦戒也。

——摘自五代·冯道《荣枯鉴》

【释义】行事不可以做绝不留后路，言语不能完全说明白，即使对至亲好友也要戒备。

◣ 夫天地不自明，故能长生；圣人不自明，故能名彰。

——摘自《六韬·文启》

【释义】天地不说明自身的规律，因此能够长久存在；圣贤不炫耀自己的英明，因此能够名声彰显。

◣ 丧已于物，失性于俗者，谓之倒置之民。

——摘自《庄子·缮性》

【释义】一个人如果迷失在物质世界中，在世俗里失去了自己的真性情，这个人就是本末倒置之人。

◣ 信言不美，美言不信。善者不辩，辩者不善。知者不博，博者不知。

——摘自《老子》第八十一章

【释义】真实可信的话并不美妙，美妙的话并不真实可信；善良的人不去诡辩，诡辩的人也不会善良；有智慧的人不会过多炫耀自己，炫耀自己的人也不会有真正的智慧。

◣ 类同相召，气同则合，声比则应。

——摘自秦·吕不韦《吕氏春秋》

**【释义】**同一类的事物，就会相互招引；同一类的物体，就会互相投合；同一类的声音，就会相互应和。

◣ **狡兔有三窟，仅得免其死耳。**

——摘自《战国策·齐策四》

**【释义】**狡猾的兔子有三个藏身的洞穴，只能避免丧命而已。此句后来形成“狡兔三窟”的成语，比喻保障安全的退路越多越好，以尽可能逃避灾祸。

◣ **冰炭不同器，日月不并明。**

——摘自西汉·桓宽《盐铁论·刺赋》

**【释义】**冰块和炭火不能放在同一个容器中，日月也不会同时出现。相互矛盾的事物是不能够同时运用的。

◣ **芳林新叶催陈叶，流水前波让后波。**

——摘自唐·刘禹锡《乐天见示伤微之敦诗晦叔三君子皆有深分因成是诗以寄》

**【释义】**春天树木的新叶催换旧叶，奔腾的流水前波让位给后波。指新旧事物的交替是必然的，说明了“新陈代谢”是自然的客观规律。

◣ **求木之长者，必固其根本；欲流之远者，必浚其泉源。**

——摘自唐·魏徵《谏太宗十思疏》

**【释义】**要想树木长得高大，一定要使它的根部稳固；要想水流得长远，一定要疏浚它的源头。比喻做事要抓住其根本。

◣ **浅人好夸富，贪人好哭穷。**

——摘自清·申居郧《西岩赘语》

**【释义】**浅薄之人，喜好炫耀财富；贪婪之人，喜欢哭诉贫穷。

◣ **昆峰积玉，光泽者前毁；瑶山丛桂，芳茂者先折。**

——摘自南北朝·祖鸿勋《与阳休之书》

**【释义】**昆仑的山峰中积聚着大量的玉石，发出光泽的玉石先被焚毁；仙山的桂树丛中，那些散发芳香的枝干会先被折取。

**以管窥天，以蠡测海。**

——摘自西汉·东方朔《答客难》

【**释义**】用竹管来看天，看不到天的全貌；用瓢来量海水，无法了解海的博大。形容孤陋寡闻，见识短浅。

**尽信书，则不如无书。**

——摘自《孟子·尽心下》

【**释义**】完全相信《书》，那还不如没有《书》。

**坚强者死之徒，柔弱者生之徒。**

——摘自《老子》第七十六章

【**释义**】坚强的事物，往往容易死亡；而那些柔软的事物，其生命延续的时间较长。

**智如目也，能见百步之外而不能自见其睫。**

——摘自《韩非子·目不见睫》

【**释义**】智慧如同眼睛一样，能够看到千里之外的东西，却无法看到自己的睫毛。

**观今宜鉴古，无古不成今。**

——摘自《增广贤文》

【**释义**】观察今天的事情，应该借鉴过去的历史；没有过去，就没有今天。

**见已生者慎将生，恶其迹者须避之。**

——摘自秦·黄石公《素书》

【**释义**】见到已经发生的祸患，应当警惕将来发生类似的祸患；厌恶别人的劣迹，应当努力避免自己有这样的劣迹。

**江海不与坎井争其清，雷霆不与蛙蚓斗其声。**

——摘自明·刘基《郁离子》

【**释义**】江海不会同坎儿井去比谁更清澈，响雷也不会同青蛙和蚯蚓去比声音高低。

◣ 吞舟之鱼，不游枝流；鸿鹄高飞，不集污池。

——摘自《列子·杨朱》

**【释义】**能够将船吞下的大鱼，不会游于江河的支流中；在天空中高飞的鸿鹄，也不会栖息在污浊的池塘里。

◣ 丰草不秀瘠土，巨鱼不生小水。

——摘自东晋·葛洪《抱朴子·审举》

**【释义】**肥美的青草是不会生长在贫瘠的土地上的，巨大的鱼也不会生长在水洼中。

◣ 先发制人，后发制于人。

——摘自东汉·班固《汉书·陈胜项籍传》

**【释义】**先出击就能制服敌人，随后应战就会处于被动。谁能更快掌握主动权，谁就能有更多生存发展的机会。

◣ 香饵之下，必有悬鱼；重赏之下，必有死士。

——摘自《三略·上略》

**【释义】**投放香饵，必有鱼儿上钩；重赏之下，必有敢于拼死效命的人出现。

◣ 差若毫厘，缪以千里。

——摘自《礼记·经解》

**【释义】**缪：通“谬”。最开始的时候虽然差别很小，结果却会造成很大的错误。

# 形势

◣ 智者顺势，能者造势。

——摘自《鬼谷子》

**【释义】**有智慧的人懂得顺应时势，有能力的人懂得借势造势。

◣ 圣人不能为时，时至而弗失。舜虽贤，不遇尧也，不得为天子；汤、武虽贤，不当桀、纣不王；故以舜、汤、武之贤，不遭时，不得帝王。

——摘自《战国策·秦策》

**【释义】**即使是圣人也不能创造时势，时机来了就不要错失。虞舜虽贤，如果不遇到唐尧，他也不会成为天子；商汤、周武王虽贤，如果不是遇到昏君夏桀和商纣，他们也不会称王于天下。所以即使是贤能的虞舜、商汤和周武王，如果不遇到时机，也都不可能成为帝王。

◣ 能用众力，则无敌于天下矣；能用众智，则无畏于圣人矣。

——摘西晋·陈寿《三国志·吴书·吴主传》

**【释义】**能借助万众之力，就能无敌于天下；能借助众人之智，就能超越圣贤。

◣ 势者，因利而制权也。

——摘自《孙子兵法·计篇》

【**释义**】势，就是按照我方建立优势、掌握战争主动权的需要，根据具体情况采取相应的措施。

◣ 天下之势不盛则衰，天下之治不进则退。

——摘自南宋·吕祖谦《东莱博议》

【**释义**】天下各种力量此消彼长，不强盛就会走向衰落；治理国家若不寻求发展进步，已有的安定和谐就会遭到破坏。

◣ 坑灰未冷山东乱，刘项原来不读书。

——摘自唐·章碣《焚书坑》

【**释义**】焚书坑中的灰还没有变凉，山东便起了大乱，而起义的刘邦和项羽等人，竟然都是一些不读书的人。这两句诗嘲讽了秦始皇焚书坑儒，而国家却最终亡在那些不读书的人手中。

◣ 察然后知真伪，辨虚实。夫察而后明，明而断之、伐之，事方可图。察之不明，举之不显。听其言而观其行，观其色而究其实。察者智，不察者迷。明察，进可以全国，退可以保身。君子宜惕然。

——摘自明·张居正《权谋残卷》

【**释义**】只有明察才能够知晓事情的真假，明辨虚实。只有清楚事情真相才能够做出正确的选择，目标才能实现。不能够明察秋毫，做事就不会有什么成果。一定要通过行动来考察一个人的言行是否一致，仔细观察一个人的神色可以发现事情的真相是否如他所说。因此，明察秋毫的人是智慧的人，不观察细节的人容易被迷惑。洞察先机的人，进一步可以使国家兴旺强盛，退一步也能保全自己。君子必须高度重视明察。

◣ 势者，适也。适之则生，逆之则危；得之则强，失之则弱。事有缓急，急不宜缓，缓不宜急。因时度势，各得所安。避其锐，解其纷；寻其隙，乘其弊，不劳而天下定。

——摘自明·张居正《权谋残卷·度势》

【**释义**】形势，是需要你去适应的。能够适应它的人就能平安前行，不能够适应它的人会非常危险；得到形势的助力，你就会变得强大，得不到形势的助力，你就会变得弱小。事情有缓有急，需要马上解决的事情不要拖延，该慢慢来的事情不应操之过急。应根据当时的形势分析对策，才能平安无事。避开争斗的漩涡，解除和别人的纷争，寻找对方的破绽，利用对方的弊端，不用费力就能安定天下。

**形者，言其大体得失之数也；势者，言其临时之宜，进退之机也；情者，言其心志可否之实也。**

——摘自宋·司马光《资治通鉴·汉高帝三年》

**【释义】**所谓形，就是需要从整体去看待得失；所谓势，是说面对实际情况能够灵活应对，进退都随着形势而应变；所谓情，是说意志是否坚定。

**欲粟者务时，欲治者因势。**

——摘自西汉·桓宽《盐铁论》

**【释义】**要想种好粮食，就要不违农时；要想治理好国家，就要因时制宜，审势而行。

**鱼乘于水，鸟乘于风，草木乘于时。**

——摘自西汉·刘向《说苑·建本》

**【释义】**鱼是凭借着水的力量才能游动，鸟是凭借风的力量才能飞翔，花草树木是凭借着季节的变化而生长。比喻人做事要想获得成功，一定要借助外部环境的力量，要审时度势，顺势而为。

**事之难易，不在大小，务在知时。**

——摘自秦·吕不韦《吕氏春秋·孝行览·首时》

**【释义】**事情的困难和容易，不在于事情的大小，而在于一定要把握好时机。

**百川异源，而皆归于海。**

——摘自西汉·刘安《淮南子·泛论训》

**【释义】**成百上千条河流，虽然发源地不同，但最终都会流入大海。比喻大势所趋或众望所归。

◣ 登高而招，臂非加长也，而见者远；顺风而呼，声非加疾也，而闻者彰。假舆马者，非利足也，而致千里；假舟楫者，非能水也，而绝江河。君子生非异也，善假于物也。

——摘自《荀子·劝学》

【释义】登上高处招手，手臂并没有增长，但在远处的人也能看见；顺风大声呼喊，声音并没有加大，但听的人却很清楚；借助马车的人，并不是腿脚走得快，但能到达千里之外；借助船只的人，并不是能游泳，但能横渡江河。君子的本性并不是有异于常人，只是他们善于借助外物。

随时以举事，因资而立功，用万物之能而获利其上。

——摘自《韩非子·喻老》

【释义】顺着适当的时机办事，依靠客观的条件立功，利用万物的特性而在此基础上获利。此语强调做事不仅要寻找好的时机，还要对客观条件有充足的认识。

◣ 彼一时也，此一时也，岂可同哉？

——摘自东汉·班固《汉书·东方朔传》

【释义】那时是一种情况，现在是另一种情况，情况有了变化，怎么能一样呢？

◣ 时未至而为之，谓之躁；时至而不为之，谓之陋。

——摘自明·刘基《郁离子·井田可复》

【释义】时机还没有到，就急忙去做，这便是急躁。时机已经成熟了，但还不去做，便是愚陋。此语说明把握时机的重要性。

◣ 知者顺时而谋，愚者逆理而动。

——摘自南朝·范晔《后汉书·朱冯虞郑周列传》

【释义】真正有大智慧的人，会顺应大局的变化而谋划，愚蠢的人的行为却与大局相违背。此语启迪人们要顺应历史潮流，不要违背历史规律。

◣ 以小明大，见一叶落而知岁之将暮。

——摘自西汉·刘安《淮南子·说山训》

【释义】此语说明通过个别、细微的迹象，可以看到整个形势的发展趋向。与《韩非子·说林上》里的“圣人见微以知萌，见端已知末”之意相契合，都强调要善于见微知著，以认清局势，赢得发展先机。

◣ 举事而不时，力虽尽，其功不成。

——摘自管仲《管子·禁藏》

【释义】做事情如果不能够看准时机，即便用尽力气，最终也不会取得成功。

◣ 欲致鱼者先通水，欲致鸟者先树木。

——摘自西汉·刘安《淮南子·说山训》

【释义】要想招引游鱼就得先通水，要想招引飞鸟就得先种树。此语启迪人们，想要办成一件事，必须先创造条件。

◣ 沉舟侧畔千帆过，病树前头万木春。

——摘自唐·刘禹锡《酬乐天扬州初逢席上见赠》

【释义】翻沉的船旁仍有千千万万的帆船向前进，枯萎树木的前面也有千千万万的树木枝繁叶茂，欣欣向荣。此句常用来比喻新事物必然战胜旧事物。

◣ 君不见，黄河之水天上来，奔流到海不复回。

——摘自唐·李白《将进酒》

【释义】你难道没看到黄河的水源远流长，如从天而降，向东流入大海，一去不回头。

◣ 欲渡黄河冰塞川，将登太行雪满山。

——摘自唐·李白《行路难》

【释义】想渡黄河，冰块堵塞了这条大河；要登太行，茫茫的大雪早已封山。此语以行路难比喻人生多磨难、挫折。

◣ 晴川历历汉阳树，芳草萋萋鹦鹉洲。

——摘自唐·崔颢《黄鹤楼》

【释义】汉阳晴川阁的碧树历历在目，鹦鹉洲的芳草长得青翠茂盛。

◣ 镌金石者难为功，摧枯朽者易为力。

——摘自东汉·班固《汉书·异姓诸侯王表》

**【释义】**在金石上雕刻，半天也难刻上一刀一凿，不易显出功力；而摧枯拉朽却如秋风扫落叶一般，很容易显出威力。

◣ 传闻不如亲见，视景不如察形。

——摘自南朝·范晔《后汉书·马援传》

**【释义】**听到传言不如亲眼见到，只是看到事物的影子远不如观察事物的形状。

◣ 知机者明，善断者智。势可度而机可恃，然后计可行矣。处变不惊，临危不乱。见机行事，以计取之，此大将之风也。

——摘自明·张居正《权谋残卷·机变》

**【释义】**能够看清楚时机的人就是明，善于在时机前取舍就是智。一旦发现事情可以预测而时机可以利用，计谋就可以施行。能够在变乱中不惊慌，面对危难不自乱阵脚。见机行事，靠计谋来智取，这就是大将做事的风格。

# 军事

◣ **孙子曰：兵者，国之大事，死生之地，存亡之道，不可不察也。故经之以五事，校之以计而索其情：一曰道，二曰天，三曰地，四曰将，五曰法。**

——摘自《孙子兵法·计篇》

**【释义】**孙子说："战争是一个国家的头等大事，关系到百姓的生死、国家的存亡，不可不慎重周密地观察、研究。因此，必须通过敌我双方五个方面的分析，得到详情，来预测战争胜负的可能性：一是道，二是天，三是地，四是将，五是法。"

◣ **天下无事，不可废武。**

——摘自明·刘基《百战奇略》

**【释义】**天下太平，也不能废弃武装战备。

◣ **兵可千日而不用，不可一日而不备。**

——摘自唐·李延寿《南史·陈暄传》

**【释义】**军队宁可长期不使用，也不可以一天不备战。

◣ **国虽大，好战必亡；天下虽平，亡战必危。夫怒者逆德也，**

兵者凶器也，争者末节也。夫务战胜，穷武事者，未有不悔者也。

——摘自宋·司马光《资治通鉴》

【**释义**】国家虽大，喜好战争必定灭亡；天下虽然太平，忘掉战争必定危险。愤怒是悖逆之德，兵器是不祥之物，争斗是细枝末节。那些致力于战伐争胜、穷兵黩武的人，到头来没有不悔恨的。

◣ 运筹帷幄之中，决胜千里之外。

——摘自西汉·司马迁《史记·高祖本纪》

【**释义**】坐在军帐中运用计谋，就能决定千里之外战斗的胜负。后人用“运筹帷幄”来形容善于策划、指挥的人。

◣ 挽弓当挽强，用箭当用长。射人先射马，擒贼先擒王。

——摘自唐·杜甫《前出塞九首》

【**释义**】用弓就要用强弓，用箭就要用长箭。要射杀敌人，就要先射敌人的马，要打垮敌人，就要擒拿敌军的首领或者摧毁敌人的指挥机关。此语说明要解决问题，一定要找出问题的关键和要害。

◣ 兵者，以武为植，以文为种。武为表，文为里。能审此二者，知胜败矣。

——摘自《尉缭子·兵令上》

【**释义**】所谓的战争，以武力为手段，以政治为目的。武力为表象，政治是本质。能够弄清这两者的关系，便能够懂得胜败的道理。

◣ 上兵伐谋，其次伐交，其次伐兵，其下攻城。

——摘自《孙子兵法·谋攻篇》

【**释义**】最高明的作战，是在策略上挫败敌人；其次是在外交上战胜敌人；再次是在作战中取胜；最下策是去攻打对方的城池。

◣ 故善战人之势，如转圆石于千仞之山者，势也。

——摘自《孙子兵法·兵势篇》

【**释义**】善于作战的人会造就对自身有利的形势，如同将圆石从万仞高山上推下去一样不可阻挡，这就是势。

◣ **兵者，国之大事，存亡之道，命在于将。**

——摘自《六韬·龙韬》

**【释义】**用兵作战是国家的大事情，军队的兴衰，国家的存亡，关键在于将领。

◣ **将者，智、信、仁、勇、严也。**

——摘自《孙子兵法·始计篇》

**【释义】**兵家认为，将帅之才非常难得，只有具备了智、信、仁、勇、严这五种素质，才有当将帅的资格。

◣ **以虞待不虞者胜；将能而君不御者胜。**

——摘自《孙子兵法·谋攻篇》

**【释义】**自己有准备而敌人没有准备的，能够取胜；大将有才能而君王不随便干涉的，能够取胜。

◣ **欲树木者，必培其根；欲强兵者，务富其国。**

——摘自清·唐才常《兵学余谈》

**【释义】**想要栽种树木，一定要先培养其根；想要使兵力强大，一定要使国家富强。

◣ **兵之胜败，本在于政。**

——摘自西汉·刘安《淮南子·兵略训》

**【释义】**战争的胜负，根本所在还是政治。说明战争是国家政治的一种表现。

◣ **主不可以怒而兴师，将不可以愠而致战，合于利而动，不合于利而止。**

——摘自《孙子兵法·火攻篇》

**【释义】**君主不可以因一时的愤怒便发动战争，将帅也不可以因一时的愤怒便去交战。要在合乎利益的时候行动，不合乎利益便要停止行动。

◣ 战不必胜，不可以言战；攻不必拔，不可以言攻。不然，虽刑赏不足信也。

——摘自《尉缭子·攻权》

**【释义】**对于没有必胜把握的战争，不要轻易作战；攻城如不能必定攻克，不可轻易提出攻城。如不这样做，即便赏罚严明也不足以使众人信服。

◣ 夫战，勇气也。一鼓作气，再而衰，三而竭。彼竭我盈，故克之。

——摘自《曹刿论战》

**【释义】**作战靠的是勇气。第一次击鼓能够振作士兵们的勇气，第二次击鼓勇气就衰弱了，第三次击鼓勇气就竭尽了。敌方的勇气竭尽而我方的勇气正旺盛，所以战胜了他们。

◣ 知彼知己者，百战不殆；不知彼而知己，一胜一负；不知彼，不知己，每战必殆。

——摘自《孙子兵法·谋攻篇》

**【释义】**了解敌军的情况，也熟悉自身的情况，这样便可以常胜不败；不了解敌军的情况，只了解自身的情况，这样便胜负各半；既不了解敌军的情况，又不了解自身的情况，这样每战必定失败。

◣ 以正治国，以奇用兵，以无事取天下。

——摘自《老子》第五十七章

**【释义】**用正大光明的方法安邦定国，用变幻莫测的方法打击敌人，不扰民、不折腾百姓，从而享有太平天下，这是成大事者需掌握的最高原则。

◣ 兵不可玩，玩则无威；兵不可废，废则召寇。

——摘自西汉·刘向《说苑·指武》

**【释义】**用兵不可以儿戏，儿戏就没有威慑力、战斗力；国防不可荒废，荒废就会招来敌寇侵犯。

◣ 以乱攻治者亡，以邪攻正者亡，以逆攻顺者亡。

——摘自《韩非子·初见秦》

【释义】以散乱的军队进攻训练有素的军队，必然自取灭亡；以邪恶的力量进攻正义的力量，必然自取灭亡；逆历史潮流的力量进攻顺应历史潮流的力量，也必然自取灭亡。

**胜而不骄，故能服世；约而不忿，故能从邻。**

——摘自《战国策·秦策》

【释义】取得胜利而不骄傲，因此能够令人信服；自我约束而不恼怒，因此能够使邻国服从。

**千人同心，则得千人力；万人异心，则无一人之用。**

——摘自西汉·刘安《淮南子·兵略训》

【释义】一千个人同心协力，就可以得到一千个人的力量；一万个人如果不能齐心协力，则抵不上一个人的力量。说明统一军心、团结一致的重要性。

**故将有五危：必死，可杀也；必生，可虏也；忿速，可侮也；廉洁，可辱也；爱民，可烦也。凡此五者，将之过也，用兵之灾也。覆军杀将，必以五危，不可不察也。**

——摘自《孙子兵法·九变》

【释义】将帅有五种十分致命的弱点：硬拼便有被杀的可能，贪生怕死就有被俘虏的可能，刚强急躁就有被轻侮的可能，廉洁就有被玷污的可能，仁爱就有被烦扰的可能。这五种情况，都是将帅易犯的过错，是用兵打仗的灾难。全军覆没、将帅被杀，都是因为上述五种情况导致的，因此不可不充分重视。

**败而不伤，败而不耻，先要学的是善败。**

——司马懿教儿理念

【释义】与诸葛亮对阵失败，魏军将士不满，两个儿子找司马懿抱怨时，他反问儿子：“你们是来打仗的，还是来斗气的？那些一心想赢的人，就能赢到最后吗？打仗，先要学的是善败，败而不耻，败而不伤，才能笑到最后。”要正确面对失败，善于从失败中总结、汲取经验教训，对失败多一些耐心，才能赢得最后的胜利。

◣ 兵者，诡道也。故能而示之不能，用而示之不用，近而示之远，远而示之近。

——摘自《孙子兵法·计篇》

【释义】用兵之道，在于千变万化，出其不意，是要使用诡诈之术的。所以，能攻打而假装不能够攻打；本来要用某个将领，故意装作不用他；想要近处的，假装要远处的；想要远处的，假装要近处的。

◣ 凡谋之道，周密为宝。

——摘自《六韬·三疑》

【释义】凡是谋划策略，制定作战方案等，都以周密详细为贵。

◣ 凡战者，以正合，以奇胜。

——摘自《孙子兵法·兵势》

【释义】但凡带兵打仗，一定要以正兵去阻挡敌人，而用奇兵取胜。

◣ 兵形象水，水之形，避高而趋下；兵之形，避实而击虚。

——摘自《孙子兵法·虚实篇》

【释义】用兵之道就像流水一样，水会避开高处而流向低处；用兵之道在于避开敌人强盛的地方，攻击敌人虚弱的地方。

◣ 谋定而后动，知止而有得。

——摘自《孙子兵法·计篇》

【释义】谋划周到而后行动，知道在合适的时机收手，才会有所收获。

◣ 繁礼君子，不厌忠信；战阵之间，不厌诈伪。

——摘自《韩非子·难一》

【释义】对于注重礼仪的君子，忠实和诚信越多越好；在两军对阵的战争中，欺诈、虚伪越多越好。

◣ 兵无常势，水无常形；能因敌变化而取胜者，谓之神。

——摘自《孙子兵法·虚实篇》

【释义】带兵打仗没有固定不变的形势，就如水没有固定的形状一样。能根据具体情况的变化采取措施，并且取得胜利，便可以称得上用兵如神了。

◣ **兵胜之术，密察敌人之机，而速乘其利，复疾击其不意。**

——摘自《六韬·文韬·兵道》

**【释义】**作战取胜的方法，在于周密地察明敌情，抓住有利的战机，然后再出其不意，给予突然的打击。

◣ **善攻者，敌不知其所守；善守者，敌不知其所攻。**

——摘自《孙子兵法·虚实》

**【释义】**善于进攻的将军，让敌人不知道如何去防守。善于防守的将军，让敌人不知道怎样去进攻。

◣ **攻其不备，出其不意。**

——摘自《孙子兵法·计篇》

**【释义】**在对手还没有防备时突然发动进攻，出乎敌人的意料。

◣ **治兵如治水：锐者避其锋，如导流；弱者塞其虚，如筑堰。**

——摘自《三十六计·围魏救赵》

**【释义】**打仗就像治水：对精锐的敌人要避开它的锋芒，就像疏导洪水一样；对弱小的敌人要攻击它消灭它，就像筑堤围堰不让水流走一样。

◣ **备周则意怠，常见则不疑。**

——摘自《三十六计·瞒天过海》

**【释义】**防备周全则容易产生懈怠，司空见惯往往不容易引起怀疑。

◣ **虚者虚之，疑中生疑；刚柔之际，奇而复奇。**

——摘自《三十六计·空城计》

**【释义】**自己兵力空虚，却故意将空虚的状态展露给敌人，使之产生疑惑。在敌我力量悬殊的情况下采用此方略，可以说是奇法中的奇法。

◣ **善用兵者，屈人之兵而非战也，拔人之城而非攻也，毁人之国而非久也。**

——摘自《孙子兵法·谋攻篇》

**【释义】**善于带兵打仗的人会让对手屈服，但是不依靠战争；夺取对方的城池，而不依靠强攻；摧毁敌方的国家，而不需旷日持久。

◣ 兵家之有采探，犹人身之有耳目也。耳目不具则为废人，采探不设则为废军。

——摘自明·庄应会《经武要略》

**【释义】**军队之有间谍，就像人身上有耳目一样。如果耳目不健全，就会成为一个废人；如果军队不设间谍，就是废军。

◣ 奇出于正，无正则不能出奇。

——摘自《三十六计·暗度陈仓》

**【释义】**奇效是借助常规显示出来的，没有常规做对比，就不能显出奇效。

◣ 术不显则功成，谋暗用则致胜。

——摘自五代·冯道《荣枯鉴·降心》

**【释义】**不显现出的权谋手段则容易成功，谋略暗中使用则可出奇制胜。

◣ 守则不足，攻则有余。善守者，藏于九地之下。

——摘自《孙子兵法·军形篇》

**【释义】**防守是因为敌方兵力比我方强大，进攻是源于我方兵力强于敌方。善于防守的人，能够将兵力隐藏于极深的地方而不易被敌人发觉。

◣ 兵久则力屈，人愁则变生。

——摘自南朝·范晔《后汉书·冯衍传》

**【释义】**战争时间持续越长，国力便会变得衰弱。百姓如果过于愁闷，便容易发生动乱。

◣ 厚而不能使，爱而不能令，乱而不能治，譬若骄子，不可用也。

——摘自《孙子兵法·地形篇》

**【释义】**对军士若一味厚待却不能命令，即便违反军纪、发生动乱也不能严肃治理，这样的军队如娇生惯养的孩子，是不能用来作战的。

◣ 利而诱之，乱而取之。实而备之，强而避之。怒而挠之，卑而骄之。佚而劳之，亲而离之。

——摘自《孙子兵法·始计篇》

【释义】用利益去诱惑敌军，使其混乱，然后战胜他。敌军实力强劲，就应当防备他；敌军兵锋正盛，就应当躲避他。敌军愤怒而至，就应当以挑逗的方式去激怒他，使其丧失理智；敌军如果词卑行敛，就应当设法使其骄傲懒惰。敌军如果经过充分休整，就要设法使其劳顿；敌军如果和睦相亲，就应当设法分化、离间他们。

◣ 全师避敌，左次无咎，未失常也。

——摘自《三十六计·走为上计》

【释义】全军回避敌人的锋芒，退却避让。虽然居次位，但可以免遭祸患，这是一种常见的用兵之法。

◣ 善战者，致人而不致于人。

——摘自《孙子兵法·虚实篇》

【释义】善于带兵作战的人，能够调动敌人，而不会被敌人调动。

◣ 善用兵者，感忽悠暗，莫知其所从出。

——摘自《荀子·议兵》

【释义】善于用兵的人，神出鬼没，敌人无法知道他的行踪。

◣ 善用兵者，携手若使一人。

——摘自《孙子兵法·九地篇》

【释义】善于带兵打仗的人，能带领全军上下团结一致，就如同一个人一样。

◣ 知兵者，动而不迷，举而不穷。

——摘自《孙子兵法·地形篇》

【释义】懂得用兵的人，目标明确，行动不会迷失，且举措得当而不会穷尽。

▶ 小敌之坚，大敌之擒也。

——摘自《孙子兵法·谋攻篇》

【**释义**】兵力弱小还一味硬拼，就会成为强敌的俘虏。

▶ 疑中之疑。比之自内，不自失也。

——摘自《三十六计·反间计》

【**释义**】在敌人犹豫怀疑的时候，再给敌人布下疑阵。使敌方的计谋为我方服务，这样可完好保全自己而取得胜利。

▶ 不知三军之事而同三军之政者，则军士惑矣。

——摘自《孙子兵法·谋攻篇》

【**释义**】不了解军队的情况却硬要干预军政，那么将士们就会迷惑。

▶ 多算胜，少算不胜，而况于无算乎？

——摘自《孙子兵法·计篇》

【**释义**】打仗重在谋略，打仗前要精心谋划，准备越充分，胜算越大；准备不周，则胜算就不大；没有准备，就没有胜算。

▶ 将多兵众，不可以敌，使其自累，以杀其势。在师中吉，承天宠也。

——摘自《三十六计·连环计》

【**释义**】对手兵多将广，不可以与他正面交锋，而要设法让其自身互相牵制，从而削弱他们的势力。统帅如果用兵得当，就会有如天助一样，能取得胜利。

▶ 用兵之法，无恃其不来，恃吾有以待之；无恃其不攻，恃吾有所不可攻也。

——摘自《孙子兵法·九变篇》

【**释义**】带兵作战的方法不是依靠敌人不来进犯，而要依靠自身的严阵以待；不依赖敌人不来进攻，而依赖敌人即便来进攻，也不能攻破。

◣ **其疾如风，其徐如林，侵掠如火，不动如山，难知如阴，动如雷震。**

——摘自《孙子兵法·军争篇》

**【释义】**急行军时要像一阵狂风，慢行军时要像严整的树林，进攻时要像燎原的烈火，坚守时要像纹丝不动的大山，埋伏时要像浓云遮蔽日月一样难被发现，出动时要像雷霆一样迅猛。

◣ **假之以便，唆之使前，断其援应，陷之死地。**

——摘自《三十六计·上屋抽梯》

**【释义】**假装给敌人方便，唆使他前进，接着切断其后援，置他于死地。

◣ **诳也，非诳也，实其所诳也。**

——摘自《三十六计·无中生有》

**【释义】**制造假象欺骗对方，但不要一假到底，而要适时变虚为实。

◣ **兵不如者，勿与挑战；粟不如者，勿与持久。**

——摘自《战国策·楚策》

**【释义】**兵力没有对方强盛，就不要发动进攻；粮草没有对方充足，也不能和敌军进行持久战。

◣ **贵之而不骄，委之而不专。**

——摘自三国·诸葛亮《兵要》

**【释义】**使他尊贵但不骄纵他，对他委以重任又不使他独断专行。

◣ **故善战者，求之于势，不责于人，故能择人而任势。**

——摘自《孙子兵法·兵势篇》

**【释义】**所以善于指挥作战的人，追求形成有利的态势，而不是苛求人力，因而能够选择合适的人去适应和利用已形成的有利态势。

◣ **善用兵者，避其锐气，击其惰归，此治气者也。**

——摘自《孙子兵法·军争篇》

**【释义】**善于用兵的人，懂得避开敌人的锐气，等到敌人松懈疲惫、人心思归时才去打击它，这是掌握军队士气的方法。

◣ **夫未战而庙算胜者，得算多也；未战而庙算不胜者，得算少也。多算胜，少算不胜，而况于无算乎！吾以此观之，胜负见矣。**

——摘自《孙子兵法·计篇》

**【释义】**在开战前，若经过认真推算，获胜的把握就大，若没有经过认真推算，获胜的把握就小；推算得周密就能取胜，推算得不周密就不能取胜，更何况不筹划呢？我根据这些来观察，就可以断定胜负。

◣ **高陵勿向，背丘勿逆。**

——摘自《孙子兵法·军争篇》

**【释义】**当敌人占领高处时，不要仰面进攻；当敌人背靠高地时，也不要正面进攻。

◣ **共敌不如分敌，敌阳不如敌阴。**

——摘自《三十六计·围魏救赵》

**【释义】**攻打兵力集中的敌人，不如分散他的兵力再攻之；迎击气势旺盛的敌人，不如攻击敌人薄弱的部分。

◣ **制敌在谋不在众。**

——摘自唐·李适《西平王李晟东渭桥纪功碑》

**【释义】**克敌制胜的关键在于用智慧、谋略，而不在于人多。说明在军事斗争中"斗智胜于斗力"。

◣ **眼中形势胸中策，缓步徐行静不哗。**

——摘自宋·宗泽《早发》

**【释义】**将领对敌我形势了如指掌，从容镇定，胸中已有克敌制胜的良策；兵马军容严整，听从指挥，缓步慢行而无喧哗之声。

◣ **善于为士者不武，善战者不怒，善胜敌者弗与。**

——摘自《老子》第六十八章

**【释义】**善于做将领的人，不会轻易动用武力；善于带兵打仗的人，不会被敌人所激怒；善于取得胜利的人，不会与敌人硬拼。

## 鸷鸟将击，卑飞敛翼。

——摘自《六韬·发启》

【**释义**】鸷鸟振翅高飞时，一定会先把翅膀收起来，低低地飞行。说明有智谋的将领在行动之前，一定会麻痹敌人，然后出其不意。

## 兵骄者灭。

——摘自东汉·班固《汉书·魏相传》

【**释义**】认为自己的军队十分强大而盲目轻视敌军，这样打仗没有不失败的。

## 明犯强汉者，虽远必诛。

——摘自东汉·班固《汉书·傅常郑甘陈段传》

【**释义**】让他们知道，胆敢侵犯我强大汉朝的，即使再远，也必定要予以诛杀。

此为汉元帝时将军甘延寿、陈汤向皇帝上书时说的话。甘、陈出兵攻杀了对抗汉朝的匈奴郅支单于，为安定西域作出了重大贡献。

## 不备不虞，不可以师。

——摘自《左传·隐公五年》

【**释义**】如果对于意外情况没有准备，就不可以出兵作战。

## 事贵应机，兵不厌诈。

——摘自唐·李百药《北齐书·司马子如传》

【**释义**】用兵作战在于能够抓住时机，利用计谋迷惑敌方。在对敌斗争中，欺诈之术非常重要。

## 安处不动能使劳，得天下能使离，三军和能使柴。

——摘自《孙膑兵法·善者》

【**释义**】敌军稳固的时候，要使得敌军疲劳，使人民都与敌军离心离德，从而使敌军能够由同心协力转为不和。此语说明了团结一致的重要性。

◣ 求其上，得其中；求其中，得其下；求其下，必败。

——摘自《孙子兵法·谋攻篇》

【释义】追求上等的，可以得到中等的；追求中等的，只能得到下等的；追求下等的，什么都得不到。一个人如果目标定得过低，成就肯定不会高。人应当志存高远，有较高的理想目标才能促使人奋发努力。

◣ 无邀正正之旗，勿击堂堂之陈。

——摘自《孙子兵法·军争篇》

【释义】不要去进攻旗帜阵型严整的军队，也不要正面进攻实力强劲的对手。

◣ 投之亡地然后存，陷之死地然后生。

——摘自《孙子兵法·九地篇》

【释义】把士卒投入危地，他们就会拼死奋战而得以存活；使士卒陷入死地，他们就会全力以赴以求转死为生。

◣ 上下同欲者胜。

——摘自《孙子兵法·谋攻篇》

【释义】全军上下能够团结一致，有共同目标的部队，一定能够取得胜利。

◣ 善为士者，不武；善战者，不怒；善胜敌者，弗与；善用人者，为之下。

——摘自《老子》第六十八章

【释义】真正的勇士不会杀气腾腾，善于打仗的人不会气势汹汹，神机妙算者不必与敌交锋，善于用人者对人表示谦下。

◣ 将拒谏则英雄散，策不从则谋士叛。

——摘自秦·黄石公《三略》

【释义】将帅拒绝下属的谏言，这样手下的英雄都会离散；有好的策略而不被采纳，这样身边的谋士都会反叛。

◣ 杀之贵大，赏之贵小。

——摘自《尉缭子·武议》

【**释义**】杀戮，贵在敢杀大人物；赏赐，贵在赏赐小人物。

◣ 伐国不问仁人，战阵不访儒士。

——摘自南朝·范晔《后汉书·崔骃传》

【**释义**】征伐战阵之事不要去征求有仁义之心的人与儒生的意见。

◣ 政善于内，则兵强于外也。

——摘自三国·魏·桓范《世要论·兵要》

【**释义**】如果国家内部政治清明，这样军队对外作战也会十分刚强。

◣ 将尊则士畏，士畏则战力。

——摘自明·冯梦龙、清·蔡元放《东周列国志》

【**释义**】将帅威严，士兵就心怀畏惧，作战就能勇敢冲锋陷阵。

◣ 明者见危于无形，智者见祸于未萌。

——摘自西晋·陈寿《三国志·魏书·钟会传》

【**释义**】明智的人在危险还没形成时就能预见到，智慧的人在灾祸还未发生时就能有所觉察。

◣ 患人知进而不知退，知欲而不知足，故有困辱之累，悔吝之咎。

——摘自西晋·陈寿《三国志·魏书·王昶传》

【**释义**】一个人如果只知道前进却不知道后退，只知道索取却不知道满足，那必然会有困窘发生，会有灾祸降临。

◣ 天时不如地利，地利不如人和。

——摘自《孟子·公孙丑下》

【**释义**】天时很重要，但比不上地利；地利很重要，但比不上人和。

此语主要从军事的角度论述天时、地利、人和之间的关系。只有天时地利而没有人和，事情便不可能成功；相反，人和往往可以弥补天时地利上的不足。

◣ **民非乐死而恶生也。号令明，法制审，故能使之前。明赏于前，决罚于后，是以发能中利，动则有功。**

——摘自《尉缭子·制谈》

**【释义】**人们本来并不是好死厌生的。只是由于号令严明，法制周详，才能使他们奋勇向前。既有明确的奖赏鼓励于前，又有坚决的惩罚督促于后，故出兵就能获胜，行动就能成功。

◣ **用兵之害，犹豫最大。三军之灾，莫过狐疑。**

——摘自《吴子·治兵》

**【释义】**用兵最大的危害，就是迟疑不决。三军的灾难，就是猜疑多心。

◣ **兵贵胜，不贵久。**

——摘自《孙子兵法·作战篇》

**【释义】**带兵打仗贵在能够快速取胜，而不宜持久作战。

◣ **攻人之法，先绝其援，使无外救。**

——摘自唐·李筌《太白阴经·攻守》

**【释义】**进攻敌人的方法，就是要切断敌人的支援，使对手处于孤立无援的境地。

◣ **兵出无名，事故不成。**

——摘自东汉·班固《汉书·高帝纪》

**【释义】**出兵没有正当的理由，就不能取得胜利。

◣ **败军之将，不可言勇；亡国之臣，不可言智。**

——摘自西汉·刘向《说苑·谈丛》

**【释义】**打了败仗的将领，不能和他谈论勇敢；亡了国的臣子，不能和他谈论才智。

# 附录　中华金言选编

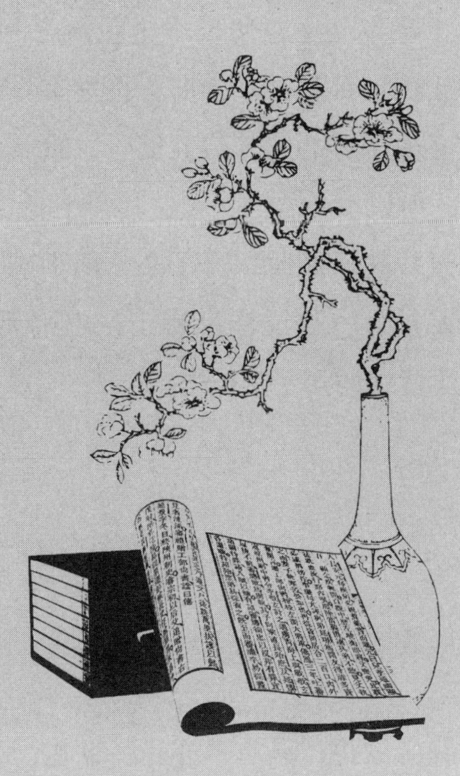

## 生于忧患，死于安乐

孟子

舜发于畎亩之中，傅说举于版筑之间，胶鬲举于鱼盐之中，管夷吾举于士，孙叔敖举于海，百里奚举于市。故天将降大任于是人也，必先苦其心志，劳其筋骨，饿其体肤，空乏其身，行拂乱其所为，所以动心忍性，曾益其所不能。

人恒过，然后能改；困于心，衡于虑，而后作；征于色，发于声，而后喻。入则无法家拂士，出则无敌国外患者，国恒亡。然后知生于忧患而死于安乐也。

## 鱼我所欲也

孟子

鱼，我所欲也；熊掌，亦我所欲也。二者不可得兼，舍鱼而取熊掌者也。生，亦我所欲也；义，亦我所欲也。二者不可得兼，舍生而取义者也。生亦我所欲，所欲有甚于生者，故不为苟得也；死亦我所恶，所恶有甚于死者，故患有所不辟也。如使人之所欲莫甚于生，则凡可以得生者何不用也？使人之所恶莫甚于死者，则凡可以辟患者何不为也？由是则生而有不用也，由是则可以辟患而有不为也。是故所欲有甚于生者，所恶有甚于死者。非独贤者有是心也，人皆有之，贤者能勿丧耳。

一箪食，一豆羹，得之则生，弗得则死。呼尔而与之，行道之人弗受；蹴尔而与之，乞人不屑也。万钟则不辩礼义而受之，万钟于我何加焉！为宫室之美，妻妾之奉，所识穷乏者得我与？乡为身死而不受，今为宫室之美为之；乡为身死而不受，今为妻妾之奉为之；乡为身死而不受，今为所识穷乏者得我而为之；是亦不可以已乎？此之谓失其本心。

## 正气歌

宋·文天祥

余囚北庭，坐一土室。室广八尺，深可四寻。单扉低小，白间短窄，污下而幽暗。当此夏日，诸气萃然：雨潦四集，浮动床几，时则为水气；涂泥半朝，蒸沤历澜，时则为土气；乍晴暴热，风道四塞，时则为日气；檐阴薪爨，助长炎虐，时则为火气；仓腐寄顿，陈陈逼人，时则为米气；骈肩杂遝，腥臊汗垢，时则为人气；或圊溷、或毁尸、或腐鼠，恶气杂出，时则为秽气。叠是数气，当之者鲜不为厉。而予以孱弱，俯仰其间，於兹二年矣，幸而无恙，是殆有养致然尔。然亦安知所养何哉？孟子曰：“吾善养吾浩然之气。”彼气有七，吾气有一，以一敌七，吾何患焉！况浩然者，乃天地之正气也，作《正气歌》一首。

天地有正气，杂然赋流形。下则为河岳，上则为日星。
于人曰浩然，沛乎塞苍冥。皇路当清夷，含和吐明庭。
时穷节乃见，一一垂丹青。在齐太史简，在晋董狐笔。
在秦张良椎，在汉苏武节。为严将军头，为嵇侍中血。
为张睢阳齿，为颜常山舌。或为辽东帽，清操厉冰雪。
或为《出师表》，鬼神泣壮烈。或为渡江楫，慷慨吞胡羯。
或为击贼笏，逆竖头破裂。是气所磅礴，凛烈万古存。
当其贯日月，生死安足论。地维赖以立，天柱赖以尊。
三纲实系命，道义为之根。嗟予遘阳九，隶也实不力。
楚囚缨其冠，传车送穷北。鼎镬甘如饴，求之不可得。
阴房阒鬼火，春院闭天黑。牛骥同一皂，鸡栖凤凰食。
一朝蒙雾露，分作沟中瘠。如此再寒暑，百疠自辟易。
哀哉沮洳场，为我安乐国。岂有他缪巧，阴阳不能贼。
顾此耿耿在，仰视浮云白。悠悠我心悲，苍天曷有极。
哲人日已远，典刑在夙昔。风檐展书读，古道照颜色。

**【释义】**我被囚禁在北国的都城，住在一间土屋内。土屋有八尺宽，大约四寻深。有一道单扇门又低又小，一扇白木窗子又短又窄，地方又脏又矮，又湿又暗。碰到夏天，各种气味都汇聚在一起：雨水从四面流进来，甚至使床和桌椅都漂浮起来，这时屋子里都是水汽；屋里的污泥因很少照到阳光，蒸熏恶臭，这时屋子里都是土气；突然天晴暴热，四处的风道又被堵塞，这时屋子里都是日气；有人在屋檐下烧柴火做饭，助长了炎热的肆虐，这时屋子里都是火气；仓库里储藏了很多腐烂的粮食，阵阵霉味逼人，这时屋子里都是霉烂的米气；关在这里的人很多，拥挤杂乱，到处散发着腥臊汗臭，这时屋子里都是人气；又是粪便，又是腐尸，又是死鼠，各种各样的恶臭一起散发，这时屋子里都是秽气。这么多的气味加在一起，成了瘟疫，很少有人不染病的。可是我以如此虚弱的身子在这样坏的环境中生活，到如今已经两年了，却没有什么病。

这大概是因为有修养才会这样吧。然而怎么知道这修养是什么呢？孟子说：“我善于增养我心中的浩然之气。”它有七种气，我有一种气，用我的一种气可以敌过那七种气，我担忧什么呢！况且博大刚正的，是天地之间的凛然正气。因此，写成这首《正气歌》。

天地之间有一股堂堂正气，它赋予万物而变化为各种形体。

在地就表现为山川河岳，在天就表现为日月辰星。

在人间被称为浩然之气，它充满了天地和寰宇。

国运清明太平的时候，它呈现为祥和的气氛和开明的朝廷。

时运艰危的时刻义士就会出现，他们的光辉形象一一垂于丹青。

齐国有舍命记史的太史简，晋国有坚持正义的董狐笔。

秦朝有为民除暴的张良椎，汉朝有赤胆忠心的苏武节。

它还表现为宁死不降的严将军的头，表现为拼死抵抗的嵇侍中的血。

表现为张睢阳誓师杀敌而咬碎的齿，表现为颜常山仗义骂贼而被割的舌。

有时又表现为避乱辽东喜欢戴白帽的管宁，他那高洁的品格胜过了冰雪。

有时又表现为写出《出师表》的诸葛亮，他那死而后已的忠心让鬼神感泣。

有时表现为祖逖渡江北伐时的楫，激昂慷慨发誓要吞灭胡羯。

有时表现为段秀实痛击奸人的笏，逆贼的头颅顿时破裂。

这种浩然之气充塞宇宙乾坤，正义凛然不可侵犯而万古长存。

当这种正气直冲霄汉贯通日月之时，活着或死去根本用不着去谈论。

大地靠着它才得以挺立，天柱靠着它才得以支撑。

三纲靠着它才能维持生命，道义靠着它才有了根本。

可叹的是我遭遇了国难的时刻，实在是无力去安国杀贼。

穿着朝服却成了阶下囚，被人用驿车送到了穷北。

受鼎镬之刑对我来说就像喝糖水，为国捐躯那是求之不得。

牢房内闪着点点鬼火一片静谧，春院里的门直到天黑都始终紧闭。

老牛和骏马被关在一起共用一槽，凤凰住在鸡窝里像鸡一样饮食起居。

一旦受了风寒染上了疾病，那沟壑定会是我的葬身之地。

如果能这样再经历两个寒暑，各种各样的疾病就自当退避。

可叹的是如此阴暗低湿的处所，竟成了我安身立命的乐土住地。

这其中难道有什么奥秘，一切寒暑冷暖都不能伤害我的身体。

因为我胸中一颗丹心永远存在，功名富贵于我如同天边的浮云。
我心中的忧痛深广无边，请问苍天何时才会有终极。
先贤们一个个都离我远去，他们的榜样已经铭记在我心里。
屋檐下我沐着清风展开书来读，古人的光辉将照耀我坚定地走下去。

# 满江红·写怀

宋·岳飞

怒发冲冠，凭栏处、潇潇雨歇。抬望眼，仰天长啸，壮怀激烈。三十功名尘与土，八千里路云和月。莫等闲、白了少年头，空悲切。

靖康耻，犹未雪。臣子恨，何时灭。驾长车，踏破贺兰山缺。壮志饥餐胡虏肉，笑谈渴饮匈奴血。待从头、收拾旧山河，朝天阙。

**【释义】**我愤怒得头发竖了起来，帽子都被顶飞了。独自登高凭栏远眺，骤急的风雨刚刚停歇。抬头远望天空，禁不住仰天长啸，一片报国之心充满胸怀。三十多年来虽已建立一些功名，但如同尘土一样微不足道；南北转战八千里，经过多少风云人生。好男儿要抓紧时间为国建功立业，不要空将青春消磨，等年老时徒自悲切。

靖康之变的耻辱，至今仍然没有被雪洗。臣子的愤恨，何时才能泯灭！我要驾着战车向贺兰山进攻，将它踏为平地。我满怀壮志，打仗饿了就吃敌人的肉，谈笑渴了就喝敌人的鲜血。待我重新收复旧日山河，再带着捷报回国都报告胜利的消息！

# 垓下歌

汉·项羽

力拔山兮气盖世。时不利兮骓不逝。骓不逝兮可奈何！虞兮虞兮奈若何！

**【释义】**我的力量能将高山拔起，盖世无双。但无奈时运不济啊，乌骓马却不离我而去。乌骓马不离去又能怎么办呢？虞姬啊虞姬，我又该怎样救你呀！

这是西楚霸王项羽在战斗前夕所作的绝命词，既洋溢着无与伦比的豪气，又蕴含着满腔深情。他在汉军的包围搏杀中自刎，时年仅三十一岁。虞姬当时应和道："汉兵已略地，四方楚歌声。大王意气尽，贱妾何聊生！"言罢拔剑自刎，称《和垓下歌》。

# 大风歌

汉·刘邦

大风起兮云飞扬。威加海内兮归故乡。安得猛士兮守四方！

**【释义】**大风劲吹啊浮云飞扬，我统一了天下啊衣锦还乡，怎样才能得到勇士啊为国家镇守四方。

注：刘邦在击败英布得胜还军的途中，顺路回到自己的家乡沛县，把昔日的朋友、尊长招来欢饮数日，一日酒酣，他一面击筑，一面自吟《大风歌》。

# 出师表

三国·诸葛亮

先帝创业未半而中道崩殂，今天下三分，益州疲弊，此诚危急存亡之秋也。然侍卫之臣不懈于内，忠志之士忘身于外者，盖追先帝之殊遇，欲报之于陛下也。诚宜开张圣听，以光先帝遗德，恢弘志士之气，不宜妄自菲薄，引喻失义，以塞忠谏之路也。

宫中府中，俱为一体；陟罚臧否，不宜异同。若有作奸犯科及为忠善者，宜付有司论其刑赏，以昭陛下平明之理，不宜偏私，使内外异法也。

侍中、侍郎郭攸之、费祎、董允等，此皆良实，志虑忠纯，是以先帝简拔以遗陛下。愚以为宫中之事，事无大小，悉以咨之，然后施行，必能裨补阙漏，有所广益。

将军向宠，性行淑均，晓畅军事，试用于昔日，先帝称之曰能，是以众议举宠为督。愚以为营中之事，事无大小，悉以咨之，必能使行阵和睦，优劣得所。

亲贤臣，远小人，此先汉所以兴隆也；亲小人，远贤臣，此后汉所以倾颓也。先帝在时，每与臣论此事，未尝不叹息痛恨于桓、灵也。侍中、尚书、长史、参军，此悉贞良死节之臣，愿陛下亲之信之，则汉室之隆，可计日而待也。

臣本布衣，躬耕于南阳，苟全性命于乱世，不求闻达于诸侯。先帝不以臣卑鄙，猥自枉屈，三顾臣于草庐之中，咨臣以当世之事，由是感激，遂许先帝以驱驰。后值倾覆，受任于败军之际，奉命于危难之间，尔来二十有一年矣。

先帝知臣谨慎，故临崩寄臣以大事也。受命以来，夙夜忧叹，恐托付不效，以伤先帝之明；故五月渡泸，深入不毛。今南方已定，甲兵已足，当奖率三军，北定中原，庶竭驽钝，攘除奸凶，兴复汉室，还于旧都。此臣所以报先帝而忠陛下之职分也。至于斟酌损益，进尽忠言，则攸之、祎、允之任也。

愿陛下托臣以讨贼兴复之效，不效，则治臣之罪，以告先帝之灵。若无兴德之言，则责攸之、祎、允等之慢，以彰其咎。陛下亦宜自谋，以咨诹善道，察纳雅言，深追先帝遗诏。臣不胜受恩感激！

今当远离，临表涕零，不知所言。

## 后出师表

三国·诸葛亮

先帝深虑汉、贼不两立，王业不偏安，故托臣以讨贼也。以先帝之明，量臣之才，固知臣伐贼，才弱敌强也。然不伐贼，王业亦亡。惟坐而待亡，孰与伐之？是故托臣而弗疑也。臣受命之日，寝不安席，食不甘味。思惟北征，宜先入南。故五月渡泸，深入不毛，并日而食；臣非不自惜也，顾王业不可得偏安于蜀都，故冒危难，以奉先帝之遗意也，而议者谓为非计。今贼适疲于西，又务于东，兵法乘劳，此进趋之时也。谨陈其事如左：

高帝明并日月，谋臣渊深，然涉险被创，危然后安。今陛下未及高帝，谋臣不如良、平，而欲以长策取胜，坐定天下，此臣之未解一也。

刘繇、王朗各据州郡，论安言计，动引圣人，群疑满腹，众难塞胸，今岁不战，明年不征，使孙策坐大，遂并江东，此臣之未解二也。

曹操智计，殊绝于人，其用兵也，仿佛孙、吴，然困于南阳，险于乌巢，危于祁连，逼于黎阳，几败北山，殆死潼关，然后伪定一时耳。况臣才弱，而欲以不危而定之，此臣之未解三也。

曹操五攻昌霸不下，四越巢湖不成，任用李服而李服图之，委任夏侯而夏侯败亡，先帝每称操为能，犹有此失，况臣驽下，何能必胜？此臣之未解四也。

自臣到汉中，中间期年耳，然丧赵云、阳群、马玉、阎芝、丁立、白寿、刘郃、邓铜等及曲长、屯将七十余人，突将、无前、賨叟、青羌、散骑、武骑一千余人。此皆数十年之内所纠合四方之精锐，非一州之所有；若复数年，则损三分之二也，当何以图敌？此臣之未解五也。

今民穷兵疲，而事不可息；事不可息，则住与行劳费正等。而不及今图之，欲以一州之地，与贼持久，此臣之未解六也。

夫难平者，事也。昔先帝败军于楚，当此时，曹操拊手，谓天下已定。然后先帝东连吴越，西取巴蜀，举兵北征，夏侯授首，此操之失计，而汉事将成也。然后吴更违盟，关羽毁败，秭归蹉跌，曹丕称帝。凡事如是，难可逆见。臣鞠躬尽瘁，死而后已。至于成败利钝，非臣之明所能逆睹也。

## 短歌行

三国·曹操

对酒当歌，人生几何！譬如朝露，去日苦多。慨当以慷，忧思难忘。何以解忧？唯有杜康。青青子衿，悠悠我心。但为君故，沉吟至今。呦呦鹿鸣，食野之苹。我有嘉宾，鼓瑟吹笙。明明如月，何时可掇？忧从中来，不可断绝。越陌度阡，枉用相存。契阔谈讌，心念旧恩。月明星稀，乌鹊南飞。绕树三匝，何枝可依？山不厌高，海不厌深。周公吐哺，天下归心。

## 龟虽寿

三国·曹操

神龟虽寿，犹有竟时。腾蛇乘雾，终为土灰。老骥伏枥，志在千里。烈士暮年，壮心不已。盈缩之期，不但在天。养怡之福，可得永年。幸甚至哉，歌以咏志。

## 赐萧瑀

唐·李世民

疾风知劲草，板荡识诚臣。
勇夫安识义，智者必怀仁。

**【释义】**只有在大风大浪中才能看出哪棵草真正挺拔强健，只有在激烈动荡的年代才能辨别出哪些人是真正的忠臣。匹夫之勇并没有实质上的价值和用处，因其不懂忠国爱民的道理；智勇兼备的人才明白时势，满怀忠国爱民之心。这首五言绝句褒扬大臣萧瑀忠诚仁义，大智大勇。通过劲草搏击疾风的比喻，引出对萧瑀在政局动荡变乱中为李唐王朝统一大业忠贞奋斗的赞赏。

## 百字箴

唐·李世民

耕夫碌碌，多无隔夜之粮；
织女波波，少有御寒之衣。
日食三餐，当思农夫之苦，

身穿一缕，每念织女之劳。
寸丝千命，匙饭百鞭。
无功受禄，寝食不安。
交有德之朋，绝无义之友。
取本分之财，戒无名之酒。
常怀克己之心，闭却是非之口。
若能依朕所言，富贵功名可久。

## 寒窑赋

北宋·吕蒙正

天有不测风云，人有旦夕祸福。蜈蚣百足，行不及蛇；雄鸡两翼，飞不过鸦。马有千里之程，无骑不能自往；人有冲天之志，非运不能自通。

盖闻：人生在世，富贵不能淫，贫贱不能移。文章盖世，孔子厄于陈邦；武略超群，太公钓于渭水。颜渊命短，殊非凶恶之徒；盗跖年长，岂是善良之辈。尧帝明圣，却生不肖之儿；瞽叟愚顽，反生大孝之子。张良原是布衣，萧何曾为县吏。晏子身无五尺，封作齐国宰相；孔明卧居草庐，能作蜀汉军师。楚霸虽雄，败于乌江自刎；汉王虽弱，竟有万里江山。李广有射虎之威，到老无封；冯唐有乘龙之才，一生不遇。韩信未遇之时，无一日三餐，及至遇行，腰悬三尺玉印，一旦时衰，死于阴人之手。有先贫而后富，有老壮而少衰。满腹文章，白发竟然不中；才疏学浅，少年及第登科。深院宫娥，运退反为妓妾；风流妓女，时来配作夫人。

青春美女，却招愚蠢之夫；俊秀郎君，反配粗丑之妇。蛟龙未遇，潜水于鱼鳖之间；君子失时，拱手于小人之下。衣服虽破，常存仪礼之容；面带忧愁，每抱怀安之量。时遭不遇，只宜安贫守份；心若不欺，必然扬眉吐气。初贫君子，天然骨骼生成；乍富小人，不脱贫寒肌体。

天不得时，日月无光；地不得时，草木不生；水不得时，风浪不平；人不得时，利运不通。注福注禄，命里已安排定，富贵谁不欲？人若不依根基八字，岂能为卿为相？

吾昔寓居洛阳，朝求僧餐，暮宿破窖，思衣不可遮其体，思食不可济其饥，上人憎，下人厌，人道我贱，非我不弃也。今居朝堂，官至极品，位置三公，身虽鞠躬于一人之下，而列职于千万人之上，有挞百僚之杖，有斩鄙吝之剑，思衣而有罗锦千箱，思食而有珍馐百味，出则壮士执鞭，入则佳人捧觞，上人宠，下人拥。人道我贵，非我之能也，此乃时也、运也、命也。

嗟呼！人生在世，富贵不可尽用，贫贱不可自欺，听由天地循环，周而复始焉。

**【释义】**天气的变化是很难预测的，人一生的命运是很难说的。蜈蚣虽然有百十条腿，但爬行却不如蛇快；家鸡的羽翅很大，却不能像鸟儿一样飞翔。好马可以驰骋千里，但没有人驾驭是不能自己行路的。每个人都有远大的志向，但要有机会才可以飞黄腾达。都说人生在世，富贵不能淫，贫贱不能移。就算文章再好，孔子尚且被困于陈蔡；打仗的方法再多，姜太公也是先在渭水河畔钓鱼。颜回命短，却不是凶恶之徒；盗跖寿长，也不是善良的人。尧舜虽然是至圣的明君，却生下了不肖的儿子；瞽叟虽然顽劣愚蠢，却生下世称大圣的儿子。张良原本是老百姓，萧何原也是县里的小吏。晏子身高不足五尺，却被封为齐国丞相；孔明居住在草庐中，却能做西蜀的军师。楚王项羽虽然兵强，终败于乌江自刎。汉王刘邦虽然兵弱，却获得江山万里。李广虽然有射杀猛虎的威名，却到老都没有封侯。冯唐虽然有治国安邦的才智，到死也只得了个小官职。韩信时运不济时，三餐没有着落，等时来运转，腰悬宝剑将印，及至时运衰败，又死于妇人（吕后）之手。有的人是先富而后贫，有的人是先贫而后富。有满腹学问，一生没有中榜的；也有才疏学浅，年少即及第登科的。深宫里的美貌宫妃，命运不济时沦落为娼妓；烟花巷的风流女子，时来运转时做了夫人。青春美丽的姑娘，却嫁了个愚蠢的丈夫；俊朗秀气的青年，反而配了个粗丑的妻子。蛟龙没有发迹的时候，和鱼虾混在一起；君子失宠的时候，屈居于小人的手下。即使衣服破破烂烂，依然风度翩翩；虽面有忧愁之色，仍抱有以天下为己任的雅量。自己时运不济时，宜暂时安守清贫，只要不苟安于目前的窘境，必然有扬眉吐气的一天。正人君子，哪怕最初贫寒，仍一身傲骨正气；暴富小人，怎么也摆脱不了邪恶的嘴脸。天气不好的时候，太阳、月亮都没有光辉；大地不合时宜的时候，草木也长不起来。河水淤塞不畅时，易致水急浪高；人不得时宜时，升官发财无望。富贵谁不想要？只是人的福禄之运，命里自有定数。若没有命格八字，怎么可能为官为相？过去我在洛阳，白天在寺庙里读书，夜晚在破窑里住宿。身上穿的破烂衣服尚且不能掩盖我的全身，吃的薄粥也不能填饱我的肚子，过得比我好的人鄙视我，过得比我差的人厌憎我，都说我是贫贱之人。我说，不是我贫贱，是时运和命运啊！现在我中了状元，官至宰相，位列三公，身居一人之下万人之上；有鞭打手下百官的禅杖，有斩杀粗鄙之徒的宝剑；家有绫罗绸缎千箱、珍馐美味无数；出去的时候有士兵为我扬鞭开道，回家的时候有美女为我敬酒侍奉；高位的人宠信我，下位的人奉承我。人人都说我是金贵之人，我说，不是我的本事啊，是时运和命运啊。啊，人生在世，富贵的时候要懂得收敛惜福，贫贱的时候要自尊自强，天道好轮回，周而复始无穷尽。

注：北宋初年的状元吕蒙正，早年生活异常贫困，家徒四壁，三餐难以为继。为了生活，他受尽人间欺凌与白眼。为填饱肚子，他常去附近的寺庙蹭饭，惹来了庙里和尚的厌弃与鄙视，他们故意等众僧吃完饭了才敲饭钟，弄得吕蒙正狼狈不堪。他发奋苦读，后高中状元，又官运亨通，位至宰相，人生充满了鲜花、掌声和笑脸。大起大落的人生体验，让吕蒙正对人情冷暖、世态炎凉感悟至深，因此写下了千古奇文《寒窑赋》。

# 六悔铭

北宋·寇准

官行私曲，失时悔。富不俭用，贫时悔。艺不少学，过时悔。见事不学，用时悔。醉发狂言，醒时悔。安不将息，病时悔。

**【释义】**做官以权谋私，失去权势之后就会心生悔恨；富有的时候不节俭用度，贫穷的时候就会心生悔恨；在年少时不学习精通技艺，岁月一旦过去就会心生悔恨；见到事情不学习，到自己使用的时候就会心生悔恨；醉酒之后发表的狂言，酒醒之后就会心生悔恨；安闲的时候不注意休息，到生病的时候就会心生悔恨。

# 永遇乐·京口北固亭怀古

宋·辛弃疾

千古江山，英雄无觅孙仲谋处。舞榭歌台，风流总被雨打风吹去。斜阳草树，寻常巷陌，人道寄奴曾住。想当年，金戈铁马，气吞万里如虎。

元嘉草草，封狼居胥，赢得仓皇北顾。四十三年，望中犹记，烽火扬州路。可堪回首，佛狸祠下，一片神鸦社鼓。凭谁问：廉颇老矣，尚能饭否?

注：宋宁宗嘉泰四年（1204），六十五岁的辛弃疾被调任镇江知府，参与筹措北伐。这首词通过怀古和用典表达自己既坚决支持和参与抗金北伐，又反对轻率冒进的战略思想。词的上半部分，写镇江的风光和历史人物，写孙权的风流余韵不可寻，实是叹息当时无杰出人才可以抵抗外侮，担负起挽救国家危亡的重任。赞扬刘裕的北伐，是向往古代英雄之声威，以见自己抗金心情之迫切。下半部分写历史上轻敌误国之教训，以“元嘉草草”

之往事，影射四十年前“隆兴北伐”的失败，又忧虑即将开启的“开禧北伐”重蹈前代覆辙。“可堪回首”以下，由怀古转入伤今，对国家南北分裂的局面无比痛愤。结尾以问句表达了烈士暮年、壮心不已的忠愤情怀。

# 过文登营

明·戚继光

冉冉双幡度海涯，晓烟低护野人家。
谁将春色来残堞，独有天风送短笳。
水落尚存秦代石，潮来不见汉时槎。
遥知百国微茫外，未敢忘危负岁华？

注：这首诗是作者巡视海防驻军，路过山东文登营地时所作。他怀古思今，秦汉时国力强盛，海中屹立的巨石即是见证。而眼前海防危机未除，军人的责任怎能不时时铭记？诗中洋溢着作者以身许国的热忱和壮心不已的豪情。

# 石灰吟

明·于谦

千锤万凿出深山，烈火焚烧若等闲。
粉骨碎身浑不怕，要留清白在人间。

# 咏煤炭

明・于谦

凿开混沌得乌金，蓄藏阳和意最深。
爝火燃回春浩浩，洪炉照破夜沉沉。
鼎彝元赖生成力，铁石犹存死后心。
但愿苍生俱饱暖，不辞辛苦出山林。

**【释义】**

1. 混沌：世界未开辟前的原始状态。此处指未开发的煤炭。煤炭因黑而有光泽，故名黑金。

2. 阳和：此处指煤炭蓄藏的热力。

3. 意最深：有深层的情意。

4. 爝火：小火、火把。

5. 浩浩：广大无际状。

6. 洪炉：大的冶炼炉。

7. 鼎彝：帝、王宗庙祭器，引申为国家、朝廷。鼎：炊具；彝：酒器。

8. 元：通“原”，本来。

9. 赖：依靠。

10. 生成力：此处指煤炭燃烧生成的力量。

11. 铁石：意谓当铁石被熔化为煤炭的时候仍有为百姓造福的本心。古人误以为煤炭是铁石久埋地下生成的。

此诗是明朝大臣于谦创作的咏物抒怀言志诗，诗人借煤炭的燃烧来表达自己忧国忧民，甘愿为国家、人民的利益赴汤蹈火的高风亮节。诗的后两句表达了诗人为让天下的百姓都得到温饱，决心不顾千辛万苦走出荒僻山林，体现了他心忧苍生、情寄社稷、公而忘私、奉献牺牲的伟大一生。

# 竹石

清·郑燮

咬定青山不放松，立根原在破岩中。
千磨万击还坚劲，任尔东西南北风。

# 岳阳楼记

宋·范仲淹

庆历四年春，滕子京谪守巴陵郡。越明年，政通人和，百废具兴。乃重修岳阳楼，增其旧制，刻唐贤今人诗赋于其上，属予作文以记之。

予观夫巴陵胜状，在洞庭一湖。衔远山，吞长江，浩浩汤汤，横无际涯，朝晖夕阴，气象万千，此则岳阳楼之大观也，前人之述备矣。然则北通巫峡，南极潇湘，迁客骚人，多会于此，览物之情，得无异乎？

若夫淫雨霏霏，连月不开，阴风怒号，浊浪排空，日星隐曜，山岳潜形，商旅不行，樯倾楫摧，薄暮冥冥，虎啸猿啼。登斯楼也，则有去国怀乡，忧谗畏讥，满目萧然，感极而悲者矣。

至若春和景明，波澜不惊，上下天光，一碧万顷，沙鸥翔集，锦鳞游泳，岸芷汀兰，郁郁青青。而或长烟一空，皓月千里，浮光跃金，静影沉璧，渔歌互答，此乐何极！登斯楼也，则有心旷神怡，宠辱偕忘，把酒临风，其喜洋洋者矣。

嗟夫！予尝求古仁人之心，或异二者之为，何哉？不以物喜，不以己悲，居庙堂之高则忧其民，处江湖之远则忧其君。是进亦忧，退亦忧。然则何时而乐耶？其必曰“先天下之忧而忧，后天下之乐而乐”乎！噫！微斯人，吾谁与归？

时六年九月十五日。

## 兰亭集序

晋·王羲之

永和九年，岁在癸丑，暮春之初，会于会稽山阴之兰亭，修禊事也。群贤毕至，少长咸集。此地有崇山峻岭，茂林修竹，又有清流激湍，映带左右，引以为流觞曲水，列坐其次。虽无丝竹管弦之盛，一觞一咏，亦足以畅叙幽情。

是日也，天朗气清，惠风和畅。仰观宇宙之大，俯察品类之盛，所以游目骋怀，足以极视听之娱，信可乐也。

夫人之相与，俯仰一世。或取诸怀抱，悟言一室之内；或因寄所托，放浪形骸之外。虽趣舍万殊，静躁不同，当其欣于所遇，暂得于己，快然自足，不知老之将至；及其所之既倦，情随事迁，感慨系之矣。向之所欣，俯仰之间，已为陈迹，犹不能不以之兴怀，况修短随化，终期于尽！古人云：“死生亦大矣。”岂不痛哉！

每览昔人兴感之由，若合一契，未尝不临文嗟悼，不能喻之于怀。固知一死生为虚诞，齐彭殇为妄作。后之视今，亦犹今之视昔，悲夫！故列叙时人，录其所述，虽世殊事异，所以兴怀，其致一也。后之览者，亦将有感于斯文。

# 滕王阁序

唐·王勃

豫章故郡，洪都新府。星分翼轸，地接衡庐。襟三江而带五湖，控蛮荆而引瓯越。物华天宝，龙光射牛斗之墟；人杰地灵，徐孺下陈蕃之榻。雄州雾列，俊采星驰。台隍枕夷夏之交，宾主尽东南之美。都督阎公之雅望，棨戟遥临；宇文新州之懿范，襜帷暂驻。十旬休假，胜友如云；千里逢迎，高朋满座。腾蛟起凤，孟学士之词宗；紫电青霜，王将军之武库。家君作宰，路出名区；童子何知，躬逢胜饯。

时维九月，序属三秋。潦水尽而寒潭清，烟光凝而暮山紫。俨骖騑于上路，访风景于崇阿；临帝子之长洲，得天人之旧馆。层峦耸翠，上出重霄；飞阁流丹，下临无地。鹤汀凫渚，穷岛屿之萦回；桂殿兰宫，即冈峦之体势。

披绣闼，俯雕甍，山原旷其盈视，川泽纡其骇瞩。闾阎扑地，钟鸣鼎食之家；舸舰弥津，青雀黄龙之舳。云销雨霁，彩彻区明。落霞与孤鹜齐飞，秋水共长天一色。渔舟唱晚，响穷彭蠡之滨；雁阵惊寒，声断衡阳之浦。

遥襟甫畅，逸兴遄飞。爽籁发而清风生，纤歌凝而白云遏。睢园绿竹，气凌彭泽之樽；邺水朱华，光照临川之笔。四美具，二难并。穷睇眄于中天，极娱游于暇日。天高地迥，觉宇宙之无穷；兴尽悲来，识盈虚之有数。望长安于日下，目吴会于云间。地势极而南溟深，天柱高而北辰远。关山难越，谁悲失路之人？萍水相逢，尽是他乡之客。怀帝阍而不见，奉宣室以何年？

嗟乎！时运不齐，命途多舛。冯唐易老，李广难封。屈贾谊于长沙，非无圣主；窜梁鸿于海曲，岂乏明时？所赖君子见机，达人知命。老当益壮，宁移白首之心？穷且益坚，不坠青云之志。酌贪泉而觉爽，处涸辙以犹欢。北海虽赊，扶摇可接；东隅已逝，桑榆非晚。孟尝高洁，空余报国之情；阮籍猖狂，岂效穷途之哭！

勃，三尺微命，一介书生。无路请缨，等终军之弱冠；有怀投笔，慕宗悫之长风。舍簪笏于百龄，奉晨昏于万里。非谢家之宝树，接孟氏之芳邻。他日趋庭，叨陪鲤对；今兹捧袂，喜托龙门。杨意不逢，抚凌云而自惜；钟期既遇，奏流水以何惭？

呜乎！胜地不常，盛筵难再；兰亭已矣，梓泽丘墟。临别赠言，幸承恩于伟饯；登高作赋，是所望于群公。敢竭鄙怀，恭疏短引；一言均赋，四韵俱成。请洒潘江，各倾陆海云尔：

滕王高阁临江渚，佩玉鸣鸾罢歌舞。
画栋朝飞南浦云，珠帘暮卷西山雨。
闲云潭影日悠悠，物换星移几度秋。
阁中帝子今何在？槛外长江空自流。

## 阿房宫赋

唐・杜牧

六王毕，四海一；蜀山兀，阿房出。覆压三百余里，隔离天日。骊山北构而西折，直走咸阳。二川溶溶，流入宫墙。五步一楼，十步一阁；廊腰缦回，檐牙高啄；各抱地势，钩心斗角。盘盘焉，囷囷焉，蜂房水涡，矗不知其几千万落！长桥卧波，未云何龙？复道行空，不霁何虹？高低冥迷，不知西东。歌台暖响，春光融融；舞殿冷袖，风雨凄凄。一日之内，一宫之间，而气候不齐。

妃嫔媵嫱，王子皇孙，辞楼下殿，辇来于秦，朝歌夜弦，为秦宫人。明星荧荧，开妆镜也；绿云扰扰，梳晓鬟也；渭流涨腻，弃脂水也；烟斜雾横，焚椒兰也。雷霆乍惊，宫车过也；辘辘远听，杳不知其所之也。一肌一容，尽态极妍，缦立远视，而望幸焉；有不得见者，三十六年。燕、赵之收藏，韩、魏之经营，齐、楚之精英，几世几年，剽掠其人，倚叠如山。一旦不能有，输来其间。鼎铛玉石，金块珠砾，弃掷逦迤，秦人视之，亦不甚惜。

嗟乎！一人之心，千万人之心也。秦爱纷奢，人亦念其家；奈何取之尽锱铢，用之如泥沙？使负栋之柱，多于南亩之农夫；架梁之椽，多于机上之工女；钉头磷磷，多于在庾之粟粒；瓦缝参差，多于周身之帛缕；直栏横槛，多于九土之城郭；管弦呕哑，多于市人之言语。使天下之人，不敢言而敢怒；独夫之心，日益骄固。戍卒叫，函谷举；楚人一炬，可怜焦土。

呜呼！灭六国者，六国也，非秦也。族秦者，秦也，非天下也。嗟乎！使六国各爱其人，则足以拒秦；使秦复爱六国之人，则递三世可至万世而为君，谁得而族灭也？秦人不暇自哀，而后人哀之；后人哀之而不鉴之，亦使后人而复哀后人也。

## 马说

唐·韩愈

世有伯乐，然后有千里马。千里马常有，而伯乐不常有。故虽有名马，祇辱于奴隶人之手，骈死于槽枥之间，不以千里称也。

马之千里者，一食或尽粟一石。食马者不知其能千里而食也。是马也，虽有千里之能，食不饱，力不足，才美不外见，且欲与常马等不可得，安求其能千里也？

策之不以其道，食之不能尽其材，鸣之而不能通其意，执策而临之，曰：“天下无马！”呜呼！其真无马邪？其真不知马也！

注：作者用千里马不遇伯乐，比喻有德才的人得不到施展的机会。全篇围绕此比喻展开层层论证，且论证过程就在比喻故事的叙述中完成。文章构思精巧缜密，寓意深刻委婉，深刻揭露了封建社会豪门亲贵当权，大批有志气、有德才的人士长期埋没于下层而得不到推荐任用的弊端。作者于议论中抒发了胸中不平之气，行文犀利精悍，曲折畅达。

# 驭人经

明·张居正

驭吏卷一：吏不治，上无德也。吏不驭，上无术也。吏骄则斥之，吏狂则抑之，吏怠则警之，吏罪则罚之。明规当守，暗规勿废焉。君子无为，小人或成焉。

**【释义】**下属没有治理好，是因为上位者自身没有德行。如果下属不能为你所用，说明上位者没有能力。当下属骄傲而目中无人的时候就要斥责他，当下属狂妄而没有分寸的时候就要抑制他，当下属出现懈怠的时候就要警告他，当下属犯了错误的时候就要责罚他。明文规定应当遵守，潜规则也不要废除。君子的做法有时候无法取得理想的结果，用小人的方法反而能取得意想不到的效果。

只有自身无失的当权者，才能在吏治上取得成效。对不同的官吏要采取不同的驾驭方法，这是驭吏的关键所在。当头棒喝看似严厉，其实充满了关爱。一个人目空一切，这就是不能重用他的理由。懈怠的官吏最易发生质变。本性奸恶的官吏只会在惩罚面前低头。当权者要维护规则的权威。封建专制时代，潜规则始终是大行其道的。君子仁厚刚直，是驾驭不了小人的。用小人手段驾驭官吏，对官吏中的小人最为有效。

**驭才卷二：上驭才焉，下驭庸焉。才不侍昏主，庸不从贤者。驭才自明，驭庸自谦。举之勿遗，用之勿苛也。待之勿薄，罚之勿轻也。**

**【释义】**领导者不但能管理和驾驭那些比自己水平低的人，而且要能驾驭那些杰出的人才。有才能的人是不会追随一个平庸的领导的，没有才能的人也没办法追随贤明的领导者。领导有才能的人要做到明察秋毫，领导低水平的人要谦虚和蔼。任用下属，要对他们的优缺点清清楚楚没有遗漏；让下属做事，不要苛求完美。对待下属不要刻薄吝啬；要处罚下属的时候，也绝对不能手软。

抱怨人才难以驾驭的领导者是无能的，地位的高低并不决定才能的有无。把巧言令色当作才技，这是让人才最感气愤的事。贤明的上司不会责怪他人，只会检讨自己的不足。明智不是善使手段，更不是玩弄阴谋诡计，不尊重人就不能驾驭人，这是千古不变的法则。人才往往隐没在普通人群中间。让人才有用武之地，人才才会有归属感和使命感。驾驭人才首先要肯定人才的价值。驭才不可溺爱和包庇。

**驭士卷三：驭人必驭士也，驭士必驭情也。敬士则和，礼士则友，蔑士则乱，辱士则敌。以文驭士，其术莫掩。以武驭士，其武莫扬。士贵己贵，士贱己贱矣。**

**【释义】**驾驭下属必须从驾驭有文化、有才能的下属入手，而驾驭有文化、有才能的下属就必须在感情上多做工作。尊敬他们，就能与其和睦相处；礼遇他们，就能与其成为朋友；蔑视他们，就会生乱；侮辱他们，就会与其成为敌人。要以光明磊落的方式厚待他们，不要耍小聪明；即便有时以强力威慑的方式对他们，也不能在大庭广众之下过于严厉。聪明的领导者会让下属变得更加富有和尊贵，如此自己才能变得更加富有和尊贵；反之，人才低贱了，领导者自己也会变得低贱。

读书人的态度对世人有着很大的影响力。读书人重情重义，从情感上入手最为有效。不敬重他们是当权者愚蠢无知的表现。把读书人变成自己的朋友，驭士的目的自然就达到了。封建专制时代，蔑视读书人是权贵们的常态。和读书人势不两立，任何强人都将不保。刻意掩饰驭士的手段，往往会弄巧成拙。读书人的命运和当权者的成败紧密相连。不能礼贤下士，便不能成功。

**驭忠卷四：忠者直也，不驭则窘焉。忠者烈也，不驭则困焉。乱不责之，安不弃之，孤则援之，谤则宠之。私不驭忠，公堪改志也；赏不驭忠，旌堪励众也。**

**【释义】**忠诚的人是正直的，你不驾驭他，他迟早会让你难堪；忠诚的人往往脾气暴烈，如不及时纠正他们的脾气，很容易会和自己对立。在局面混乱的时候不要责备他们；当局面转危为安时不要抛弃他们；当有些人孤立他们的时候，你要挺身而出援助他们；当别人诽谤他们的时候，你要不断表扬他们。以私心驾驭忠臣很难让他们臣服，一心为公才可能得到他们的真心拥护；通过奖赏他们树立起你明察秋毫的形象，这不是主要目的，而是要激励团队中的所有人。

驭人是领导艺术的主要内容。驾驭忠臣不是改变忠臣的本色。水至清则无鱼，对忠臣的要求也不可过高。对他们不离不弃，既是一种仁德，也是一种治世方略。封建专制时代，忠臣的处境险恶。驾驭忠臣不能只讲条件，而不解决他们的实际问题。忠臣不会盲目效忠于某个人。驾驭忠臣的当权者，不能是人民的公敌。他们舍生忘死，并不是为了求取身外之物。给忠臣极高的荣誉，最能激发他们的报效之情。

**驭奸卷五：奸不绝，惟驭少害也；奸不止，惟驭可制也。以利使奸，以智防奸，以忍容奸，以力除奸。君子不计恶，小人不虑果，罪隐不发，罪昭必惩矣。**

**【释义】**奸邪的人在任何时候都不会绝迹，只有小心驾驭才能减少他们的危害；他们的破坏行为是不会停止的，只有对他们小心驾驭，才能制止他们的危害。能以利益驱使奸邪之人为你服务，但要时刻保持对他们的警惕，机智地加以防范；在没有必要和把握铲除他们的时候，采取点到为止的容忍策略；但时机来到时，就要干净利落地除掉他。君子从来不主动算计恶人，但小人做事是不考虑后果的；当他的罪恶还没有被别人意识到，不要对他们下手；一旦他们恶贯满盈引发众怒，就要毫不留情地惩处。

封建专制时代，奸臣有着广泛的生存空间。封建专制时代讲究权术，对奸臣加以利用便是权术之一。再狡猾的奸臣也难过利诱这一关。没有成熟的考虑和完备的谋划，便没有制胜的把握。隐忍是驱奸的应变之法。引蛇出洞不失为驭奸的良招。奸臣总会露出狐狸尾巴，他们逃脱不了正义的惩罚。惩治奸臣是人们共同的呼声。

**驭智卷六：智不服愚也，智不拒诚也。智者驭智，不以智取。尊者驭智，不以势迫。强者驭智，不以力较。智不及则纳谏，事不兴则恃智。不忌其失，惟记其功，智不负德者焉。**

**【释义】**有能力有智慧的人是不会真心服从愚笨的领导者的；但只要你足够有诚意，尽管你不如下属，有能力有智慧的人也不会拒绝你。真正有能力有智慧的领导者驾驭同样有才能的下属，从不会跟他比智慧和能力；一个真正有地位的人驾驭有能力和智慧的下属，也不会用威势来压迫他；一个真正强大的人驾驭有能力和智慧的下属，绝不会用蛮力让他们屈服。当你面对一件事情想不出好办法时，要让有能力和有智慧的下属想办法，博采众长；当你的事业没有办法做大做强的时候，就要将权力交给那些经过考察可以信任的有智慧和能力的人。不要忌讳他的失误，而要记住他的功劳；一个有智慧和能力的人，是不会背叛有极高道德品质的领导者的。

在愚人手下做事，绝非智者所愿。身处高位的人养尊处优，对人缺乏诚意是他们的共同缺陷。智者都是明理的，千万不要戳到他们的痛处。强权下的顺从都是假象。让智者甘心顺从，就不能表现得过于霸道。敢于承认自己的不足，智者才会认为这样的领导者值得信赖。信任他们，才能真正地驾驭他们。给智者宽松的环境，更有利于他们建功。抓住一个错误不放，就是小人行为。智者只会被有德之人驾驭。

**驭愚卷七：愚者不悟，诈之。愚者不智，谋之。愚者不慎，误之。君子驭愚，施以惠也。小人驭愚，施以诺也。驭者勿愚也，大任不予，小诺勿许。蹇则近之，达则远之矣。**

**【释义】**愚昧的人是没有悟性的，可以放心地“诈”他。愚昧的人是没有智慧的，你可以把他作为突破口。愚昧的人往往不细心，你可以很轻易地误导他。有品德的人在驾驭愚昧的人时，会施以小恩小惠；一个没有德行的人，往往用空口许诺也能达到效果。但作为愚昧者的领导，千万不要犯以下错误：重要的职位不要交给他；他用小聪明得到小好处，不要鼓励他；当自己事业困难的时候要接近他，当自己事业发达的时候要远离他。

愚民政策，是封建时期当权者常用的驭人之法。愚人难以主宰自己，他们常常是他人的利用对象，君子不以阴谋为能，也不以驭人为能。在许诺上毫不慎重，这样的人必是小人无疑，愚笨无知的人更需要智者来指引。做大事者只有忠心是不够的。驾驭愚人不能鼓励他们的愚蠢。当权者的亲近之举，愚人一定要多考量。

**驭心卷八：不知其心，不驭其人也。不知其变，不驭其时也。君子拒恶，小人拒善。明主识人，庸主进私。不惜名，勿吝财，莫嫌仇，人皆堪驭焉。**

**【释义】**没有详细了解一个人的时候，不要急于驾驭他；不知道他在各种情况下表现的时候，也没有到驾驭他的时候。有道德的人会拒绝作恶，小人会拒绝行善。一个英明的领导，会从这些小事中寻找到有才之人；而一个平庸的领导者，会选择自己的亲信和私交。只要愿意把名声分给下属，不记恨下属的失误和抱怨，不吝啬手中的财物和资源，任何人都可以在你手下发挥出你想要的能力。

不掌握人们的内心世界，就不能从根本上左右人们的行为。驾驭君子不能不择手段。重用小人是封建当权者的毒招。领导者在识人上不可偏听偏信。增强自身的责任感，就不会在驭人上畏难了。把名望抛在一边，便可摆脱很多无谓的束缚。有智慧的领导者重人轻财。把仇人变成可驾驭的人才，是领导者必须完成的任务。驭人必要驭心，这才是驭人的最高境界和必由之路。

# 劝学（节选）

荀子

君子曰：学不可以已。

青，取之于蓝，而青于蓝；冰，水为之，而寒于水。木直中绳，𫐓以为轮，其曲中规。虽有槁暴，不复挺者，𫐓使之然也。故木受绳则直，金就砺则利，君子博学而日参省乎己，则知明而行无过矣。

故不登高山，不知天之高也；不临深溪，不知地之厚也；不闻先王之遗言，不知学问之大也。

吾尝终日而思矣，不如须臾之所学也；吾尝跂而望矣，不如登高之博见也。登高而招，臂非加长也，而见者远；顺风而呼，声非加疾也，而闻者彰。假舆马者，非利足也，而致千里；假舟楫者，非能水也，而绝江河。君子生非异也，善假于物也。

积土成山，风雨兴焉；积水成渊，蛟龙生焉；积善成德，而神明自得，圣心备焉。故不积跬步，无以至千里；不积小流，无以成江海。骐骥一跃，不能十步；驽马十驾，功在不舍。锲而舍之，朽木不折；锲而不舍，金石可镂。蚓无爪牙之利，筋骨之强，上食埃土，下饮黄泉，用心一也。蟹六跪而二螯，非蛇鳝之穴无可寄托者，用心躁也。

## 炳烛而学

西汉·刘向

晋平公问于师旷曰："吾年七十，欲学，恐已暮矣。"师旷曰："何不炳烛乎？"平公曰："安有为人臣而戏其君乎？"师旷曰："盲臣安敢戏其君！臣闻之，少而好学，如日出之阳；壮而好学，如日中之光；老而好学，如炳烛之明。炳烛之明，孰与昧行乎？"平公曰："善哉！"

**【释义】**晋平公向师旷询问："我七十岁了，想学习，恐怕已经晚了。"师旷说："为什么不点燃蜡烛学习呢？"晋平公说："哪有做臣子的敢戏弄君王的呢？"师旷说："盲眼的我怎么敢戏弄大王呢？我听说，人年轻时喜欢学习，好像初升太阳的阳光；壮年时喜欢学习，好像日中的阳光；老年时喜欢学习，好像点燃蜡烛的光亮。拥有蜡烛的光亮，与在昏暗中行走相比，哪一个更好呢？"晋平公说："说得好啊！"

## 白鹿洞二首·其一

唐·王贞白

读书不觉已春深，一寸光阴一寸金。

不是道人来引笑，周情孔思正追寻。

**【释义】**从诗中可看出，诗人读书入神，全然忘记了时间。他惜时如金，潜心求知。我们应当从中受到启发和教育，知识是靠时间积累起来的，为充实和丰富自己，应懂得珍惜时间。

## 游褒禅山记（节选）

宋·王安石

褒禅山亦谓之华山。唐浮图慧褒始舍于其址，而卒葬之；以故其后名之曰"褒禅"。……

于是余有叹焉。古人之观于天地、山川、草木、虫鱼、鸟兽，往往有得，以其求思之深而无不在也。夫夷以近，则游者众；险以远，则至者少。而世之奇伟、瑰怪，非常之观，常在于险远，而人之所罕至焉，故非有志者不能至也。有志矣，不随以止也，然力不足者，亦不能至也。有志与力，而又不随以怠，至于幽暗昏惑而无物以相之，亦不能至也。然力足以至焉，于人为可讥，而在己为有悔；尽吾志也而不能至者，可以无悔矣，其孰能讥之乎？此余之所得也。

余于仆碑，又以悲夫古书之不存，后世之谬其传而莫能名者，何可胜道也哉！此所以学者不可以不深思而慎取之也。

……

注：该文先略述山名之由来，继写游山探洞的经过，然后以此发表感想和议论。名为游记却并不以游记为重点，而是因事立论，以游山的感触发表自己关于治学的见解。其深意为：学习是没有止境的，“问其深，则其好游者不能穷也”；学习越深入，碰到的困难越大，而收获也就越多，所以说“入之愈深，则进愈难，而其见愈奇”；而一般人却只满足于浅学，不肯努力深钻，但真正有价值的东西必须刻苦深入地探索才能得到，所以又说，“夫夷以近，则游者众；险以远，则至者少。而世之奇伟、瑰怪，非常之观，常在于险远”。作者认为，要达到这种境界，须具备有志、有力、不懈怠，并有“相（助）之”者。该文的核心之意为：人生为学，必须立志，坚持不懈地刻苦钻研，艰辛探索，不能浅尝辄止或半途而废。只有在崎岖的山路上不懈攀登的人，才能到达光辉的顶点。

## 勤学

宋·汪洙

学向勤中得，萤窗万卷书。

三冬今足用，谁笑腹空虚。

注：汪洙出身贫苦，但他勤学苦读，自强立志，后入朝为官，官至观文殿大学士。他说：“将相本无种，男儿当自强。”一个人要懂得树立为国为民的远大志向，奋力自强向上。

# 言志诗

明 · 杨继盛

读律看书四十年，乌纱头上有青天。
男儿欲画凌烟阁，第一功名不爱钱。

# 为学一首示子侄

清 · 彭端淑

天下事有难易乎？为之，则难者亦易矣；不为，则易者亦难矣。人之为学有难易乎？学之，则难者亦易矣；不学，则易者亦难矣。

吾资之昏，不逮人也，吾材之庸，不逮人也；旦旦而学之，久而不怠焉，迄乎成，而亦不知其昏与庸也。吾资之聪，倍人也，吾材之敏，倍人也；屏弃而不用，其与昏与庸无以异也。圣人之道，卒于鲁也传之。然则昏庸聪敏之用，岂有常哉？

蜀之鄙有二僧：其一贫，其一富。贫者语于富者曰："吾欲之南海，何如？"富者曰："子何恃而往？"曰："吾一瓶一钵足矣。"富者曰："吾数年来欲买舟而下，犹未能也。子何恃而往！"越明年，贫者自南海还，以告富者。富者有惭色。

西蜀之去南海，不知几千里也，僧富者不能至而贫者至焉。人之立志，顾不如蜀鄙之僧哉！是故聪与敏，可恃而不可恃也；自恃其聪与敏而不学者，自败者也。昏与庸，可限不可限也；不自限其昏与庸而力学不倦者，自力者也。

# 陈情表

魏晋·李密

臣密言：臣以险衅，夙遭闵凶。生孩六月，慈父见背；行年四岁，舅夺母志。祖母刘愍臣孤弱，躬亲抚养。臣少多疾病，九岁不行，零丁孤苦，至于成立。既无伯叔，终鲜兄弟，门衰祚薄，晚有儿息。外无期功强近之亲，内无应门五尺之僮，茕茕孑立，形影相吊。而刘夙婴疾病，常在床蓐，臣侍汤药，未曾废离。

逮奉圣朝，沐浴清化。前太守臣逵察臣孝廉，后刺史臣荣举臣秀才。臣以供养无主，辞不赴命。诏书特下，拜臣郎中，寻蒙国恩，除臣洗马。猥以微贱，当侍东宫，非臣陨首所能上报。臣具以表闻，辞不就职。诏书切峻，责臣逋慢；郡县逼迫，催臣上道；州司临门，急于星火。臣欲奉诏奔驰，则刘病日笃；欲苟顺私情，则告诉不许。臣之进退，实为狼狈。

伏惟圣朝以孝治天下，凡在故老，犹蒙矜育，况臣孤苦，特为尤甚。且臣少仕伪朝，历职郎署，本图宦达，不矜名节。今臣亡国贱俘，至微至陋，过蒙拔擢，宠命优渥，岂敢盘桓，有所希冀！但以刘日薄西山，气息奄奄，人命危浅，朝不虑夕。臣无祖母，无以至今日；祖母无臣，无以终余年。母孙二人，更相为命，是以区区不能废远。

臣密今年四十有四，祖母今年九十有六，是臣尽节于陛下之日长，报养刘之日短也。乌鸟私情，愿乞终养。臣之辛苦，非独蜀之人士及二州牧伯所见明知，皇天后土，实所共鉴。愿陛下矜愍愚诚，听臣微志，庶刘侥幸，保卒余年。臣生当陨首，死当结草。臣不胜犬马怖惧之情，谨拜表以闻。

# 送东阳马生序（节选）

明·宋濂

余幼时即嗜学。家贫，无从致书以观，每假借于藏书之家，手自笔录，计日以还。天大寒，砚冰坚，手指不可屈伸，弗之怠。录毕，走送之，不敢稍逾约。以是人多以书假余，余因得遍观群书。既加冠，益慕圣贤之道，又患无硕师、名人与游，尝趋百里外，从乡之先达执经叩问。先达德隆望尊，门人弟子填其室，未尝稍降辞色。余立侍左右，援疑质理，俯身倾耳以请；或遇其叱咄，色愈恭，礼愈至，不敢出一言以复；俟其欣悦，则又请焉。故余虽愚，卒获有所闻。

当余之从师也，负箧曳屣，行深山巨谷中，穷冬烈风，大雪深数尺，足肤皲裂而不知。至舍，四支僵劲不能动，媵人持汤沃灌，以衾拥覆，久而乃和。寓逆旅，主人日再食，无鲜肥滋味之享。同舍生皆被绮绣，戴朱缨宝饰之帽，腰白玉之环，左佩刀，右备容臭，烨然若神人；余则缊袍敝衣处其间，略无慕艳意，以中有足乐者，不知口体之奉不若人也。盖余之勤且艰若此。

# 座右铭

东汉·崔瑗

毋道人之短，无说己之长。施人慎勿念，受施慎勿忘。世誉不足慕，唯仁为纪纲。隐心而后动，谤议庸何伤？无使名过实，守愚圣所臧。在涅贵不淄，暧暧内含光。柔弱生之徒，老氏诫刚强。硁硁鄙夫介，悠悠故难量。慎言节饮食，知足胜不祥。行之苟有恒，久久自芬芳。

【释义】不要总是说人家的短处，不要夸耀自己的长处。施恩于人不要再想，接受别人的恩惠千万不要忘记。世人的赞誉不值得羡慕，只要把仁爱作为自己的行动准则就行了。隐藏自己的真心，不要盲动，审度是否合乎仁而后行动，别人的诽谤议论对自己又有何妨害？不要使自己的名声超过实际才能，守之以愚是圣人所赞赏的。洁白的品质，即使遇到黑色的浸染也不改变，这才是宝贵的。表面上暗淡无光，而内在的东西蕴含着光芒。柔弱是生存的根本，因此老子力戒逞强好胜，刚强者必死。浅陋固执刚直，小人却以此为美德而坚持。君子悠悠，内敛而不锋芒毕露，别人就难以估摸。君子要慎言，节制饮食，知足不辱，故能去除不祥。如果持久地实行它，久而久之，自会芳香四溢。

注：此文为中国历史上第一篇座右铭。

## 陋室铭

唐·刘禹锡

山不在高，有仙则名。水不在深，有龙则灵。斯是陋室，惟吾德馨。苔痕上阶绿，草色入帘青。谈笑有鸿儒，往来无白丁。可以调素琴，阅金经。无丝竹之乱耳，无案牍之劳形。南阳诸葛庐，西蜀子云亭。孔子云：何陋之有？

## 坐忘铭

明·郑瑄

常默元气不伤，少思慧烛内光。不怒百神和畅，不恼心地清凉。不求无谄无媚，不执可圆可方。不贪便是富贵，不苟何惧公堂。

【**释义**】此铭告诉人们，想要保养元气，最好的办法莫过于“常默”，因为古人有“多言伤气”的告诫。如要保持聪慧，“少思”也有一定的道理，否则思虑过度，反而使人昏昏。如要百神和畅，不怒是最重要的，因为怒则血脉逆而上行，扰乱人体正常的生理机制。如要心地清凉，就得彻底断绝烦恼。

后四句的见解精辟深刻，催人醒悟。“求”是人在欲望驱使下想达到某种目的的行为。有所求就难免出现低三下四的媚相。“执”是固执，执迷不悟之意。听不得他人的意见，自然是影响健康的。“贪”是求的发展结果，求的欲望太强了必然要贪。不贪才能知足常乐，心情愉悦利于健康长寿；不贪才能不乱“伸手”，免去了“被捉”的忧虑。“苟”指见不得人的事、愧对良心的事。“不苟”才无愧于心，才不会受到良心的谴责。一篇《坐忘铭》，既对心灵健康有利，也对身体健康有益。

## 陈子昂座右铭

唐·陈子昂

事父尽孝敬，事君贵端贞。兄弟敦和睦，朋友笃信诚。从官重公慎，立身贵廉明。待士慕谦让，莅民尚宽平。理讼惟正直，察狱必审情。谤议不足怨，宠辱讵须惊。处满常惮溢，居高本虑倾。诗礼固可学，郑卫不足听。幸能修实操，何俟钓虚声。白珪玷可灭，黄金诺不轻。秦穆饮盗马，楚客报绝缨。言行既无择，存殁自扬名。

【**释义**】侍奉父母要尽力孝敬，侍奉国君贵在正直忠贞。兄弟之间要崇尚和睦，朋友之间要注重诚信。当官要注重公正慎重，立身贵在廉明。待士要讲求谦让，临民崇尚宽大平和。处理狱讼要正直，审察案件必须根据实情。对于别人的诽谤议论不要怨恨，对待自身的宠辱要无动于衷。装满了液体的器皿，会经常担心流出来，站在高处本来就要忧虑跌落。诗礼固然可以学习，郑卫之音不要听。要庆幸能够修养自己真实的操守，不必沽名钓誉。白玉上的斑点可以磨灭，让自己的诺言一诺千金。要像秦穆公对待盗杀自己马匹的人那样温和，要像楚庄王对待调戏自己爱姬的人那样宽厚。言行都没有什么可挑剔的，无论生死都可扬名。

注：作者为四川射洪人，唐代杰出诗人，曾任右拾遗，其诗风骨峥嵘、寓意深远、苍劲有力。

# 登幽州台歌

唐 · 陈子昂

前不见古人，后不见来者。
念天地之悠悠，独怆然而涕下！

注：武则天通天元年（696），契丹进犯唐王朝领土，朝廷派兵反击。陈子昂为随军参谋，他数次向主帅武攸宜献策，武不但不听，反而将他降职为军曹，他于满腔愤怒之下写下这首诗。作者立于幽州台上，思游今古，眼观天地无边，顿觉人生何其短暂渺小。他深刻思考，要以有限的人生建功立业，变渺小、短暂为伟大、永恒。该诗辽阔的宇宙意识、悲壮的生命情调与深邃的人生哲理交融，自有其独到之处。

# 留侯论

宋 · 苏轼

古之所谓豪杰之士者，必有过人之节。人情有所不能忍者，匹夫见辱，拔剑而起，挺身而斗，此不足为勇也。天下有大勇者，卒然临之而不惊，无故加之而不怒。此其所挟持者甚大，而其志甚远也。

夫子房受书于圯上之老人也，其事甚怪；然亦安知其非秦之世，有隐君子者出而试之。观其所以微见其意者，皆圣贤相与警戒之义；而世不察，以为鬼物，亦已过矣。且其意不在书。

当韩之亡，秦之方盛也，以刀锯鼎镬待天下之士。其平居无罪夷灭者，不可胜数。虽有贲、育，无所复施。夫持法太急者，其锋不可犯，而其势未可乘。子房不忍忿忿之心，以匹夫之力而逞于一击之间；当此之时，子房之不死者，其间不能容发，盖亦已危矣。

千金之子，不死于盗贼，何者？其身之可爱，而盗贼之不足以死也。子房以盖世之才，不为伊尹、太公之谋，而特出于荆轲、聂政之计，以侥幸于不死，此圯上老人所为深惜者也。是故倨傲鲜腆而深折之。彼其能有所忍也，然后可以就大事，故曰："孺子可教也。"

楚庄王伐郑，郑伯肉袒牵羊以逆。庄王曰："其君能下人，必能信用其民矣。"遂舍之。勾践之困于会稽，而归臣妾于吴者，三年而不倦。且夫有报人之志，而不能下人者，是匹夫之刚也。夫老人者，以为子房才有余，而忧其度量之不足，故深折其少年刚锐之气，使之忍小忿而就大谋。何则？非有生平之素，卒然相遇于草野之间，而命以仆妾之役，油然而不怪者，此固秦皇之所不能惊，而项籍之所不能怒也。

观夫高祖之所以胜，而项籍之所以败者，在能忍与不能忍之间而已矣。项籍唯不能忍，是以百战百胜而轻用其锋；高祖忍之，养其全锋而待其弊，此子房教之也。当淮阴破齐而欲自王，高祖发怒，见于词色。由此观之，犹有刚强不忍之气，非子房其谁全之？

**太史公疑子房以为魁梧奇伟，而其状貌乃如妇人女子，不称其志气。呜呼！此其所以为子房欤！**

**【释义】**古时候被人称作豪杰的志士，一定具有胜人的节操，有忍一般人所不能忍的度量。有勇无谋的人被侮辱，定会拔起剑，挺身上前搏斗，这不足够被称为勇士。真正具有豪杰气概的人，遇到突发情形毫不惊慌，无故受到别人侮辱时也不愤怒。这是因为他们胸怀极大的抱负，志向非常高远。张良被桥上老人授予兵书这件事，确实很古怪。但是，谁又知道那不是秦代的一位隐居君子出来考验张良呢？看那老人用以微微显露出自己用意的方式，具有圣贤相互提醒告诫的意义。一般人不明白，把那老人当作神仙，也太荒谬了。再说，桥上老人的真正用意并不在于授予张良兵书，而在于使张良能有所忍，以成就大事。在韩国灭亡时，秦国正强盛，秦王嬴政用刀锯、油锅对付天下的志士，在家里而平白无故被抓去杀头灭族的人，数也数不清。就是有孟贲、夏育那样的勇士，也再没有施展本领的机会了。凡是执法过分严厉的君王，他的刀锋是不好硬碰的，他的气势是不可以凭借的。张良压不住他对秦王愤怒的情感，以他个人的力量，只能在一次狙击中求得一时的痛快，那时他没有被捕杀，那间隙连一根头发也容纳不下，也太危险了！富贵人家的子弟，是不肯死在盗贼手里的。因为他们的生命宝贵，死在盗贼手里太不值得。

张良有超过世上一切人的才能，不去做伊尹、姜尚那样深谋远虑之事，反而学荆轲、聂政行刺的下策，侥幸没有死掉，这必定是桥上老人为他深深感到惋惜的地方。所以，那老人故意态度傲慢无理、言语粗恶地羞辱他，如果他能忍受，方才可以成就大功业。所以，最后老人说："这个年轻人值得教育了。"

楚庄王攻打郑国，郑襄公脱去上衣裸露身体，牵了羊来迎接。庄王说："国君能够对人谦让，委屈自己，一定能得到百姓的信任和效力。"就此放弃了对郑国的进攻。越王勾践在会稽陷于困境，到吴国去做奴仆，好几年都不懈怠。再说，有向人报仇的心愿，却不能做人下人的，这是普通人的刚强而已。那老人认为张良才智有余，而担心他的度量不够，因此狠挫了他刚强锐利的脾气，使他能忍得住小怨愤而成就远大的谋略。为什么这样说呢？老人和张良平生并没有交情，突然在郊野之间相遇，却让张良做低贱之事，张良对此觉得很自然而不觉得怪异，这就是秦始皇不能惊吓他、项羽不能激怒他的原因。

汉高祖之所以成功，项羽之所以失败，原因就在于一个能忍耐、一个不能忍耐罢了。项羽不能忍耐，因此战争中虽是百战百胜，但他随随便便使用自己的刀锋，不懂得珍惜和保存实力。汉高祖能忍耐，能保持自身完整的锋锐的战斗力，只等到对方疲惫再出兵。这是张良教他的。当淮阴侯韩信攻破齐国要自立为王，高祖为此发怒了，语气脸色都显露出来。由此可看出，他还有刚强不能忍耐的气度。不是张良，谁能成全他？

司马迁本来猜想张良的形貌一定是魁梧奇伟的，谁料到他的长相竟然像妇人女子，与他的志气和度量不相称。啊！外柔内刚，这就是张良之所以成为张良的原因吧！

注：这是青年苏轼1061年答御试策而写的一篇论策。全文紧紧抓住留侯能忍而助汉高祖成就帝王大业之主线，论证了“忍小忿而就大谋”“养其全锋而待其弊”的策略的重要性，洋溢着作者的博文才识和独具匠心，言简意赅，鞭辟入里，成为千百年来立论文章的典范。

## 官箴（节选）

宋·吕本中

当官之法，唯有三事：曰清、曰慎、曰勤。知此三者，可以保禄位，可以远耻辱，可以得上之知，可以得下之援。然世之仁者，临财当事不能自克，常自以为不必败，持不必败之意，则无所不为矣。然事常至于败而不能自已。故设心处事，戒之在初，不可不察。借使役，用权智，百端补治，幸而得免，所损已多，不若初不为之为愈也。司马徽《坐忘论》云：“与其巧持于末，孰若拙戒于初？”此天下之要言。当官处事之大法，用力简而见功多，无如此言者。人能思之，岂复有悔吝耶？

事君如事亲，事官长如事兄，与同僚如家人，待群吏如奴仆，爱百姓如妻子，处官事如家事，然后为能尽吾之心。如有毫末不至，皆吾心有所未至也。故事亲孝，故忠可移于君；事兄悌，故顺可移于长；居家理，故治可移于官。岂有二理哉！

**当官处事，常思有以及人。如科率之行，既不能免，便就其间，求其所以使民省力，不使重为民害，其益多矣。**

**【释义】**当官的法则不过如下三点：清廉、谨慎、勤勉。知道了这三要素，就知道怎样持身立世。但世上当官之人面对钱财、处理事务时，不能自我克制，常常自以为不一定败露。存有这种侥幸念头，就会什么事都敢去做。然而虽常常做事失败，却无法控制自己不去做。因此明正心志，处理事务，从一开始就要自励自警，这是不能不注意的。

如不是这样，而是要弄权术智谋，千方百计补漏救拙，虽侥幸免于灾难，损失却很大。不如开始即不为之，也就无须补救了。唐人司马承祯在《坐忘论》中说："与其在最后弄巧补救，不如当初老实守规矩。"这是当官者处理事务的基本法则。费力少而见功多，没有比这句话更绝妙的了。人能临事而深思熟虑，就不会事后后悔不迭了。

侍奉君王如服侍父亲，侍奉长官如听命于兄长；对待同事要像对待亲人一样和善，对待下级要像对待官仆一般友好；对待平民百姓要像对待妻子一般相爱；处理官场事务要如料理家事一样；这样，才能尽我的心力。只要有丝毫不足，就是我没有全力以赴，一心一意。所以，对父母孝顺，就能对君王尽忠；对待兄长恭敬，就能对长官服从；治理家庭有方，就能胜任官职。家事、政事，不是同一道理吗？

当官做事，要推己及人，常替别人着想。如征收税赋之类的事项，既然必须照章办事，不能避免，在具体执行时就要尽力减轻人民负担，不要让其成为人民的灾难。这样所得的益处是很多的。

注："官箴"，这里指的是做官的戒规。

# 孙作座右铭

明·孙作

**多言，欺之蔽也；多思，欲之累也。潜静以养其心，强毅以笃其志。去恶于人所不知之时，诚善于己所独知之地。毋贱彼以**

贵我，毋重物以轻身。毋徇俗以移其守，毋矫伪以丧其真。能忍所不能忍则胜物，能容所不能容则过人。极高明以游圣贤之域，全淳德而为太上之民。

**【释义】**多言，是因有欺人的毛病；多思，是受欲望的牵累。要用深沉安静来保养自己的心，要用坚强刚毅来使志向专一。在人们不知道的时候除去恶念，在只有自己知道的地方真心实意做善事。不要轻贱别人而以自己为贵，不要重视外物而轻视自身的本真。不要曲从流俗而改变自己的操守，不要矫揉造作而丧失自己的纯真。能忍受别人所不能忍受的则胜过别人，能容纳别人所不能容纳的则超过别人。达到高明的境界而成为圣贤，保全自己淳朴的美德而成为至好的百姓。

## 我箴

宋·司马光

诚实以启人之信我，乐易以使人之亲我。
虚己以听人之教我，恭己以取人之敬我。
自检以杜人之议我，自反以免人之罪我。
容忍以受人之欺我，勤俭以补人之侵我。
警戒以脱人之陷我，奋发以破人之量我。
逊言以息人之詈我，危行以销人之鄙我。
定静以处人之扰我，从容以待人之迫我。
游艺以备人之弃我，励操以去人之污我。
直道以伸人之屈我，洞彻以解人之疑我。
量力以济人之求我，尽心以报人之任我。
弊端切勿创始于我，凡事不可但私于我。
圣贤每存心于无我，天下之事尽其在我。

【释义】诚实守信以引导他人相信自己，待人平易以引导他人亲近自己。虚心听从别人的教诲，态度恭敬以博得他人的尊敬。自我检点以杜绝他人议论自己，自我反省以避免他人怪罪自己。宽容忍耐以忍受他人欺负自己，勤奋节俭以补救他人侵犯自己。时刻警诫自身以摆脱他人陷害，奋发图强以打破别人对自己的估量。说话谦虚以平息他人辱骂自己，端正品行以避免他人鄙视自己。安定静默以应对他人骚扰自己，态度从容对待他人逼迫自己。身兼一技以防备他人抛弃自己，磨砺节操以避免他人污染自己。以正直的道义伸张他人对自己的冤屈，洞明彻悟以解开他人对自己的怀疑。帮助求助自己的人要量力而行，报答任用自己的人要竭尽全力。自己不能始创弊端，凡事不可偏袒自私。圣贤往往心中没有自私的观念，以天下的事情为己任。

## 他箴（节选）

宋·司马光

读书知礼之人，不可慢他；年高有德之人，不可轻他；有恩有义之人，不可忘他；无父无君之人，不可饶他；忠言逆耳之人，不可恼他；反面无情之人，不可交他；平生梗直之人，不可疑他；过后反复之人，不可托他；富贵暴发之人，不可羡他；时运未来之人，不可欺他；不识高低之人，不可采他；不达时务之人，不可依他；轻诺寡信之人，不可准他；花言巧语之人，不可听他；好讦阴私之人，不可近他。

【释义】不能怠慢知书达理的人，不能轻慢年高德重的人，不能忘记有恩有义的人，不能饶恕眼中无父无君的人，不能恼怒忠言逆耳的人，不能结交翻脸无情的人，不能怀疑一生性情耿直的人，不能托付过后反复的人，不能羡慕突然暴富的人，不能欺负时运未到之人，不能采用不识高低的人，不能依附不知时务的人，不能相信轻诺寡信的人，不能听信花言巧语的人，不能接近阴险奸诈的人。

# 客位榜

宋·司马光

访及诸君，若睹朝政阙遗，庶民疾苦，欲进忠言者，请以奏牍闻于朝廷，光得与同僚商议，择可行者进呈，取旨行之。若但以私书宠谕，终无所益。若光身有过失，欲赐规正，即以通封书简分付吏人，令传入，光得内自省讼，佩服改行。至于整会官职差遣、理雪罪名，凡干身计，并请一面进状，光得与朝省众官公议施行。若在私第垂访，不请语及。某再拜咨白。

**【释义】**客位榜相当于今天的会客须知，主人向来访众人告知三方面内容：一是如果发现朝政有失误或百姓有疾苦，想向朝廷提建议的，请写好奏牍呈送朝廷，这样我便能与同僚认真研究，选择可行的呈送皇上，请皇上颁旨实施。倘若只是请托的私信，呈上来也不会有结果的。二是如果我自身有过错或缺点，欢迎来信指正，请将来信交给差役，他们会转交给我的，我会认真考虑您的意见，然后加以改正。三是如果属于平反冤案、昭雪罪名等事项，凡是涉及个人的，也请出具书面材料，待我和负责此事的官员按规定研究办理。如果您到我家私访，请不要谈及这类事情。

注：司马光是我国北宋时期著名的政治家、文学家、史学家，他编纂的《资治通鉴》对后世影响颇大。他身居宰相高位，百官之首，执掌机要，可谓权势煊赫，门生故吏、亲朋好友多有登门拜谒者，或是溜须拍马，或是馈赠礼物，其中多有私事相托。但他秉公施政，廉洁自律，不徇私求利，对来家拜访者一律谢绝。为防别人走后门，他写了《客位榜》。客人来到客厅看见《客位榜》，即使有私事相托也难以开口了。

# 辞金赋

唐·姚元崇

辞金者，取其廉慎也。昔子罕辞玉，以不贪为宝；杨震辞金，以四知为慎。列前古之清洁，为将来之龟镜。古之君子策名委质，翼翼小心。乾乾终日，慎乎在位，钦乃攸思。请谒者咸悉，苞苴者必辞。尔以金玉为宝，吾以廉谨为宝；尔以昏夜可纳，吾将暗室不欺。若尔有赠，吾今取之，尔其丧宝，吾则怀非。故曰：欲人不知，莫若勿为。

**【释义】**此赋举了两个典故：一个是“子罕辞玉”，典出《左传·襄公十五年》。宋国有人得到一块玉，拿去献给当政的子罕，子罕不接受。送玉的人说：“我给玉工看过了，都说是宝贝，才敢来献给您。”子罕说：“我把不贪当作宝贝，你把玉当作宝贝，要是你给了我，咱们俩都把宝贝丢了，还不如各自拥有自己的宝贝呢！”献玉的人哀告说：“我揣着宝玉，没有办法出境，献给您来免去一死。”子罕安排他住下，让玉工帮他把玉加工，等他富有了，再让他回老家去。这就是“尔以金玉为宝，吾以廉谨为宝”的故事。

另一个是“杨震辞金”，典出《后汉书·杨震传》。杨震任荆州刺史时，举荐王密为昌邑县令。杨震后来重任东莱太守，从王密的住地经过。入夜以后，王密怀金千斤送给杨震，杨震不肯接受。王密说：“夜里是不会有人知道的。”杨震说：“天知，神知，我知，你知。你怎么说没人知道呢？”王密惭愧而回。这就是“尔以昏夜可纳，吾将暗室不欺”的故事。从这两个故事里可以看出廉洁者的价值观。

# 处世悬镜

南北朝·傅昭

识之卷一：天地载道，道存则万物生，道失则万物灭。天道之数，至则反，盛则衰。炎炎之火，灭期近矣。自知者智，自胜者勇，自暴者贱，自强者成。不矜细行，终毁大德。夫用人之道，疑则生怨，信则共举。有胆无识，匹夫之勇；有识无胆，述而无功；有胆有识，大业可成。柔舌存而坚齿亡，何也？以柔胜刚。见一落叶，而知秋临；睹洼中之冰，而晓天寒。用人者，取人之长，辟人之短；教人者，成人之长，去人之短也。岁寒乃见松柏本色，事险方显朋友伪贤。天地赋命，生必有死；草木春秋，亦枯亦荣。智莫难于知人，痛莫苦于去私。君子之生于世也，为其所可为，不为其所不可为。胆劲心方，虽弱亦强。以势友者，势倾则断；以利友者，利穷则散。谄谀逢迎之辈，君子鄙之。何以货利而少舛？上之需也。纲举目张，执本末从。天下皆知取之为取，而莫知与之为取。金玉满堂，久而不知其贵；兰蕙满庭，久而不闻其香。故，鲜生喜，熟生厌也，君子戒之。

谦谦君子，卑以自牧；伐矜好专，举事之祸也。一贵一贱，乃知世态；一死一生，乃知交情。纵欲者，众恶之本；寡欲者，众善之基。

行之卷二：欲成事必先自信，欲胜人必先胜己。君子受言以明智，骄横孤行祸必自生。孟子曰："虽有智慧，不如乘势；虽有镃基，不如待时。"时者，机遇也。子曰："君子和而不同，小人同而不和。"故君子得道，小人求利。孟子曰："富贵不能淫，贫贱不能移，威武不能屈，此之谓大丈夫。"非知之实难；惟行之，艰也。令行生威，威而有信，信则服众。蓄不久则著不盛，积不深则发不茂。学贵有恒，勤能补拙。宁忍胯下之辱，不失丈夫之志。当断不断，必有祸乱；当断则断，不留祸患。精于理者，其言易而名；粗于事者，其言浮而狂。故，言浮者亲行之，其形可见矣。五岳之外，尚有山尊；至上之人，亦有圣人。

止之卷三：大怒不怒，大喜不喜，可以养心；靡俗不交，恶党不入，可以立身；小利不争，小忿不发，可以和众。见色而忘义，处富贵而失伦，谓之逆道。逆道者，患之将至。恩不可过，过施则不继，不继则怨生；情不可密，密交则难久，中断则疏薄之嫌。不贪权，敞户无险；不贪杯，心静身安。直木先伐，全壁受疑；知止能退，平静其心。养心莫善于寡欲，养廉莫善于止贪。高飞之鸟，死于美食；深潭之鱼，亡于芳饵。外贵而骄，败之端也；处富而奢，衰之始也。去骄戒奢，惟恭惟俭。钱字拆开，乃两戈争金，世人应晓其险也。廉于小者易，廉于大者难；廉于始者易，廉于终者难。全则必缺，极则必反，盈则必亏。改过宜勇，迁善宜速。迷途知返，得道未远。

藏之卷四：有大而能谦者豫；有才而恃显者辱。山以高移，谷以卑安，恭则物服，骄则必挫。蝼蚁之穴，能毁千里之堤；三寸之舌，可害身家性命。德行昭著而守以恭者荣，功高不骄而严以正者安。聪明过露者德薄，才华太盛者福浅。自高者处危，自大者势孤，自满者必溢。人情警于抑而放于顺，肆于誉而敕于毁。君子宁抑而济，毋顺而溺；宁毁而周，毋誉而缺。觉人之诈，不形于言；受人之侮，不动于色。此中有无穷意味。良贾深藏若虚，君子盛德不显。持盈履满，君子兢兢；位不宜显，过显则危。柔之戒，弱也；刚之戒，强也。

忍之卷五：和者无仇，恕者无怨，忍者无辱，仁者无敌。忍一言风平浪静，退一步海阔天空。必有忍，其乃有济；有容，德乃大。千尺之松，不蔽其根者，独立无辅也；百里之林，鸟兽群聚者，众木威济也。故，贤者聚众而成事，恕众而收心。宁让人，勿使人让我；宁容人，勿使人容我；宁亏己，勿使我亏人。此君子之为也。与人当宽，自处当严。不制怒，无以纳谏；不从善，无以改过。不期而遇，时也；无利而助，诚也。助而无怨，是为君子之德。容人者容，治人者治。狭路行人，让一步为高；酒至酣处，留三分最妙。

信之卷六：宽则得众，恭者宜人，信则信人，敏者功成。厚德可载物，拙诚可信人。忠信谨慎，此德义之基也；虚无诡谲，此乱道之根也。践行其言而人不信者有矣，未有不践言而人信之者。巧伪似虹霓，易聚易散；拙诚似厚土，地久天长。自谋不诚，则欺心而弃己；与人不诚，则丧德而增怨。修学不以诚，则学浅；务事不以诚，则事败。友者，温不增华，寒不改叶，富不忘旧，历夷险而益固。坚石碎身，共性不易，君子素诚，其色不改。夫信天地之诚，四时生焉，春华秋实；夫信人之诚，同尔趋之，霸业兴焉。君子不失信于人，不失色于人。君子行法，公而忘私；小人行贪，囊私弃公。

曲之卷七：水曲流长，路曲通天，人曲顺达。豪夺不如智取，己争不如借力。山势崇峻，则草木不茂；水势湍急，则鱼鳖不生。观山水可以观人矣。属已者和众，宽人者得人。自重者生威，自畏者免祸。用心而志大，智圆而行方，才显而练达，成事之基。渊深鱼聚，林茂鸟栖。处大事贵乎明尔能断，处难事贵乎通而能变。择路宜直，助人宜曲；谋事宜秘，处人宜宽。圣人不能为时，而能以事适时，事适于时者其功大。山，水绕之；林，鸟栖之，曲径可通幽也。处君子宜淡，处小人当隙，处贼徒当方圆并用。

厚之卷八：兵不厌诈，击敌无情。在上者，患下之骄；在下者，患上之疑，故，下骄，上必削之；上疑，下必惧之。人心叵测，私欲惑尔，去私则仁生。縻情羁足，疑事无功。毒来毒往，毒可见矣。蜂虿之毒，可伤肌肤；人心之黑，可弥日月。无欲则生仁，欲盛则怀毒。君子怀德养人，小人趋利害人。怀德者德彰，趋利者利显。行事审己，旨在利弊。有奇思方有奇行，有奇举必有奇事。成大事者，鲜有循规蹈矩之行。

舍之卷九：伐欲以炼情，绝俗以达志。大勇无惧，命之不惜，何足惧哉？穷思变，思变则通；贵处尊，处尊则怠。逐利而行多怨，割爱适众身安。将欲扬之，必先抑之；将欲取之，必先予之。君子不为轩冕失节，不为穷约趋俗。贤而多财，则损其志；愚而多财，则益其过。富贵生淫逸，沉溺致愚疾。溺财伤身，散财聚人。退以求进，舍以求得。

# 官智经

明·徐阶

求迁：愚不逐上焉，智不厌下焉。贵荐得贵，贱谤得贱。官无至贤，官无至理也。用心于事者隐，用心于人者显，尊必见责，卑必见辱矣。

免谪：无过亦谪也，无计固害也。事由己为，罚由上决。恶堪加之，罪堪赦之，远结君子，近纳小人。善言善出，善念善行焉。

建功：以功为本，不智也；以庸为耻，非诈也。功为始，庸为终，运为辅，智为主。势孤无显，性懦无果。君子寻机，小人制机亦。

化难：无官不险也，无智不孰焉。言祸降忠，天谴予奸。诚有其哀，直有其惨也。天灾求己，人祸求人。莫测为心，莫言为忌矣。

释疑：上无信者，下无托者。不疑不强，不敬不立也。私勿害公，情莫悖义。智者念远，愚者顾近也。君子疑己，小人疑人焉。

远谤：智者谤智也，奸者谤奸也。无利则无谤，无果则无行。上不拒贵，下不疏贱。事可无成，心必人知。恶语或善，褒言或贬矣。

藏拙：人忌无优焉，官忌拙显焉。大拙不明，小拙不悟。难为不为，能为有让也。君子内忍，小人内凶。以优为拙，至明也；以拙为优，至愚也。

去患：民智憎患也，官智去患也。上患为上，下患为下。不与命斗，不与形逆。大利在安，小利在幸，人争弗争，人怨弗怨也。

注：徐阶总结的为官“八智”，对人们为官处事颇有助益，与徐阶同时代的张居正十分推崇，称其“道尽朝堂之秘，破尽宦海之机”。

## 左宗棠名言

◣ 与人共事，要学吃亏。

**【释义】**吃亏是福。终身让路，不枉百步；终身让畔，不失一段。即使你一辈子都在为别人让路，最终不过多走了一段路；有舍才有得，只顾眼前的利益而不愿吃亏，事业难以成功。

◣ 慎交友，勤耕读，笃根本，去浮华。

**【释义】**交友要谨慎，通过学习、实践提高自我能力，不要贪恋表面的华丽。

◣ 发上等愿，结中等缘，享下等福；择高处立，就平处坐，向宽处行。

**【释义】**胸怀远大的抱负，只求一般的缘分，然后过平淡的生活；看问题要高瞻远瞩，为人要低调平等，对待事情和人要留有余地。

◣ **能受天磨真铁汉，不遭人嫉是庸才。**

**【释义】**一个人要成长起来，必须经历艰难困苦的磨炼，才能成为真正的铁汉；一个优秀的人，既是众人仰慕的焦点，也是小人嫉妒的对象。应对嫉妒或攻击，首先自己要有强大的内心和实力，让众人对你心服口服。说话做事要谨言慎行。

# 家书

清·张英

千里修书只为墙，让他三尺又何妨。

万里长城今犹在，不见当年秦始皇。

**【释义】**清康熙年间，大学士张英收到家信，说家人为争三尺宽的宅基地与邻居发生纠纷，要他利用职权疏通关系打赢官司。张英闻信后写了这四句话。家人接回信后豁然开朗，主动让了三尺宅基地。邻居见了也深为感动，也主动让了三尺，最后这里成了六尺巷。安徽桐城的六尺巷今犹在。此化干戈为玉帛的实例告诉我们，人与人之间多一些理解、宽容、忍让，就会少一些误会、计较、纷争。不要苛求别人，要经常换位思考。

# 陆贽拒礼

唐代名相陆贽清正廉明、刚正不阿，不少官员埋怨他不近人情。唐德宗得知后劝陆贽说，“清慎太过，都绝诸道馈遗，却恐事情不通，如不能纳诸财物，至如鞭靴之类，受亦无妨者”。连皇帝都开口了，收一点鞭靴之类的小礼物无妨。谁知，陆贽却不领情，撰文进谏："贿道一开，展转滋甚。鞭靴不已，必及衣裘；衣裘不已，必及币帛；币帛不已，必及车舆；车舆不已，必及金璧。日见可欲，何能自窒于心。"

【**释义**】陆贽之言，今日思来，仍是警世良言。这番话的要义在于"涓流不止"，发展下去必然是"溪壑成灾"，体现了难能可贵的自律意识和醒悟能力。不虑于微，始成大患；不防于小，终亏大德。在小事小节上不在乎、不警惕，就容易在不知不觉中陷入困境，在温情脉脉中丧失斗志。唯有防微杜渐、寸步不让，方可拒腐防变、行稳致远。

## 唯有清风

明朝正统初期，太监王振专擅朝政，招权纳贿，大小官员争相献金求媚，腐败成风，而时任山西巡抚的于谦，每次进京奏事，从不带任何礼品。有人劝道："你不肯送金银财宝，难道不能带点土特产吗？"于谦淡然一笑，拍拍双袖，说出掷地有声的四个字："唯有清风。"于谦廉洁刚正、不事权贵的君子之风为千古赞颂。

## 禁止馈送檄

清·张伯行

一丝一粒，我之名节。一厘一毫，民之脂膏。宽一分，民受赐不止一分；取一文，我为人不值一文。谁云交际之常，廉耻实伤；倘非不义之财，此物何来？

【**释义**】无故收的一根丝、一粒米都关乎我的节操名誉，一根丝、一粒米都是老百姓的汗水心血；送礼不是什么交际常规，而是关乎毁誉廉耻的事；送的若是不义之财，那是怎样得来的呢？

张伯行为清朝大臣，为人清廉刚直，为杜绝送礼，将此文张贴于居所院门和巡抚衙门，从此送礼者敬而远之，无人敢来。

## 三习一弊疏（节选）

清·孙嘉淦

耳习以所闻，则喜谀而恶直；目习于所见，则喜柔而恶刚；心习于所是，则喜从而恶违；三习既成，乃生一弊：喜小人而厌君子是也。

**【释义】**此文是孙嘉淦给乾隆皇帝的一篇进疏。身居高位久了，容易养成耳习、目习、心习三个坏习惯。耳朵听惯了奉承话而讨厌逆耳之言，眼睛看惯了讨好行为而讨厌耿介之举，内心习惯了温顺服从而讨厌违抗拒绝。这三个习惯养成后，会导致一大弊端，就是喜欢小人而讨厌君子。

## 勿贪多

——摘自民国基础教材第三册第二十四课

瓶中有果。儿伸手入瓶，取之满握。拳不能出。手痛心急。大哭。母曰："汝勿贪多，则拳可出矣。"

**【释义】**此文虽仅34字，却蕴含着丰富的人生哲理，直到今天依然启人深思。贪念是生命痛苦的根源。贪多嚼不烂。《勿贪多》启发我们节制与取舍，从思考和判断上划定了贪婪的底线。面对花花世界、灯红酒绿、财富、权力，如没有一道底线制约自己，就会贪欲熏心，迷失自我。

# 泪酸血咸的警示

清代有个姓潘的山东人在江南某地当县官，他上任之初，其父撰书一联相送：

“泪酸血咸，悔不该手辣口甜，只道世间无苦海；金黄银白，但见了眼红心黑，哪知头上有青天。”

注：此联告诫儿子，做人应宽厚仁慈，廉洁自律，不可见利忘义，为非作歹，人间自有王法。否则等事情到了不可挽回时，才醒悟泪酸血咸、头有青天，悔之晚矣。

# 示儿

明·左英纶

丈夫遇权门须脚硬，在谏垣须口硬，入史局须手硬，拒贿赂脏钱须心硬，浸润之谮须耳硬。

**【释义】**大丈夫在权贵面前要堂堂正正，挺直腰杆，不可谄媚逢迎；任谏官要公正无私，敢于直言，不可吞吞吐吐；做史官要尊重历史，秉笔直书，不可人为粉饰；拒受贿赂赃款要心如铁石，旗帜鲜明，不可心生贪念；遇别人向自己进谗言要防止口蜜腹剑，不可轻信。

# 人生三不争

清·张之洞

一不与俗人争利；二不与文士争名；三不与无谓人争闲气。

天下艰巨之事，成效则始俟之于天，立志则操之在己民。志定力坚，自有成效可观。中学为体，西学为用，中学治身心，西学应世事。振兴教育，必先广储师范，师资不敷，学校何以兴盛。

注：张之洞是晚清洋务运动的代表人物，是当时政治界、思想界、经济界举足轻重的杰出人士，为中华民族重工业和近代军事工业的发展作出了开创性的贡献。他注重教育和治安，着力创办、扶持民族工业，修筑铁路等，他坚决维护国家利益，其家族以耿直、清廉为训，在百姓中口碑很好。

他作为地位显赫、成就巨大的封疆大吏，一生清正廉洁，艰苦朴素，从不索贿受贿。家中因人口多日子过得艰难，年关实在挺不过去就典当衣物。他去世后家中连办丧事的费用都拿不出来，靠亲朋门生筹集（如黄兴、董必武等）。临终给后人留下遗嘱："人总有一死，你们无须悲痛。我生平学术治术，所行者不过十之四五，所幸心术则大中至正，为官四十多年，勤奋做事，不谋私利，到死房不增一间、地不加一亩，可以无愧祖宗。"

# 三十六字诀

清·曾国藩

志：志不立，天下无可成之事；有志者，事竟成。

恒：锲而不舍，金石可镂；欲稍得成，从恒下手。

专：凡为一事，事皆贵专；以专而精，以纷而散。

熟：熟极生巧，妙无不熟；万事皆熟，熟则能强。

裕：海纳百川，有容乃大；心胸宽广，得道多助。

静：静能生明，怒以伤身；静以修身，宁静致远。

淡：人我之际，须看得平；功名之际，须看得淡。

暇：人生苦短，莫图便宜；事忙易错，且更从容。

松：文武之道，一张一弛；忙里偷闲，小处放松。

明：人贵自知，自知则明；偏信则暗，兼听则明。

实：实事求是，精益求精；差之毫厘，失之千里。

硬；刚正不阿，铁骨正之；迎难勇进，雄壮豪迈。

俭：俭以养德，贫而自强；物欲丧志，侈以败业。

重：心胸宽博，举止端庄；步履稳重，字墨刚劲。

廉：洁身自好，严于律己；节欲莫贪，克己复礼。

勤：刻苦求进，勤学善思；懒惰误己，勤奋兴财。

慎：三思而行，谨始慎终；深思熟虑，慎者受益。

忠：忠实处事，忠诚为人；忠孝持家，忠心敬人。

仁：仁术并用，以仁爱人；仁礼并施，稳聚人心。

诚：推心置腹，言而有信；精诚所至，始终如一。

敬：平易近人，不卑不亢；内外兼修，乐道人善。

恕：宁人负我，我勿负人；宽以待人，容人之短。

和：恶语难消，忍过事堪；和睦相处，万事谐通。

谦：谦虚谨慎，好学穷理；满则招损，谦者受益。

挺：艰难险苦，坚定意念；决不气馁，振作精神。

辣：激浊扬清，赏罚严明；恩威并重，治病救人。

变：洞察势情，识破天机；深识远略，出奇善变。

悔：遇有不测，自查反省；吸取教训，以利再战。

耐：人生六耐，缺一不可；临危应耐，耐以生存。

缓：事缓乃圆，好从慢得；从缓待变，应对自如。

滑：化危为夷，缓解矛盾；以滑化险，急中生智。

展：化大为小，一展了之；诱其松懈，自我发展。

浑：难得糊涂，愈致混淆；藏锋剑锐，戒骄装愚。

忍：修身养性，志存高远；忍气静心，平息愤争。

退：节制锋芒，谦和退避；激流勇退，养精蓄锐。

**圆：既讲原则，也讲艺术；举止留心，内方外圆。**

曾国藩，湖南省长沙湘乡县人。晚清重臣，湘军的创立者和统帅者。清朝军事家、理学家、政治家、书法家、文学家，晚清散文“湘乡派”创立人。官至两江总督、直隶总督、武英殿大学士，封一等毅勇侯。一生著述颇多，但以《曾国藩家书》流传最广，影响最大。他根据儒家“修身、齐家、治国、平天下”的哲学思想，提出“立人、立身、立言、立品、立功、立世”的修身做人的思想，颇有见地。史学家将曾国藩这些闪光的人生思想归纳为“曾国藩三十六字诀”。

# 人生六戒

清·曾国藩

**第一戒：久利之事勿为，众争之地勿往。**

物极必反，久利之事背后往往存在风险，万不可因贪欲而失去理智；盲目跟风的后果只会是一场空，众人皆争夺之物，必定会因人多而贬值。

**第二戒：勿以小恶弃人大美，勿以小怨忘人大恩。**

人贵有感恩之心、宽容之量。待人接物时要公正客观看待别人的优缺点；为人处世不能感情用事，不能因一点小恩怨与小误会就与旁人撕破脸皮。

**第三戒：说人之短乃护己之短，夸己之长乃忌人之长。**

背后诋毁他人、人前夸耀自己，容易引来怨恨和灾祸；静坐常思己过，闲谈莫论人非。清醒认识到自己的短处，学习别人的长处，取长补短才能进步。

**第四戒：利可共而不可独，谋可寡而不可众。**

好处大家一起分享，才会得民心，成长久；做大事要有主见，当机立断，众人皆议易干扰自己的心智，泄露机密。

**第五戒：天下古今之庸人，皆以一惰字致败；天下古今之才人，皆以一傲字致败。**

“万恶懒为首”。要干一番事业，首先要戒除懒惰，勤勉努力打拼。“骄傲使人落后”。有才华的人若想成事，必定要戒除狂傲自大，保持清醒理智。

**第六戒：凡办大事，以识为主，以才为辅；凡成大事，人谋居半，天意居半。**

做事不但需要才学，更需阅历和见识；干成事，半分人谋划，半分听天命；听天命之意为顺势而为，要遵循事物发展规律，有违道德之事万不可触碰。

## 不足歌

明·朱载育

终日奔波只为饥，方才一饱便思衣。
衣食两般皆俱足，又思娇娥美貌妻。
娶得美妻生下子，恨无田地少根基。
良田置的多广阔，出门又嫌少马骑。
槽头扣了骡和马，恐无官职被人欺。
七品县官还嫌小，又想朝中挂紫衣。
一品当朝为宰相，还想山河夺帝基。
心满意足为天子，又想长生不老期。
一旦求得长生药，再跟上帝论高低。
不足不足不知足，人生人生奈若何？
若要世人心满足，除非南柯一梦兮。

# 百忍歌

百忍歌，歌百忍。忍是大人之气量，忍是君子之根本；能忍夏不热，能忍冬不冷；能忍贫亦乐，能忍寿亦永；贵不忍则倾，富不忍则损；不忍小事变大事，不忍善事终成恨；父子不忍失慈孝，兄弟不忍失爱敬；朋友不忍失义气，夫妇不忍多争竞；刘伶败了名，只为酒不忍；陈灵灭了国，只为色不忍；石崇破了家，只为财不忍；项羽送了命，只为气不忍；如今犯罪人，都是不知忍；古来创业人，谁个不是忍。

百忍歌，歌百忍；仁者忍人所难忍，智者忍人所不忍。思前想后忍之方，装聋作哑忍之准；忍字可以走天下，忍字可以结邻近；忍得淡泊可养神，忍得饥寒可立品；忍得勤苦有余积，忍得荒淫无疾病；忍得骨肉存人伦，忍得口腹全物命；忍得语言免是非，忍得争斗消仇憾；忍得人骂不回口，他的恶口自安靖；忍得人打不回手，他的毒手自没劲；须知忍让真君子，莫说忍让是愚蠢；忍时人只笑痴呆，忍过人自知修省；就是人笑也要忍，莫听人言便不忍；世间愚人笑的忍，上天神明重的忍；我若不是固要忍，人家不是更要忍；事来之时最要忍，事过之后又要忍；人生不怕百个忍，人生只怕一不忍；不忍百福皆雪消，一忍万祸皆灰烬。

# 不气歌

清·阎敬铭

他人气我我不气，我本无心他来气。倘若生气中他计，气下病来无人替。请来医生将病治，反说气病治非易。气之为害太可惧，诚恐因气将命弃。我今尝过气中味，不气不气真不气。

# 好了歌

清·曹雪芹《红楼梦》

世人都晓神仙好，性有功名忘不了。古今将相在何方？荒冢一堆草没了。

世人都晓神仙好，只有金银忘不了。终朝只恨聚无多，及到多时眼闭了。

世人都晓神仙好，只有姣（娇）妻忘不了。君生日日说恩情，君死又随人去了。

世人都晓神仙好，只有儿孙忘不了。痴心父母古来多，孝顺儿孙谁见了？

# 昨日歌

明·文嘉

昨日兮昨日，昨日何其少。
昨日过去了，今日徒烦恼。
世人但知悔昨日，不觉今日又过了。
水去汩汩流，花落知多少。
成事立业在今日，莫待明朝悔今朝。

# 今日歌

明·文嘉

今日复今日，今日何其少！
今日又不为，此事何时了？
人生百年几今日，今日不为真可惜！
若言姑待明朝至，明朝又有明朝事。
为君聊赋《今日歌》，努力请从今日始。

# 明日歌

明·文嘉

明日复明日，明日何其多。
我生待明日，万事成蹉跎。

世人若被明日累，春去秋来老将至。
朝看水东流，暮看日西坠。
百年明日能几何？请君听我明日歌。

## 十穷吟

只因放荡不经营，渐渐穷。
钱财浪费手头松，容易穷。
朝朝睡到日头红，懒惰穷。
家有田地不务农，好逸穷。
结交豪官做亲翁，攀高穷。
好打官司逞英雄，斗气穷。
借债纳利装门风，充阔穷。
妻孥懒惰子飘蓬，命当穷。
子孙结交不良朋，损友穷。
好赌贪花捻酒盅，彻底穷。

## 十富谣

不辞辛苦走正路，理当富。
买卖公平多主顾，忠厚富。
听得鸡鸣离床铺，勤奋富。
手脚不停理家务，劳动富。

当防火盗管门户，谨慎富。
不去为非犯法度，守分富。
合家大小相帮助，同心富。
妻儿贤慧无欺妒，帮家富。
教训子孙立门户，传家富。
存心积德天加护，为善富。

## 醒世咏

明・憨山大师

红尘白浪两茫茫，忍辱柔和是妙方。
到处随缘延岁月，终身安分度时光。
休将自己心田昧，莫把他人过失扬。
谨慎应酬无懊恼，耐烦作事好商量。
从来硬弩弦先断，每见钢刀口易伤。
惹祸只因闲口舌，招愆多为狠心肠。
是非不必争人我，彼此何须论短长。
世事由来多缺陷，幻躯焉得不无常。
吃些亏来原无碍，退让三分也不妨。
春日才看杨柳绿，秋风又见菊花黄。
荣华终是三更梦，富贵还同九月霜。
老病死生谁替得，酸甜苦辣自承当。
人从巧计夸伶俐，天自从容定主张。
谗曲贪嗔堕地狱，公平正直即天堂。

麝因香重身先死，蚕为丝多命早亡。
一剂养神平胃散，两盅和气二陈汤。
生前枉费心千万，死后空留手一双。
悲欢离合朝朝闹，寿夭穷通日日忙。
休得争强来斗胜，百年浑是戏文场。
顷刻一声锣鼓歇，不知何处是家乡。

中华传世家训

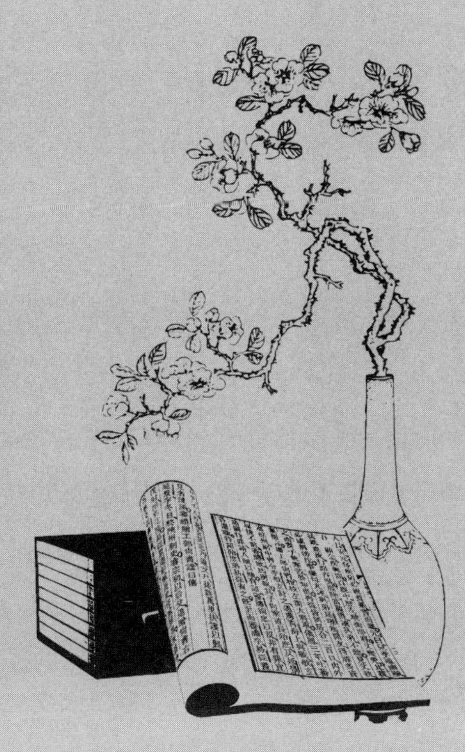

# 家训短语

◣ 亲戚不悦，不敢外交；近者不亲，不敢求远；小者不审，不敢言大。慎终如始。《诗》曰："靡不有初，鲜克有终。"

——摘自春秋·曾参《告子言》

**【释义】** 亲戚之间不和睦，何谈对外交往；身边的人如果不亲近，则不敢与其他人发展关系；小的问题都搞不明白，则不敢涉及大的问题。在事情快要完成的时候，还能像开始时那样努力、慎重。《诗经》中说：凡事莫不有开始，但很少能坚持到最后。

◣ 父子笃，兄弟睦，夫妇和，家之肥也。

——摘自《礼记》

**【释义】** 父子之间感情笃深、互相信任，兄弟之间同心同德、齐心协力，夫妻之间恩爱和美、相濡以沫，一家人，一条心，家业才能兴旺发达。

◣ 清夜内省，颇知自励。不敢丧心，不求满意，能甘淡泊，能忍闲气，九十年来于心无愧，可偕众而同欢，可含笑而长逝。

——摘自明·王象晋《辞世小言》

**【释义】** 夜深人静的时候反思生命真谛，能够深知自我勉励的重要性。不敢丧失本心，不求尽如人意，甘于淡泊，心态坦然，一生于心无愧，可与众人同乐，可含笑长眠。

◣ 自待与待人有异。处己不嫌其高，于人则不可自高。

——摘自陈汉章、陈昌垂《毓兰轩训语》

【释义】对待自己与对待别人是有区别的。对待自己，不嫌其标准高（严格要求）；对待别人，则不可以自以为是，高高凌驾于别人之上。

◣ 寄惟藩屏，勉思桥梓之道，善侔闲平之德，以义制事，以礼制心。

——摘自唐·李世民《诫吴王恪书》

【释义】我将捍卫国家的大任寄托在你身上，你应当努力地思考为臣子之道，谋求好修养自身的规范，正直地处理政务，以礼教化治理百姓。

◣ 奉先思孝，处下思恭；倾己勤劳，以行德义。

——摘自唐·李世民《帝范》

【释义】侍奉老人要懂得孝敬，身处下位要懂得恭顺；用尽全力勤恳劳作，以践行做人的道德大义。

◣ 积金以遗子孙，子孙未必能守；积书以遗子孙，子孙未必能读；不如积阴德于冥冥之中，以为子孙长久之计。

——摘自宋·司马光《家训》

【释义】给子孙留下家财万贯，他们未必能守得住；给子孙留下诗书典籍，他们未必能够阅览研读。与其这样，倒不如多行善事、广积阴德，这才是家族繁盛的关键。

◣ 恬淡安泊，无他妄念，此心多少快活？反是以求浓艳，趋炎附势，蝇营狗苟，心劳而日拙矣。孰与淡泊之能日休也？

——摘自明·姚舜牧《药言》

【释义】恬淡安闲，没有非分之想，心情多么快乐！相反，假如一味追求香浓美艳，趋炎附势，蝇营狗苟，则会因为心力劳瘁而一天天变得笨拙，哪里比得上淡泊宁静的人能够一天天变得德行美好呢？

◣ 夫言行可覆，信之至也；推美引过，德之至也；扬名显亲，孝之至也；兄弟怡怡，宗族欣欣，悌之至也；临财莫过乎让。此五者，立身之本。

——摘自西晋·王祥《训子孙遗令》

【**释义**】言行能一致，是诚信的极点；把美名推让给别人而自己承担过失，是德行的极点；传播好名声使亲人显赫，是孝道的极点；兄弟和乐，家族欢欣，是敬爱兄长的极点；在财物面前，没有比谦让更好的了。这五条，是立身的根本。

恭为德首，慎为行基，愿汝等言则忠信，行则笃敬，无口许人以财，无传不经之谈，无听毁誉之语。闻人之过，耳可得受，口不得宣，思而后动。

——摘自西晋·羊祜《诫子书》

【**释义**】恭敬是道德中首要的品质，谨慎是做人行事的根基。希望你们说话务必忠实诚信，行为坚定。不要嘴上答应给人钱财又不兑现，不传播荒谬无根据的话，不听信议论是非的话。听到别人的过失，可以听，但不可宣扬；事情要思考之后再去做。

勤学行，守基业，修闺庭，尚闲素。如此，足无忧患。

——摘自南朝·萧嶷《诫子》

【**释义**】勤奋学习并付诸行动，持守基业，治理家庭，崇尚朴素，如此这般，就没有什么可忧虑的了。

父子之严，不可以狎；骨肉之爱，不可以简。简则慈孝不接，狎则怠慢生焉。

——摘自南北朝·颜之推《颜氏家训》

【**释义**】父子之间要严肃，而不可以轻忽；骨肉之间要有爱，但不可以简慢。简慢了慈孝就做不好，轻忽了就会产生怠慢。

夜觉晓非，今悔昨失。

——摘自南北朝·颜之推《颜氏家训》

【**释义**】人早上出现过失，晚上就要醒悟；昨天做错了事情，今天则应悔改，以防明天再出现同样的过失。

◣ **传家处世皆宜俭，教子千方莫若勤。**

——摘自南北朝·颜之推《颜氏家训》

**【释义】**治家和处世，都要做到节俭。而教给子女的方法中，最重要的莫过于勤奋。

◣ **老夫平生屡经风波，惟能忍穷，故得免祸。**

——摘自宋·范仲淹《告诸子及弟侄》

**【释义】**我经历了很多大风大浪，能够忍受住利益的诱惑坚守简朴，所以才能够避开灾祸。

◣ **不自克责，反云张甲谤我，李乙怨我，我无是过，尔亦已矣。**

——摘自东汉·张奂《诫兄子书》

**【释义】**若不懂得自责，反而去说张某诽谤我，说李某怨恨我，说自身没有过错，如果是这样，你便无药可救了。

◣ **留侯、范蠡弃贵如遗，叔敖、萧何不宅美地。此皆知盛衰之分，识倚伏之机。**

——摘自三国·陆景《诫盈》

**【释义】**张良、范蠡，视富贵如粪土；孙叔敖、萧何，不建造豪华的房宅。他们都知道盛与衰的分别，能识别隐藏的征兆。

◣ **吾少受先君之教，能言之年，便召以典文。年九岁，便诲以《诗》《书》。然尚犹无乡人之称，无清异之名。**

——摘自西晋·羊祜《诫子书》

**【释义】**我在很小的时候便接受了先人的教育，到了能说话的年纪便被征召去管理书籍。到九岁便读《诗经》《尚书》，然而还没有得到乡里人的称誉，没有高洁不凡的声名。

◣ **立心以忠信不欺为主本，行己以端庄清静见操执，临事以明敏果断辨是非。**

——摘自民国·张謇《家诫》

【释义】忠信是为人处世的根本，为人端庄清净是做事的操守，遇到事情能够敏捷果断，明辨是非，这才是处理事情的高尚品质。

◣ 贤者能反，则无往而不善；不贤者不能自反，为人子则多怨，为人父则多暴。

——摘自南宋·袁采《袁氏世范》

【释义】贤达的人能够自我反省，这样做事情便会少有差错。不贤能的人不能够反省自我，这样身为儿女就有很多的怨恨，身为父母便多暴戾。

◣ 其道维何？约言之有四戒四宜：一戒晏起；二戒懒惰；三戒奢华；四戒骄傲。既守四戒，又要规以四宜：一宜勤读；二宜敬师；三宜爱众；四宜慎食。

——摘自《纪晓岚家书》

【释义】教育孩子应有哪些原则呢？简单地说有四戒四宜：一不准贪睡；二不准懒惰；三不准奢华浪费；四不准骄傲。既要遵守四戒，又要规劝四宜：一要勤奋用功，多读圣贤书；二要尊师重道，才能学有所成；三要博爱众人，心胸宽厚；四要节俭、规律饮食，不贪嘴。

◣ 论德则吾薄，说居则吾贫。勿以薄而志不壮，贫而行不高也。

——摘自东汉·司马徽《诫子书》

【释义】说到操守，我很浅薄。说到家庭，我很贫困。但是不要因为自己德行浅薄，志气就不雄壮，也不要因为家庭贫困，品德就不高尚。

◣ 早晚受业请益，随众例不得怠慢。

——摘自宋·朱熹《与长子受之》

【释义】日常学习读书，要多向老师请教；要和大家一样按照平时的惯例做事，不能有懈怠的情绪。

◣ 子弟朴纯者不足忧，唯聪慧者可忧耳。自古败亡之人，愚钝者十二三，才智者十七八。

——摘自清·张履祥《训子语》

**【释义】**子弟中纯朴者不必担忧，反而是聪明的要小心。自古以来的失败者，愚蠢之人只占十分之二三，而聪明才智者占到十分之七八。

◣ 智术仁术不可无，权谋术数不可有。

——摘自明·姚舜牧《药言》

**【释义】**智谋之术和正大光明之道不可以没有，权谋之术和术数不可以具有。

◣ 父母之于儿女，谁不怜爱？然亦不可过于娇养。若小儿过于娇养，不但饮食之失节，抑且不耐寒暑之相侵，即长大成人，非愚即痴。尝见王公大臣子弟中每有痴呆软弱者，皆其父母过于娇养之所致也。

——摘自清·爱新觉罗·玄烨《庭训格言》

**【释义】**父母对于自己的儿女，哪有不怜爱的。然而也不可以过分娇宠。若是溺爱孩子，不但饮食上没有节制，孩子也难以经受住严寒酷暑的侵袭。长大成人后，不是愚笨就是痴呆。我总觉得王公大臣的子弟中有痴呆软弱的，都是因为父母过于娇宠。

◣ 共舆而驰，同舟共济，舆倾舟覆，患实共之。

——摘自南朝·范晔《后汉书·朱晖传》

**【释义】**同乘一辆车行路，共乘一只舟行船，在车船倾覆时必须相互救济，因为只有共同面对并战胜祸患，大家才能共渡难关。

◣ 人或毁己，当退而求之于身。若己有可毁之行，则彼言当矣；若己无可毁之行，则彼言妄矣。当则无怨于彼，妄则无害于身。……止谤莫如自修。

——摘自魏·王昶《诫子侄书》

**【释义】**有人诋毁自己，应当从自己身上找原因。如果自己有做错的事情，那么别人的指责是合适的；如果自己没有做错的事，那么别人的指责是不实的。指责合适就不应怨恨别人，指责不实则对自己无妨。……避免别人毁谤没有比自己养成好习性更好的办法。

◣ 铭金人云："无多言，多言多败；无多事，多事多患。"至哉斯戒也！能走者夺其翼，善飞者减其指，有角者无上齿，丰后者无前足，盖天道不使物有兼焉也。古人云："多为少善，不如执一；鼫鼠五能，不成伎术。"

——摘自南北朝·颜之推《颜氏家训》

注：①铭金人即孔子在洛阳的太庙前看到一个铁铸的人，三缄其口，背后有铭文。

②鼫鼠有五能：能飞，但飞不过房屋；能爬，但爬不上树顶；能游，但游不过河谷；能打洞，但藏不住身体；能跑，但跑不过人。

◣ 君子居不欺乎暗屋，出不践乎邪径，外讷于言而内敏于行，然后身立而名著矣。

——摘自北宋·贾昌朝《诫子孙》

**【释义】**君子即使在别人不易见到的场合也不做亏心事，在外决不走邪路，语言迟钝但做事敏捷，然后才能立身扬名。

◣ 贫贱而不可无者，节也贞也；富贵而不可有者，意气之盈也。

——摘自明·方孝孺《家人箴》

**【释义】**无论贫穷富贵，气节与斗志是不能丢的。要想兴旺，家庭成员都要有斗志，对待生活要抱有积极的态度。

◣ 吾惟幼而失学无行，无师友之助，迨今中年，未有所成，尔辈当鉴吾既往，及时勉力，毋又自贻他日之悔，如吾今日也。

——摘自明·王阳明《王守仁家训》

**【释义】**我因幼年失学，未得到师友帮助，到今日不觉已中年了，没有建树，你们一定要以我的经历为借鉴，努力学习，不要将来再后悔，如我今天一样。

◣ 然惟痛惩深创，乃为善变。

——摘自明·王阳明《王守仁家训》

【**释义**】只有痛下决心改正自己的缺点错误，才能够不断提高。

◣ 纵人以巧诈来，我仍以浑含应之，以诚愚应之，久之，则人之意也消。

——摘自《曾国藩家书》

【**释义**】就算别人用投机取巧或奸诈计谋来算计我，我也仍用装糊涂的含蓄方法来应对。如此这般，看似诚实愚笨，时间久了，人家对你的提防戒备之心也就消除了。

◣ 富贵苟求终近祸，汝曹切勿坠家风。

——摘自宋・陆游《示子孙》

【**释义**】不要贪图富贵，要保持世代传承的陆氏家风。

◣ 凡人为子孙计，皆思创立基业。然不有至大至久者在乎？舍心地而田地，舍德产而房产，已失其本矣。

——摘自明・姚舜牧《药言》

【**释义**】一般人为了子孙考虑，都想着创立基业，但还没有长久存在的大基业。舍弃心田不打理却只管田地，舍弃品德不修却去修房产，这已经是舍本逐末了。

◣ 夫家所以齐者，父曰慈，子曰孝，兄曰友，弟曰恭，夫曰健，妇曰顺。

——摘自清・孙奇逢《孝友堂家训》

【**释义**】家庭能治理好，是父亲慈祥，儿子孝顺，兄长友善，弟弟恭敬，丈夫健康，妇女柔顺。

◣ 齐家本于修身。身也者，祖考之遗体而子孙之观型也，继往开来，担当世道，皆于是乎赖之。故必敬以持己，恕以及人，三畏儆心，四知接物，庶身端心诚，合族有所准则矣。

——摘自《陶氏家训》

【**释义**】管好家庭，必须以修身为根本。一个人的修养，体现了历代先祖留下的精神遗产，体现了昭示子孙的行为准则。继承传统，开拓未来，担负社会责任，都有赖于一个人的修养。因此，对自己必须要求严格，对待他人要仁爱宽恕，用“畏天命、畏大人、畏圣人之言”来警示自己，用“天知、神知、我知、你知”的原则来待人接物，这样才可以做到心地诚实、为人端正，使整个家族的行为都合乎规范。

◣ 立家之道，不可过刚，不可过柔，须适厥中。

——摘自《郑氏规范》

**【释义】**治理好一个家庭的办法，是处事不可过于强硬，也不可过于柔弱，须刚柔适当。

◣ 贫莫断书香，富莫入盐行；贱莫做奴役，贵莫贪贿脏。

——摘自清·纪晓岚临终遗训

**【释义】**即使家境贫困也不要让后代失学，不能放弃读书、放弃知识；即使富贵了也不能为所欲为，不做损人利己之事，特别是不能贪污受贿，要保持高尚的人格。

◣ 一言一动常思有益于人，惟恐有损于人。

——摘自清·张廷玉《澄怀园语》

**【释义】**每说一句话，每做一件事，都要想着要有益于人，就怕有损于人。

◣ 总要在社会上常常尽力，才不愧为我之爱儿。

——摘自《梁启超家书》

**【释义】**总要不断奋发努力，为国为民尽力做出贡献，才不愧为我亲爱的儿子。

◣ 富贵无常，尔小子勿忘贫贱；圣贤可学，我清门但读诗书。

——摘自清·蒋心余教子联

注：清代诗人蒋心余将这副对联挂在祖宗牌位两旁，要子孙永远记住，富贵无常，只有良好的家教、家风才是值得依赖的，“忠厚传家远，诗书继世长”。

◣ 咬完几句有用书，可充饮食；养成数竿新生竹，直似儿孙。

——摘自清·郑板桥教子联

【释义】上联谈读书要有选择性，要精读一些有用的好书；下联以培育新生竹比喻教育子孙，要做新竹那样蓬勃向上、虚心耿直的人。

◣ 子孙若如我，留钱做什么？贤而多财，则损其志；子孙不如我，留钱做什么？愚而多财，益增其过。

——摘自清·林则徐教子联

【释义】子孙如果像我一样卓异，那么我就没必要留钱给他，贤能却拥有过多钱财，会消磨他的斗志；子孙如果是平庸之辈，那么我也没必要留钱给他，愚钝却拥有过多钱财，会增加他的过失。

◣ 教妇初来，教儿婴孩。

——摘自南北朝·颜之推《颜氏家训·教子》

【释义】教媳妇要在初来时，教儿女要在婴孩时。指对一个人施加教育应及早。

◣ 父母威严而有慈，则子女畏慎而生孝矣。

——摘自南北朝·颜之推《颜氏家训·教子》

【释义】只要父母既威严又慈爱，子女自然敬畏谨慎而行孝了。

◣ 光阴可惜，譬如流水。

——摘自南北朝·颜之推《颜氏家训·勉学篇》

【释义】光阴似箭，应该珍惜，它像流水一样，一去不复返。

◣ 生民之本，要当稼穑而食，桑麻以衣。

——摘自南北朝·颜之推《颜氏家训·治家篇》

【释义】老百姓生活最根本的事情，是要播收庄稼而食，种植桑麻而衣。

◣ 滴自己的汗，吃自己的饭，自己的事情自己干，靠人靠天靠祖上，不算是好汉。

——摘自陶行知《自立歌》

◣ 创业难，守业亦难，明知物力维艰，事事莫争虚体面；居家易，治家不易，欲自我身作则，行行当立好楷模。

——摘自吴玉章教子联

# | 家训选编 |

## 周公诫子

成王封伯禽于鲁。周公诫之曰："往矣，子无以鲁国骄士。吾文王之子，武王之弟，成王之叔父也，又相天下，吾于天下亦不轻矣，然一沐三握发，一饭三吐哺，犹恐失天下之士。吾闻，德行宽裕，守之以恭者，荣；土地广大，守之以俭者，安；禄位尊盛，守之以卑者，贵；人众兵强，守之以畏者，胜；聪明睿智，守之以愚者，哲；博闻强记，守之以浅者，智。夫此六者，皆谦德也。夫贵为天子，富有四海，由此德也。不谦而失天下，亡其身者，桀、纣是也。可不慎欤？"

**【释义】**周公，姓姬名旦，采邑为周，故称周公，为周成王之叔。成王年少即位，周公为辅政王。周成王亲政后，将鲁地封给周公之子伯禽。周公告诫儿子伯禽："你不要因为受封于鲁国就怠慢、轻视人才。我是文王的儿子，武王的弟弟，成王的叔叔，又身兼辅佐天子的重任，我在天下的地位也不能算轻贱的了。可是，还是要一次沐发多次停下来，握着披散的头发接待宾客；吃一顿饭要多次停下来，唯恐因怠慢而失去人才。我听说，德行宽裕却恭敬待人，就会得到荣耀；土地广大却克勤克俭，就没有危险；禄位尊盛却谦卑自守，就能常保富贵；人众兵强却心怀敬畏，就能常胜不败；聪明睿智却总认为自己愚钝无知，就是明哲之士；博闻强记却自觉浅陋，那是真正的聪明。这六点都是谦虚谨慎的美德。即使贵为天子，之所以富有四海，也是因为遵循了这些品德。不知谦逊从而招致身死国灭，桀、纣就是这样的例子。你怎能不慎重呢?”

伯禽牢记父亲教诲，没过几年就把鲁国治理成民风淳朴、务本重农、崇教敬学的礼仪之邦。“周公吐哺，天下归心。”周公对儿子的谆谆教诲，成了传世家训。

## 孔子训子鲤（节选）

不学《诗》，无以言；不学《礼》，无以立。

**【释义】**孔子对儿子孔鲤说：“不学诗，在社会交往中就不会说话；不学礼，在社会上做人做事就无法立足。”

孔鲤听从父亲的教诲，认真学习诗文和礼。因为孔子是在庭院中对儿子说这两句话的，所以后来人们就将父亲教育儿子称为“过庭之训”。

## 孟母庭训

孟子之少也，既学而归，孟母方绩，问曰：“学何所至矣?”孟子曰：“自若也。”孟母以刀断其织。孟子惧而问其故。孟母曰：“子之废学，若我断斯织也。夫君子学以立名，问则广知，是以居则安宁，动则远害。今而废之，是不免于斯役，而无以离于祸患也。”孟子惧，旦夕勤学不息，师事子思，遂成天下之名儒。君子谓孟母知为人母之道矣。

**【释义】**孟子年少的时候从外面求学归来，他的母亲正在织布，见他回来便问道：“学习进展到什么程度了?”孟子漫不经心地回答：“随它到什么程度。”孟母就用剪刀把织好的布剪断。孟子见状害怕极了，问母亲：“为什么要发这样大的火？”孟母说：“你荒废学业，如同我剪断正在织的布一样。有德行的人总是通过学习来立身扬名，通过虚心求教来获得广博的知识。这样在家才会平安，出外才能避免祸害。你今天荒废了学业，就免不了做下等的劳役，而且难以避免祸患。”孟子听后吓了一跳，自此，从早到晚勤学不止，拜子思做老师，终于成了天下有名的大儒。有德行的人认为孟母懂得做母亲的法则。

孟子的母亲仉氏是战国时并州（今山西太原）仉村人，以教子有方著称。孟子三岁丧父，孟母克勤克俭，含辛茹苦，坚守志节，教养孟子长大成人，并成为后世儒家追慕向往的亚圣。人们熟知的“孟母三迁”意在强调环境对孩子成长的影响，表现出孟母在防微杜渐教育上的警觉和责任心，而“孟母庭训”则体现出她在教育子女上的严格要求和循循善诱。

## 司马谈命子迁

司马谈是汉武帝的太史令。在临死之时，他拉着儿子司马迁的手，边哭边嘱咐说：“余先周室之太史也。自上世尝显功名于虞夏，典天官事……，今汉兴，海内一统，明主贤君忠臣死义之士，余为太史而弗论载，废天下之史文，余甚惧焉，汝其念哉！”并认为：“且夫孝，始于事亲，中于事君，终于立身。扬名于后世以显父母，此孝之大者。”

司马谈希望自己死后，司马迁能继承他的事业，更不要忘记撰写史书，并认为这是“大孝”。他感到自孔子死后的四百多年间，诸侯兼并，史记断绝，当今海内一统，明主贤君、忠臣义士等的事迹，作为一名太史而不能尽到写作的职责，内心惶恐不安。所以他热切希望司马迁能完成他未竟的大业。司马迁不负父亲之命训，最终写出被誉为“史家之绝唱，无韵之《离骚》”的《史记》，名垂青史。

# 汉高祖刘邦遗训

西汉·刘邦

夫运筹帷幄之中，决胜千里之外，吾不如子房。镇国家，抚百姓，给馈饷，不绝粮道，吾不如萧何。连百万之众，战必胜，攻必取，吾不如韩信。此三者，皆人杰也，吾能用之，此吾所以取天下也！

# 汉光武帝刘秀遗训

东汉·刘秀

舍近谋远者，劳而无功；舍远谋近者，逸而有终。故曰：务广地者荒，务广德者强。有其有者安，贪人有者残。

# 蜀汉昭烈帝刘备遗训

勉之，勉之！勿以恶小而为之，勿以善小而不为！惟德惟善，可以服人！

# 百字铭

唐·李世民

欲寡精神爽，思多血气衰。
少饮不乱性，忍气让免伤财。
贵自勤中取，富从俭中来。
温柔终益己，强暴必招灾。
善处真君子，刁唆是祸胎。
暗中休使剑，乖里放些呆。
养性须修善，欺心莫吃斋。
衙门休出入，乡党重和谐。
安心身无辱，闲非口不开。
世人依此语，灾退福星来。

# 诫子书

西汉·东方朔

明者处事，莫尚于中，优哉游哉，与道相存。首阳为拙，柳惠为工。饱食安步，以仕代农。依隐玩世，诡时不逢。是故才尽者身危，好名者得华；有群者累生，孤贵者失和；遗余者不匮，自尽者无多。圣人之道，一龙一蛇。形见神藏，与物变化。随时之宜，无有常家。

**【释义】**明智的人，他的处世态度，没有比符合中庸之道更可贵的了。看来从容自在，就自然符合中庸之道。所以，像伯夷、叔齐这样的君子虽然清高，却显得固执，拙于处世；而柳下惠正直敬事，不论治世乱世都不改常态，是最高明巧妙的人。衣食饱足，安然自得，以做官治事代替隐退耕作。身在朝廷却能够做到心情恬淡知道谦让，过隐者般悠然的生活，虽不迎合时势，却也不会遭遇祸害。道理何在呢？锋芒毕露，会有危险；有好的名声，便能得到华彩。得到众望的，忙碌一生；自命清高的，失去人和。凡事留有余地的，不会匮乏；凡事穷尽的，立见衰竭。因此，圣人处世的道理，行、藏、动、静因时制宜，有时华彩四射，神明奥妙；有时缄默蛰伏，莫测高深。能随着万物、时机的变化，用合宜的处世之道，而不是固定不变，也绝不会拘泥不通。

# 严光九诫

东汉 · 严光

嗜欲者，溃腹之患也；货利者，丧身之仇也；嫉妒者，亡躯之害也；谗慝者，断胫之兵也；谤毁者，雷霆之报也；残酷者，绝世之殃也；陷害者，灭嗣之场也；博戏者，殚家之渐也；嗜酒者，穷馁之始也。

**【释义】**过多贪口腹的欲望，是腐坏肠肚的祸患；贪财好利，是丧身的仇敌；嫉妒之心，是亡命的大害；恶言恶意，是断颈的兵器；诽谤诋毁他人，会遭到雷电击毙的报应；残害酷虐，是自绝后嗣的祸殃；陷害他人，会断子绝孙；迷恋赌博，会使你逐渐倾家荡产；嗜酒无度，是穷困冻馁的开端。

# 诸葛亮诫子书

三国 · 诸葛亮

夫君子之行，静以修身，俭以养德。非淡泊无以明志，非宁静无以致远。夫学须静也，才须学也。非学无以广才，非志无以成学。淫慢则不能励精，险躁则不能治性。年与时驰，意与日去，遂成枯落，多不接世，悲守穷庐，将复何及！

**【释义】**有道德修养的人，依靠宁静来提高自身的修养，以节俭来培养自己的品德。不恬静寡欲无法明确志向，不排除外来干扰无法达成远大目标。学习必须静心专一，而才干来自学习。所以，不学习就无法增长才干，没有志向就无法使学习有所成就。放纵懒散就无法振奋精神，急躁冒进就不能陶冶性情。年华随时光而飞驰，意志随岁月而流逝，最终枯败零落，大多不接触世事、不为社会所用，只能悲哀地坐守那穷困的居舍，到时悔恨又怎么来得及？

## 诸葛亮诫外甥书（节选）

三国·诸葛亮

夫志当存高远，慕先贤，绝情欲，弃凝滞，使庶几之志，揭然有所存，恻然有所感。

**【释义】**一个人应该树立高尚远大的志向，敬仰有才德的前辈，杜绝个人情欲，遗弃停滞的思想，使得自己的志向显露出来，让别人感切深厚。

## 诸葛亮遗嘱

二三四年秋，诸葛亮在第六次北伐于五丈原途中，积劳成疾。临终前，参军杨仪从成都赶来，取出刘禅亲笔信与诸葛亮过目，而后说：“蜀帝问丞相，百年后，谁可继任？”诸葛亮几乎不假思索道：“吾百年后，蒋琬继之。”杨仪又问：“蒋琬之后，谁又可继？”诸葛亮道：“费祎。”杨仪再问：“费祎之后？”诸葛亮闭口不答。杨仪又问：“丞相还有什么交代？”过了一会儿，诸葛亮道：

"臣成都有桑八百棵，薄田十五顷，子弟衣食，自有余饶。至于臣在外任，别无调度，随身衣食，悉仰于官，不别治生，以长尺寸。若臣死之日，不使内有余帛，外有赢财，以负陛下。"诸葛亮之忠义，昭昭千古，后人读之无不为之感动涕零。

## 源贺家训

北魏·源贺

汝其毋傲吝，毋荒怠，毋奢越，毋嫉妒。疑思问，言思审，行思恭，服思度，遏恶扬善，亲贤远佞。目观必真，耳属必正。

注：源贺在北魏时期屡立战功，声名远扬。高宗即位后，班赐百僚，谓贺曰："朕大赉善人，卿其任意取之，勿谦退也。"贺辞，固使取之，贺唯取戎马一匹而已，可谓不贪心，严操守。源贺一辈子不居功、不贪位、不敛财，诚勤以为国，清约以行己，深受人们敬重，且惠及子孙后代。

## 韩愈家训

唐·韩愈

有人问我尘世事，摆手摇头说不知。须就近有道之士，早谢却无情之友。退一步自然优雅，让三分何等清闲。忍几句无忧自在，耐一时快乐神仙。贫莫愁兮富莫夸，哪见贫长富久家。宁可采深山之茶，莫去饮花街之酒。大丈夫成家容易，七君子立志不难。吃菜根淡中有味，守王法梦中不惊。

注：从此家训中可看出韩愈正直坦诚的个性，看出他对人生持一种因缘自适、随遇而安、达观的生活态度。这也是他要告诫后代的。

## 符读书城南（节选）

唐·韩愈

木之就规矩，在梓匠轮舆。
人之能为人，由腹有诗书。
诗书勤乃有，不勤腹空虚。
欲知学之力，贤愚同一初。
由其不能学，所入遂异闾。
两家各生子，提孩巧相如。
少长聚嬉戏，不殊同队鱼。
年至十二三，头角稍相疏。
二十渐乖张，清沟映污渠。
三十骨骼成，乃一龙一猪。

注：这首诗是作者写给在城南读书的儿子韩符的，指出读书的重要性和勤读之可贵。

## 颜真卿告诫子孙书

唐·颜真卿

政可守，不可不守。吾去岁中言事得罪，又不能逆道苟时，为千古罪人也。虽贬居远方，终身不耻。汝曹当须会吾之志，不可不守也。

【**释义**】我去年因敢于直言而得罪了权臣，又不能违心地违背道义去苟合时俗，做千古罪人。虽被贬谪到远方，却终身不以为耻。你们应理解我的志向，不可不恪守自己的职责。

颜真卿教导子孙，即使身处逆境也不能违背道义去苟合时俗；应以国事为重，不要向邪恶低头。体现了他刚正不阿、一心为国的高尚品质。

# 朱仁轨家训

唐·朱仁轨

终生让路，不枉百步；终身让畔，不失一段。

【**释义**】枉：徒然；畔：田界。一辈子给别人让路，多走的一百步不是徒然无用的；一辈子让别人的田界，也不会使自己的田界失掉一大段。此训告诫子弟，“让”是一种美德，可减少或避免人与人之间的矛盾。

# 韦世康家训

隋·韦世康

禄岂须多，防满则退。

年不待暮，有疾便辞。

【**释义**】做官的俸禄难道必须很多吗？要防止骄傲自满就必须能退让。不必等到晚年，有了疾病便可申请辞职，请求解除自己的职务。

此语告诫子弟，要懂得知足，适可而止，急流勇退，俸禄并不是越多越好，官也不是做得越长久越好。

# 朱熹家训

宋·朱熹

君之所贵者，仁也。臣之所贵者，忠也。父之所贵者，慈也。子之所贵者，孝也。兄之所贵者，友也。弟之所贵者，恭也。夫之所贵者，和也。妇之所贵者，柔也。

事师长贵乎礼也，交朋友贵乎信也。见老者，敬之；见幼者，爱之。有德者，年虽下于我，我必尊之；不肖者，年虽高于我，我必远之。

慎勿谈人之短，切莫矜己之长。仇者以义解之，怨者以直报之，随所遇而安之。人有小过，含容而忍之；人有大过，以理而谕之。勿以善小而不为，勿以恶小而为之。人有恶，则掩之；人有善，则扬之。

处世无私仇，治家无私法。勿损人而利己，勿妒贤而嫉能，勿称忿而报横逆，勿非礼而害物命。见不义之财勿取，遇合理之事则从。

诗书不可不读，礼义不可不知。子孙不可不教，童仆不可不恤。斯文不可不敬，患难不可不扶。

守我之分者，礼也；听我之命者，天也。人能如是，天必相之。此乃日用常行之道，若衣服之于身体，饮食之于口腹，不可一日无也，可不慎哉。

**【释义】**当国君所珍贵的是“仁”，爱护人民。为人臣所珍贵的是“忠”，忠君爱国。做父亲所珍贵的是“慈”，疼爱子女。做儿子所珍贵的是“孝”，孝顺父母。当兄长所珍贵的是“友”，爱护弟弟。当弟弟所珍贵的是“恭”，尊敬兄长。做丈夫所珍贵的是“和”，对妻子和睦。做妻子所珍贵的是“柔”，对丈夫温顺。侍奉师长要有礼貌，交朋友应当重视信用。遇见老人要尊敬，遇见小孩要爱护。有德行的人，即使年纪比我小，我也一定尊敬他。品行不端的人，即使年纪比我大，我也一定远离他。不要随便议论别人的缺点，切莫夸耀自己的长处。对有仇隙的人，用讲事实摆道理的办法来解除仇隙。对埋怨自己的人，用坦诚正直的态度来对待他。不论是顺意还是困难，都要平静安详，不动感情。别人有小过失，要谅解容忍。别人有大错误，要按道理劝导帮助他。不要因为是微小的好事就不去做，不要因为是微小的坏事就去做。别人做了坏事，应该帮助他改过，不要宣扬他的恶行。别人做了好事，应该多加表扬。待人办事没有私人仇怨，治理家务不要另立私法。不要做损人利己的事，不要妒忌贤才和有能力的人，不要声言愤愤对待蛮不讲理的人，不要违反正当事理而随便伤害人和动物的生命。不要接受不义的财物，遇到合理的事物要拥护。不可不勤读诗书，不可不懂得礼义。子孙一定要教育，童仆一定要怜恤。一定要尊敬有德行有学识的人，一定要扶助有困难的人。这些都是做人应该懂得的道理，每个人尽自己的本分才符合“礼”的标准。这样做也就能完成天地万物赋予我们的使命，顺乎“天命”的道理法则。

# 朱子家训

清·朱柏庐

**大凡敦厚忠信，能攻吾过者，益友也。其谄媚轻薄，傲慢亵狎，导人为恶者，损友也。推此求之，亦自合见得五七分。……见人嘉言善行，则敬慕而记录之。见人好文字胜己者，则借来熟看，或传录而咨问之，思与之齐而后已。不拘长短，惟善是取。**

**【释义】**大凡敦厚忠诚，能指出我的过错的人，是有益的朋友；而阿谀奉承轻薄，骄傲轻慢，引导人们做坏事的人，是有害的朋友。根据这一要求，自己也应该看到五到七分。……看到有人善言善行，那么尊敬仰慕而记录下来；看到有人文字胜过自己，就借来仔细看，有的传录，有的咨询，想着要做到他一样为止。不论长短，只要是善就学习汲取。

# 家范

宋·司马光

为人母者，不患不慈，患于知爱而不知教也，古人有言曰："慈母败子。"爱而不教，使沦于不肖，陷于大恶，入于刑辟，归于乱亡。非他人败之也，母败之也。自古及今，若是者多矣，不可悉数。

**【释义】**为人之母，不怕不慈祥，怕的是只知道疼爱子女而不懂得教育子女。古人说："慈母败子。"母亲溺爱子女却不教育子女，使子女沦为坏人，陷入恶迹劣行，最终受到惩罚，自取灭亡。毁他的并非他人，恰恰是做母亲的害了他。从古到今，这样的例子太多了，不可胜数。

# 司马光教子崇俭戒奢

北宋著名政治家司马光，在为其子司马康写的《训俭示康》一文中，一连举了历史上十二则正反事例教诲其子一定要崇俭戒奢。他还对鲁国大夫御孙所说的"俭，德之共也；侈，恶之大也"作了如下精辟的诠释："共，同也，言有德者皆由俭来也。"俭则寡欲，可不受外物的牵制，约束自己，节省用度，行正直之道。侈则多欲，贪慕富贵，多方营求，不走正道，必招致祸患，败家丧身。

司马光对"俭"与"侈"的阐释，给人以深刻的启示。对于"历览前贤国与家，成由勤俭败由奢"这一蕴含哲理的古训，我们应永远铭记在心。

# 训俭示康

宋·司马光

吾本寒家，世以清白相承。吾性不喜华靡，自为乳儿，长者加以金银华美之服，辄羞赧弃去之。二十忝科名，闻喜宴独不戴花。同年曰："君赐不可违也。"乃簪一花。平生衣取蔽寒，食取充腹；亦不敢服垢弊以矫俗干名，但顺吾性而已。

众人皆以奢靡为荣，吾心独以俭素为美。人皆嗤吾固陋，吾不以为病。应之曰："孔子称'与其不逊也宁固。'又曰'以约失之者鲜矣。'又曰'士志于道，而耻恶衣恶食者，未足与议也。'古人以俭为美德，今人乃以俭相诟病。嘻，异哉！"

近岁风俗尤为侈靡，走卒类士服，农夫蹑丝履。吾记天圣中，先公为群牧判官，客至未尝不置酒，或三行、五行，多不过七行。酒酤于市，果止于梨、栗、枣、柿之类；肴止于脯、醢、菜羹，器用瓷、漆。当时士大夫家皆然，人不相非也。会数而礼勤，物薄而情厚。近日士大夫家，酒非内法，果、肴非远方珍异，食非多品，器皿非满案，不敢会宾友，常量月营聚，然后敢发书。苟或不然，人争非之，以为鄙吝。故不随俗靡者，盖鲜矣。嗟乎！风俗颓弊如是，居位者虽不能禁，忍助之乎！

又闻昔李文靖公为相，治居第于封丘门内，厅事前仅容旋马，或言其太隘。公笑曰："居第当传子孙，此为宰相厅事诚隘，为太祝、奉礼厅事已宽矣。"参政鲁公为谏官，真宗遣使急召之，得于酒家，既入，问其所来，以实对。上曰："卿为清望官，奈何饮于酒肆？"对曰："臣家贫，客至无器皿、肴、果，故就酒家觞之。"上以无隐，益重之。张文节为相，自奉养如为河阳掌书记时，所亲或规之曰："公今受俸不少，而自奉若此。公虽自信清约，外人颇有公孙布被之讥。公宜少从众。”公叹曰：“吾今日之俸，虽举家锦衣玉食，何患不能？顾人之常情，由俭入奢易，由奢入俭难。吾今日之俸岂能常有？身岂能常存？一旦异于今日，家人习奢已久，不能顿俭，必致失所。岂若吾居位、去位、身存、身亡，常如一日乎？”呜呼！大贤之深谋远虑，岂庸人所及哉！

御孙曰：“俭，德之共也；侈，恶之大也。”共，同也；言有德者皆由俭来也。夫俭则寡欲，君子寡欲，则不役于物，可以直道而行；小人寡欲，则能谨身节用，远罪丰家。故曰：“俭，德之共也。”侈则多欲。君子多欲则贪慕富贵，枉道速祸；小人多欲则多求妄用，败家丧身；是以居官必贿，居乡必盗。故曰：“侈，恶之大也。”

昔正考父饘粥以糊口，孟僖子知其后必有达人。季文子相三君，妾不衣帛，马不食粟，君子以为忠。管仲镂簋朱纮，山节藻棁，孔子鄙其小器。公叔文子享卫灵公，史鰌知其及祸；及戌，果以富得罪出亡。何曾日食万钱，至孙以骄溢倾家。石崇以奢靡夸人，卒以此死东市。近世寇莱公豪侈冠一时，然以功业大，人莫之非，子孙习其家风，今多穷困。

其余以俭立名，以侈自败者多矣，不可遍数，聊举数人以训汝。汝非徒身当服行，当以训汝子孙，使知前辈之风俗云。

**【释义】**我本出身于贫寒家庭，代代继承着清白的家风。我生性不喜欢豪华奢侈，从婴儿时起，长辈把饰有金银的华美衣服加在我身上，我总是害羞地扔掉它。二十岁时忝列在进士的科名中，参加闻喜宴时，只有我不戴花，同年说：“花是君王赐戴的，不能不戴。”我才在帽檐上插上一枝花。我一向衣服只求抵御寒冷，食物只求饱肚子，也不敢故意穿肮脏破烂的衣服以违背世俗常情而求得名誉，只是顺着我的本性行事罢了。

许多人都把奢侈浪费看作光荣，我心里独把节俭朴素看作美德。别人都讥笑我固执，不通达，我不把这当作缺陷，回答他们说：“孔子说：‘与其骄傲，不如固执，不通达。’又说：‘因为俭约而犯过失的人是很少的。’又说：‘有志于探求真理，但却以吃得不好、穿得不好为羞耻的读书人，是不值得跟他谈论的。’古人把节俭作为美德，现在的人却因节俭而相讥议，嘻，真奇怪呀！”

近年风气尤为奢侈浪费，当差的大都穿士人的衣服，农夫穿丝织的鞋。我记得天圣年间我父亲做群牧司判官，客人来了未尝不摆设酒席，但斟酒有时三次，有时五次，最多不超过七次。酒是从市上买的，水果限于梨、栗子、枣、柿子之类，下酒菜限于干肉、肉酱、菜汤，食具用瓷器和漆器。当时士大夫人家都这样，没有人讥笑非议。那时聚会多而礼意殷勤，食物少而感情深厚。近来士大夫家酒如不是照宫内酿酒的方法酿造的，水果、下酒菜如不是远方的珍贵奇异之品，食物如不是多品种，食具如不是摆满桌子，就不敢设宴招待客人朋友。为了宴会要准备几个月才敢发请柬。若有人不这样做，就会遭到非议，认为其没有见过世面、舍不得花钱。因此，不跟着习俗顺风倒的人就少了。唉，风气败坏成这样，居高位有权势的人虽然不能禁止，难道能忍心助长这种恶劣风气吗？

又听说从前李文靖公做宰相时，在封丘门内修筑住宅，厅堂前面仅仅能让一匹马转个身。有人说它太狭窄，李宰相笑说：“住宅是要传给子孙的，这里作为宰相的厅堂确实是狭窄，但将来用作太祝、奉礼（其子孙）的厅堂就很宽敞了。”参政鲁公当谏官时，真宗派人紧急召见他，后在酒馆里找到他，鲁公入宫，真宗问他从哪里来，他如实地回答。皇上说：“你身为清望官，为什么在酒馆里喝酒？”他回答说：“小臣家里贫寒，客人来了没有食具、下酒菜、水果，所以就到酒馆请客人喝酒。”皇上认为他没有隐瞒，越发尊重他。张文节当宰相时，生活用度却还如同任河阳节度判官时一样，有亲近的人劝他说：“您现在领取的俸禄不少，可是生活却这样节俭，你坚持清廉节俭，但外人对你有讥评，说你如同公孙弘盖布被子那样矫情作伪，你应该稍稍随从众人的习惯做法才好。”张文节叹息说：“我今天的俸禄是不少，即使全家穿绸缎衣服吃珍贵的食品也不显不能？但是人之常情，由节俭进入奢侈是容易的，由奢侈进入节俭却困难了。我今天的高俸禄哪能长期享有呢？我的健康哪能长期保持呢？如果有一天我被罢官或病死了，家里的人习惯于奢侈生活已经很久而不能立刻节俭，一定会出现因为挥霍净尽而导致饥寒无依，何如我做大官或不做大官，活着或死亡，家中的生活标准都固定一样呢？”唉，有道德有才能的人的深谋远虑，哪里是凡庸的人所能比得上的呢！

御孙说："节俭是各种好品德的共有特点；奢侈是各种罪恶中的大罪。""共"就是"同"，是说有好品德的人都是由节俭而来的。因为节俭就少贪欲。有地位的人如果少贪欲，就不为外物所役使，不受外物的牵制，可以走正直的道路。没有地位的人如少贪欲，就能约束自己，节约用度，避免犯罪，丰裕家室。所以，节俭是各种好品德的共有特点。如果奢侈就会多贪欲。有地位的人如多贪欲，就会贪图富贵，不走正路，最后招致祸患；没有地位的人如多贪欲，就会多方营求，随意浪费，最后败家丧身。因此，做官的如奢侈就必然贪赃受贿，乡间百姓如果奢侈就必然盗窃他人财物。所以，奢侈是各种罪恶中的大罪。

古时候正考父用稀粥维持生活，孟僖子因而推知他的后代必定有显达的人。季文子前后曾辅佐三位国君，但他的小妻不穿丝绸，马不喂小米，有名望的人认为他忠于公室。管仲使用刻有花纹的食具、红色的帽带，住宅上边刻着山岳的斗拱，梁上、柱子画着水藻，生活奢华，孔子看不起他，批评他见识不高。公叔文子在家里宴请卫灵公，史蝤知道他将有灾祸。果然，公叔文子去世后到其儿子公孙戌时，因为富裕招罪，出国逃亡。何曾一天吃喝要花一万个铜钱，到其孙就因傲慢奢侈而家人死光。石崇以奢侈浪费来向人夸耀，终于因此而死在刑场上。近年寇莱公的豪华奢侈，在当代人中堪称第一，因为他功业大，所以人们不批评他，但他的子孙习染他的家风致现在多数穷困。其他因为节俭而立下好名声，因为奢侈而自招失败的事例还有很多，不一一列举。姑且举几个人的时例来教诲你。你不但自身应履行节俭，还应当以此教诲你的子孙，使他们了解前辈的生活作风。

# 包拯家训

宋·包拯

后世子孙仕宦，有犯赃滥者，不得放归本家；亡殁之后，不得葬于大茔之中。不从吾志，非吾子孙。

仰珙刊石，竖于堂屋东壁，以诏后世。

【**释义**】包拯告诫后世子孙，当官不得贪赃枉法，否则开除族籍，不准再回包家，死后也不得入葬包氏祖坟；不遵家训，不从吾志，就不承认其为包氏子孙。这在封建时代，是十分严厉的家法。包拯嘱咐其子包珙，把《家训》刻石，竖立在堂屋东壁，警诫后人。《包拯家训》一是字少，只有三十七字；二是包拯手书家训，字如其人，颇为罕见；三是言简意赅，振聋发聩，掷地有声。他是宋代的大清官，清廉公正，刚正不阿，妇孺皆知。《包拯家训》可谓字字珠玑，传家至宝。今天我们重温《包拯家训》，其凛然正气、清廉之风，仿佛仍在耳旁回响，深为警示。

# 范仲淹家训百字铭

宋·范仲淹

孝道当竭力，忠勇表丹诚；兄弟互相助，慈悲无过境。
勤读圣贤书，尊师如重亲；礼义勿疏狂，逊让敦睦邻。
敬长与怀幼，怜恤孤寡贫；谦恭尚廉洁，绝戒骄傲情。
字纸莫乱废，须报五谷恩；作事循天理，博爱惜生灵。
处世行八德，修身率祖神；儿孙坚心守，成家种善根。

**【释义】**一是在孝道和忠勇上要竭尽全力；二是兄弟间要互助互爱，具有仁慈之心；三是勤读圣贤书，尊师如重亲；四是做人要有礼有节，与邻里要和睦相处；五是尊长、怀幼，对孤寡和穷人要多加体恤；六是为人要谦恭，戒骄戒躁；七是要节约字纸，“须报五谷恩”的“五谷”指稻、黍、稷、麦、豆等粮食，要求子孙爱惜；八是做事要遵循天理，爱护生灵；九是“处世行八德”，“八德”指礼、义、廉、耻、孝、悌、忠、信；十是要求儿孙坚守以上九条，成为范家的好子弟。

注：范仲淹是中国历史上“文能提笔安天下，武能上马定乾坤”的极少数人之一。在朝堂，他是范文正公；在文坛，他是文坛巨匠；他戍边（西北），有独镇一疆的魄力。这篇家训写尽了他毕生智慧，使范氏家族兴盛了八百多年，至今不衰，今人读来仍获益良多。

# 黄庭坚家训书

北宋·黄庭坚

庭坚丫角读书，及有知识，迄今四十年。时态历观，曾见润屋封君，巨姓豪右，衣冠世族，金珠满堂。不数年间复过之，特见废田不耕，空囤不给。又数年复见之，有缧系于公庭者，有荷担而倦于行路者。问之曰：君家昔时蕃衍盛大，何贫贱如是之速也？有应于予者曰：嗟呼！吾高祖起自忧勤，唯噍类数口，叔兄慈惠，弟侄恭顺。为人子者告其母曰：无以小财为争，无以小事为仇，使我兄叔之和也。为人夫者告其妻曰：无以猜忌为心，无以有无为怀，使我弟侄之和也。于是共邑而食，共堂而燕，共库而泉，共禀而粟。寒而衣，其被同也；出而游，其车同也。下奉以义，上奉以仁。众母如一母，众儿如一儿。无你我之辩，无多寡之嫌，无思贪之欲，无横费之财。仓箱共目而敛之，金帛共力而收之，故官私皆治，富贵两崇。迨其子孙蕃息，妯娌众多，内言多忌，人我意殊，礼义消衰，诗书罕闻，人面狼心，星分瓜剖。处私室则包羞自食，遇识者则强曰同宗。父无诤子而陷于不义，夫无贤妇而陷于不仁。所志者小而所失者大。庭坚闻而泣之曰：家之不齐遂至如是之甚也，可志此而为吾族之鉴。因之常语以劝焉。吾子其听否？

昔先贤以子弟喻芝兰玉树生于庭者，欲其质之美也。又谓之龙驹鸿鹄者，欲其才之俊也。质既美矣，光耀我族。才既俊矣，荣显我家。岂有偷生安而忘家族之庇乎？汉有兄弟焉，将别也，庭木为之枯。将合也，庭木为之荣。则人心之所合也，神灵之所佑也。晋有叔侄焉，无间者为南阮之富，好忌者为北阮之贫。则人意之所和者，阴阳之所赞也。大唐之间，义族尤盛，张氏九世同居，至天子访焉，赐帛以为庆。高氏七世不分，朝庭嘉之，以族闾为表。虽然皆古人之陈迹而已，吾子不可谓今世无其人。鄂之咸宁有陈子高者，有肥田五千亩，其兄田止一千，子高爱其兄之贤，愿合户而同之。人曰：以五千膏腴就贫兄，不亦卑乎？子高曰：吾一房尔，何用五千？人生饱暖之外，骨肉交欢而已。其后，兄子登第，仕至太中大夫，举家受荫，人始曰：子高心地洁，而预知兄弟之荣也。然此亦为人之所易为者。吾子欲知其难为者，愿悉以告：昔邓攸遭危厄之时，负其子侄而逃之，度不两全，则托子于人而抱其侄也。李充贫困之际，昆季无资，其妻求异，遂弃其妻，曰：无伤我同胞之恩。人遭贫遇害尚能如此，况处富盛乎？然此予闻见之远矣。又当以告耳目之尤近者：吾族居双井四世矣，未闻公家之追负，私用之不给。帛粟盈储，金朱继荣，大抵礼义之所积，无分异之费也。而其后妇言是听，人心不坚，无胜已之交，信小人之党，骨肉不顾，酒孜是从，乃至苟营自私，偷取目前之安逸，资纵口体，而忘远大之计。居湖坊者不二世而绝，居东阳者不二世而贫。

吾子力道问学，执书策以见古人之遗训，观时利害，无待老夫之言矣，夫古人之气概风范，岂止仿佛耶？愿以吾言敷而告之，吾族敦睦当自吾子起。若夫子孙荣昌，世继无穷，吾言岂小补哉！因志之曰《家训》。

# 安乐铭

宋·苏洵

入则孝顺父母，出则和睦乡邻。长上有问必答，在座定要抬身。不可虚言戏谑，不可斜侧骄矜。莫呼长上表号，开口就要尊称。饮食先让长者，行路当随后行。

# 教子十章（节选）

宋·家颐

◣ 人生至乐，无如读书；至要，无如教子。

【释义】人生最快乐的事，没有比得上读书的；人生最要紧的事，没有比得上教育子女的。

◣ 父子之间不可溺于小慈，自小律之以威，绳之以礼，则长无不肖之悔。

【释义】父子之间不可过分细致关爱，从小就要用威严约束他，用礼仪纠正他，这样他长大以后就不会有品行不好的悔恨。

◣ 教子有五：导其性，广其志，养其才，教其气，攻其病。废一不可。

【释义】教子有五个要领：引导他的性情，开阔他的志向，培养他的才能，鼓励他的志气，克服他的弊病。这五个方面缺一不可。

◣ 养子弟如养芝兰，既积学以培植之，又积善以滋润之。

【释义】培养子弟如培植芝兰香草一样，用累积起来的学问培植他，用累积起来的经验润泽他。

注：此训就父母如何教子奋发成人、成才作了阐述，很有启迪意义。

# 家诫（节选）

南宋·江端友

夜卧不眠，常须息心定志，勿妄筹画无益之事。及起邪思，当审观此身暂聚不久，既死之后，急急敛藏，盖其败坏，不可堪见，方此之时，谁为我者？如此思之，用意劳神，凿空妄作名利之心，皆可灰灭。以之涉世，遇患鲜矣。

# 太傅公家训

唐·章仔钧

传家两字，曰耕与读；兴家两字，曰俭与勤；安家两字，曰让与忍；防家两字，曰盗与奸；败家两字，曰嫖与赌；亡家两字，曰暴与凶；格言具在，朝夕诵思。

休存猜忌之心，休听离间之语，休作生忿之事，休专公共之利，吃紧在尽本求实，切要在潜消未形。

# 题弟侄书堂

唐·杜荀鹤

何事居穷道不穷，乱时还与静时同。
家山虽在干戈地，弟侄常修礼乐风。
窗竹影摇书案上，野泉声入砚池中。

少年辛苦终身事，莫向光阴惰寸功。

注：诗人要求弟侄爱惜宝贵光阴，抓紧时间读书，打好人生坚实基础。

## 示秬秸

宋·张耒

城头月落霜如雪，楼头五更声欲绝。
捧盘出户歌一声，市楼东西人未行。
北风吹衣射我饼，不忧衣单忧饼冷。
业无高卑志当坚，男儿有求安得闲。

注：张耒的邻居是卖烧饼的，他深为卖饼人的勤劳、艰辛所打动，教育儿子要学习卖饼人不畏艰辛的品质，不论干哪一行，只要立志不懈奋斗，终究会成功的。

## 训子

宋·詹初

呼尔群儿，示尔儿知。
俭则本立，学则智资。
时逐勿逐，古圣是规。
守道安贫，我所慕思。
竞势趋豪，我心实悲。
毋谓放巧，毋谓谨痴。
毋谓恶小，乃以自欺。

毋谓善小，弃而不为。
为善去恶，奋志乘时。
少壮不力，老大何追。
尔父虽昧，所言则宜。
永以为训，无为我遗。

注：诗人所说皆为做人的道理，殷殷之情跃然纸上。

## 杂诗示儿（节选）

清·庄德芬

范相未遇时，帐中盈烟迹。
贵盛相门儿，贫贱无家客。
青云与泥涂，勤苦同一辙。
志学抱坚心，岂为境所易。

注：诗人以名人范仲淹等借光读书、帐中勤学的故事，教导儿子抱定决心勤学苦读，立志上进，不为客观环境所阻。

## 题《寒窗课子图》

北宋·寇准之母

孤灯课读苦含辛，望尔修身为万民。
勤俭家风慈母训，他年富贵莫忘贫。

注：寇准早年丧父，全靠母亲织布度日。母患重病临终前将她亲手画的一幅画交给刘妈说：“寇准日后做官如有错处，就将此画给他！”寇准

做了宰相后为庆贺生日，准备既请两台戏班又宴请群僚，刘妈将寇母的《寒窗课子图》交给寇准。画上写的这首诗是母亲的遗训，寇准再三拜读，泪如泉涌，即撤筵停戏，后专心国事，成为宋朝名相。

## 教子孙读书（节选）

宋・郑侠

是经学道者，要先安其身。
坐欲安如山，行若畏动尘。
目不妄动视，口不妄谈论。
俨然望而畏，暴慢不得亲。
淡然虚而一，志虑则不分。
眼见口即诵，耳识潜自闻。
神焉默省记，如口味甘珍。
一遍胜十遍，不令人艰辛。

注：诗人提出读书一要耐心坐得住；二要聚精会神；三要眼到，不东张西望；四要口诵，加深印象；五要耳闻，细心听自己诵读；六要动脑思考，然后熟记。

## 诲学说

宋・欧阳修

玉不琢，不成器；人不学，不知道。然玉之为物，有不变之常德，虽不琢以为器，而犹不害为玉也。人之性，因物则迁，不学，则舍君子而为小人，可不念哉？

注：欧阳修为北宋政治家、文学家，“唐宋八大家”之一。欧阳修四岁丧父，母亲对其教育严格，常用古人刻苦读书的故事来启发他。因此，他在家训中希望儿子也能养成读书的习惯，并从中学会做人的道理。他在教导二儿子欧阳奕努力学习时写下《诲学说》。他告诫后代：人都要经过雕琢磨砺才能有所作为，人易受外部环境的影响，若不能时刻磨炼自己，不断提升学识修养与品德，就会舍君子而为小人了。

## 诫子书（节选）

宋·欧阳修

藏精于晦者则明，养神于静则安。晦，所以蓄用；静，所以应动。善蓄者不竭，善应者无穷。

**【释义】**隐藏自己的才华不显露，是聪明的做法，在静默中涵养自己的精神就会安定。韬光养晦的目的是储备积蓄以备来日之用，平日的静默才能为应时而动做准备。善于储备积蓄的人，来日才能用之不竭，平日静默的人应时而动，才能涌至无穷。

## 洗儿戏作

宋·苏轼

人皆养子望聪明，我被聪明误一生。
惟愿孩儿愚且鲁，无灾无难到公卿。

**【释义】**所有人养孩子，都希望其很聪明，但我一生却因为聪明反被聪明误。只希望自己的孩子稍显愚蠢和鲁钝，平平安安到公卿就好了。诗中用

“望”字写出了人们对孩子的殷切期待，用“误”字总结了自己一生的遭遇，用三个转折——一转折：世人望子聪明，我却望子愚蠢；二转折：人聪明就该一生顺利，我却因聪明误了一生；三转折：愚鲁的人该无所作为，却能“无灾无难到公卿”——抒发了自己的心绪。

## 冬夜读书示子聿

宋·陆游

古人学问无遗力，少壮工夫老始成。

纸上得来终觉浅，绝知此事要躬行。

**【释义】**古人在学习上不遗余力，年轻时下功夫，到老年才有所成就。从书本上得来的知识毕竟不够完善，要透彻地认识事物还必须亲自实践。此教子诗指出做学问要有持之以恒的精神，既有书本知识又有实践经历的人才能成就一番事业。

## 示儿

宋·陆游

死去元知万事空，但悲不见九州同。

王师北定中原日，家祭无忘告乃翁。

**【释义】**原本知道死去之后就什么都没有了，只是感伤没有见到国家统一。当大宋军队收复中原失地的那一天到来，你们举行家祭时不要忘了告诉我。

《示儿》是陆游临终前对儿子的遗嘱，其所蕴含的强烈爱国情感，真切动人。

# 放翁家训

宋·陆游

世之贪夫，溪壑无厌，固不足责。至若常人之情，见他人服玩，不能不动，亦是一病。大抵人情慕其所无，厌其所有。但念此物若我有之，竟亦何用？使人歆艳，于我何补？如是思之，贪求自息。若夫天性澹然，或学已到者，固无待此也。

**【释义】**世上贪婪的人的欲壑是永远填不满的，这不足为怪。有些人看到别人的华美服饰和珍奇物品就动心，也是一种毛病。人都是羡慕自己没有的东西而厌烦自己已有的东西。认真想一想，我若有了此物品有何用处？别人羡慕对我有何益处？真这样想，贪婪之心就消失了。至于那些天性淡泊或者饱学之士，就用不着这样了。

# 诫子弟言

范忠宣公戒子弟曰：人虽至愚，责人则明；虽有聪明，恕己则昏。苟能以责人之心责己，恕己之心恕人，不患不到圣贤地位。

——摘自《宋史·范纯仁传》

**【释义】**范纯仁告诫子弟说：哪怕是再愚蠢的人，对别人提出批评和要求时却很在行；哪怕是再精明的人，宽恕自己的过错时却显得很糊涂。你们只要经常以要求别人的心思来要求自己，以宽恕自己的心思来宽恕别人，就不用担心达不到圣贤的境界。

# 示宪儿

明·王阳明

幼儿曹，听教诲。勤读书，要孝悌。学谦恭，循礼仪。节饮食，戒游戏。毋说谎，毋贪利。毋任情，毋斗气。毋责人，但自治。能下人，是有志。能容人，是大器。凡做人，在心地。心地好，是良士。心地恶，是凶类。譬树果，心是蒂。蒂若坏，果必坠。吾教汝，全在是。汝谛听，勿轻弃。

**【释义】**孩子们啊，要听从教诲：要勤奋地读书，还要孝顺父母；要学习谦恭待人，一切按照礼仪行事；节俭饮食，少玩游戏；不要说谎，不要贪心利益；不要任情耍性，不要与人斗气；不要责备别人，只要管住自己；能够放低自己的身份，这是有志的表现；能够容纳别人，这才是有大的度量。凡是做人，主要在于心地的好坏；心地好，才是善良之人；心地恶劣，是凶狠之人。譬如树上结的果子，中心是它的蒂；如果蒂先败坏了，果子必然会坠落。我现在教给你们的，全部在这里了。你们应该好好听从，千万不要轻易放弃。

# 杨忠愍公遗笔

明·杨继盛

与人相处之道，第一要谦下诚实，同干事则勿避劳苦，同饮食则勿贪甘美，同行走则勿择好路，同睡寝则勿占床席。宁让人，勿使人让我；宁容人，勿使人容我；宁吃人亏，勿使人吃我亏；宁受人气，勿使人受我气。人有恩于我，则终身不忘；人有怨于我，则实时丢过。见人之善，则对人称扬不已；闻人之过，则绝口不对人言。人有向你说，某人感你之恩，则云“他有恩于我，我无恩于他”，则感恩者闻之，其感益深。有人向你说，某人恼你谤你，则云“他与我平日最相好，岂有恼我谤我之理”，则恼我谤我者闻之，其怨即解。人之胜似你，则敬重之，不可有傲忌之心；人之不如你，则谦待之，不可有轻贱之意。又与人相交，久而益密，则行之邦家，可无怨矣。

## 训子语（节选）

清·张履祥

贤者必刚直，不肖者必柔佞；贤者必平正，不肖者必偏僻；贤者必虚公，不肖者必私执；贤者必谦恭，不肖者必骄慢；贤者必敬慎，不肖者必恣肆；贤者必让，不肖者必争；贤者必坦诚，不肖者必险诈；贤者必特立，不肖者必附和；贤者必持重，不肖者必轻捷；贤者必乐成，不肖者必喜败；贤者必韬晦，不肖者必表暴；贤者必宽厚慈良，不肖者必苛刻残忍；贤者必从容有常，不肖者必急猝更变；贤者必见其远大，不肖者必见其近小；贤者必厚其所亲，不肖者必薄其所亲；贤者必行浮于言，不肖者必言过其实；贤者必后己先人，不肖者必先己后人；贤者必见善如不及，乐道人善，不肖者必妒贤嫉能，好称人恶；贤者必不虐无告，不畏强御，不肖者必柔则茹之，刚则吐之。若此等类，正如白黑冰炭，昭然不同，举之不尽，总不外公私义利而已。世谓知人之明不可学，予谓虽不能学，实则不可不学也。……朋友之交皆以义合，故曰：“友也者，友其德也。”

# 福建龙岩客家家训

振作那有闲时，少时壮时老年时，时时需努力；成名原非易事，家事国事天下事，事事要关心。

【**释义**】要振作精神，从少年到老年，每时每刻都要为远大的志向奋发努力；建功立业是不容易的事，必须毕生振作努力，时时刻刻关心身边的、周围的、天下的事。简而言之，就是要从小立志，努力成才，胸怀天下。

# 高氏家训

明·高攀龙

吾人生于天地之间，只思量做得一个人，是第一义，余事都没要紧。做好人，眼前觉得不便宜，总算来是大便宜。做不好人，眼前觉得便宜，总算来是大不便宜。千古以来，成败昭然，如何迷人尚不觉悟？真是可哀！吾为子孙发此真切诚恳之语，不可草草看过。

吾以孝悌为本，以忠信为主，以廉洁为先，以诚实为要。临事让人一步，自有余地；临财放宽一分，自有余味。善须是积，今日积，明日积，积小便大。一念之差，一言之差，一事之差，有因而丧身亡家者，岂不可畏也！

# 孝友堂家训

清·孙奇逢

言语忌说尽，聪明忌露尽，好事忌占尽。不独奇福难享，造物恶盈，即此三事不留余，人便侧目矣。……

昔郭进建第成，坐诸匠于子弟右，曰："此造屋者。"指子弟曰："此是卖屋者。"识者谓为名言。今人为卑官，则恨不享大位，及位高而颠蹶倾危，回想卑官而受清宁之福，天上矣。布衣粝食，妻子相保，则恨不富贵；一旦祸患及身，骨肉离散，回想布衣粝食，妻子相保时，天上矣。人聪明强健，则恨欲不称心；一朝疾病淹缠，呻吟痛苦，回想聪明强健时，天上矣。古今来，无人不患此病，若能先见一步，早退一步，必也明哲之士。

# 治家格言

清·朱柏庐

黎明即起，洒扫庭除，要内外整洁，既昏便息，关锁门户，必亲自检点。一粥一饭，当思来处不易；半丝半缕，恒念物力维艰。宜未雨而绸缪，毋临渴而掘井。自奉必须俭约，宴客切勿流连。

器具质而洁，瓦缶胜金玉；饮食约而精，园蔬逾珍馐。勿营华屋，勿谋良田。三姑六婆，实淫盗之媒；婢美妾娇，非闺房之福。奴仆勿用俊美，妻妾切忌艳妆。

祖宗虽远，祭祀不可不诚；子孙虽愚，经书不可不读。居身务其质朴，训子要有义方。勿贪意外之财，勿饮过量之酒。

与肩挑贸易，毋占便宜；见贫苦亲邻，须加温恤。刻薄成家，理无久享；伦常乖舛，立见消亡。兄弟叔侄，须分多润寡；长幼内外，宜法肃辞严。

听妇言，乖骨肉，岂是丈夫？重资财，薄父母，不成人子。嫁女择佳婿，毋索重聘；娶媳求淑女，勿计厚奁。见富贵而生谄容者，最可耻；见贫穷而作骄态者，贱莫甚。

居家戒争讼，讼则终凶；处世戒多言，言多必失。勿恃势力而凌逼孤寡，毋贪口腹而恣杀生禽。乖僻自是，悔误必多；颓惰自甘，家道难成。

狎昵恶少，久必受其累；屈志老成，急则可相依。轻听发言，安知非人之谮诉？当忍耐三思；因事相争，安知非我之不是？须平心暗想。

施惠无念，受恩莫忘。凡事当留余地，得意不宜再往。人有喜庆，不可生妒忌心；人有祸患，不可生喜幸心。善欲人见，不是真善；恶恐人知，便是大恶。见色而起淫心，报在妻女；匿怨而用暗箭，祸延子孙。

家门和顺，虽饔飧不继，亦有余欢；国课早完，即囊橐无余，自得至乐。读书志在圣贤，非徒科第；为官心存君国，岂计身家。守分安命，顺时听天；为人若此，庶乎近焉。

## 曾文正公家训（节选）

清·曾国藩

凡人多望子孙为大官，余不愿为大官，但愿为读书明理之君子。勤俭自持，习劳习苦，可以处乐，可以处约，此君子也。……

余服官二十年，不敢稍染官宦气习，饮食起居尚守寒素家风。极俭也可，略丰也可，太丰则吾不敢也。凡仕宦之家，由俭入奢易，由奢返俭难。尔年尚幼，切不可贪爱奢华，不可惯习懒惰。

无论大家小家，士农工商，勤苦俭约，未有不兴；骄奢倦怠，未有不败。

**【释义】**人们都盼望子孙能够做大官，我不希望你们做大官，只希望你们成为能读书、明白事理的君子。能够做到勤劳俭朴、自我克制，能够承受劳累和辛苦，能够适应舒适的环境，也能够适应俭朴的环境，这就可以算是君子了。

我做官二十年，不敢稍微沾染一丁点官场上的不良习气，平时饮食生活崇尚恪守清寒朴素的家风，非常俭朴也行，稍微丰盛一点也行，但特别丰盛我就不敢承受了。官宦人家，家风由俭朴变得豪奢是很容易的，但由豪奢退回俭朴就很难了。你年纪还小，千万不可以贪恋爱慕奢侈豪华的东西，不可以养成懒惰的习惯。

不论是大家族还是小门小户的人家，不论士农工商哪个阶层，只要能坚守勤劳艰苦、俭省朴素的家风，没有不兴旺发达的，而那些骄奢淫逸、懒惰懈怠的人家，没有不败落的。

尔心境明白，于恕字或易著功，敬字则宜勉强行之。此立德之基，不可不谨。

**【释义】**心境光明，在恕字上或许容易有所成就，对于敬字则应该勉励施行。这是树立道德的基础，不能不谨慎。

说到做人的道理，圣贤说过许多的话，大概都不超出敬、恕这两个字的意蕴。《论语》“仲弓问仁”一章，说敬、恕的道理最为切近明白。除此之外，“立则见其参于前也，在舆则见其倚于衡也”，“君子无众寡，无大小，无敢慢”，斯为“泰而不骄”；“正其衣冠，俨然人望而畏”，斯为“威而不猛”。

昔吾祖星冈公最讲求治家之法，第一起早，第二打扫洁净，第三诚修祭扫，第四善待亲族邻里。凡亲族邻里来家，无不恭敬

**款接，有急必周济之，有讼必排解之，有喜必庆贺之，有疾必问，有丧必用。此四事之外，于读书种菜等事，尤为刻刻留心。**

**【释义】**从前我祖星冈公最讲求治家的方法，第一是早起，第二是打扫洁净，第三是诚心祭扫，第四是善待亲戚邻居。所有亲戚邻居来家里，都要恭敬接待，有急事要接济他，有诉讼要帮他排解，有喜事一定要庆贺，有病一定要问候，有丧事一定要去。除此四件事以外，读书、种菜等事，尤其要刻刻留心。

## 曾国藩遗嘱

**余通籍三十余年，官至极品，而学业一无所成，德行一无可许，老人徒伤，不胜悚惶惭赧。今将永别，特立四条以教汝兄弟。**

**一曰慎独则心安，二曰主敬则身强，三曰求仁则人悦，四曰习劳则神钦。**

**此四条为余数十年人世之得，汝兄弟记之行之，并传之于子子孙孙。则余曾家可长盛不衰，代有人才。**

**【释义】**慎独则心安。“慎独”就是自律，指在无人监督的情况下也能够遵守道德规范和法律规定，做到言行一致，时刻严格要求自己。

主敬则身强。“主敬”是一种自觉的状态，对人对事做到恭敬谨慎，不怨天不尤人，减少了这些负面情绪，就会身体健康。

求仁则人悦。“仁”是儒家价值观中最重要的一项品质，他认为讲究仁爱就能使人心悦诚服，在历史的岁月中，因为暴政失势的皇帝比比皆是，而那些仁义之士，身边都会有一大批忠心的人。行事从不阻碍他人利益，遇见困难能和大家一起面对，这样关爱人的人，一定能让人心悦诚服地聚集在他身边。

习劳则神钦。“习”在此指学习，“劳”在此指勤奋。学习努力，辛勤工作的人，就连神明都会对他感到钦佩。

# 十无益格言

清·林则徐

存心不善，风水无益；
不孝父母，奉神无益；
兄弟不和，交友无益；
行止不端，读书无益；
作事乖张，聪明无益；
心高气傲，博学无益；
时运不济，妄求无益；
妄取人财，布施无益；
不惜元气，医药无益；
淫恶肆欲，阴骘无益。

# 郑板桥家书教子

“余五十二岁始得一子，岂有不爱之理！然爱之必以其道，虽嬉戏玩耍，务令忠厚悱恻，毋为刻急也。”这是郑板桥给堂弟郑墨的家信中讲的爱子之道。郑板桥因在外地，将孩子交给堂弟郑墨养育管束，信中说，我老年得子，当然十分爱他，但教育孩子要把德育放在第一位，强调忠厚老实，即使嬉戏玩耍，也要心地善良，富有同情心。

“我不在家，儿便是由你管束，要须长其忠厚之情，驱其残忍之性，不得以犹子而姑纵惜也。”郑板桥认为，对孩子溺爱骄纵，会使孩子变成骄横霸道、贪婪冷酷的人，与其说是爱子，毋宁说是害子。

“夫读书中举中进士做官，此是小事，第一要明理作个好人。”在当时的封建社会有这样的认识，是很难能可贵的。当时的社会风气普遍认为读书人要“中举、中进士”，光耀门庭，妻贵子显。而郑板桥却说“此是小事”，强调要“作个好人”，宁肯像自己那样得罪豪绅，弃官卖画，也不可当贪官。他主张，自己的儿子和仆人的儿女应平等对待，说：“家人儿女，总是天地间一般人，当一般爱惜，不可使吾儿凌虐别人。凡鱼飧果饼，宜均分散给，大家欢喜跳跃。若吾儿坐食好物，令家人子远立而望，不得一沾唇齿；其父母见而怜之，无可如何，呼之使去，岂非割心剜肉乎！”

郑板桥七十三岁时病危，他把儿子叫到床前，说想吃儿子亲手做的馒头。儿子将馒头做好送到父亲床前，父亲早已断气。案头上有张信笺，上面写着父亲的遗言：“淌自己的汗，吃自己的饭，自己的事情自己干。靠天，靠地，靠祖宗，不算是好汉。”

## 再示知让（节选）

清·蒋士铨

莫贫于无学，莫孤于无友。
莫苦于无识，莫贱于无守。
无学如病瘵，枯竭岂能久。
无友如堕井，陷溺孰援手？
无识如盲人，举趾辄有咎。
无守如市倡，舆皂皆可诱。

学以腴其身，友以益其寿。

识以坦其心，守以慎其耦。

时命不可知，四者我宜有。

注：诗人从正反两方面强调了学问、交友、见识、操守对人一生的重要性，要求儿子努力学习知识，结识贤朋良友，增长人生见识，培养优良品德，奋发有所作为。

# 贺氏家训（节选）

山西省文水县北辛店村贺家

吾贺氏，乃望族，好家风，要继承。
孝父母，爱子孙，友兄弟，睦乡邻。
明尊卑，别长幼，习礼仪，倡和谐。
要勤劳，勿懒惰，要节俭，勿浪费。
重科学，破迷信，禁赌毒，远恶习。
重教育，兴国家，勤耕读，扬家声。
知荣辱，求上进，讲文明，守法纪。
为民者，要本分，为官者，要爱民。
为商者，要诚信，为富者，要济贫。
为家族，争光彩，为后代，做典范。
为社会，做好事，为祖国，做贡献。
此家训，要牢记，严遵守，代代传。
祖训遗言切莫忘，朝夕需荐祖炉香。
各脉儿孙居各郡，日久他乡即故乡。
不问亲疏同宗祖，互帮互让定长久。

富贵不能欺贫贱，无流难保水流长。

个个儿孙须牢记，枝枝叶叶定蕃昌。

爱国家。国家者，家族之积也。俗云：“身修而后家齐，家齐而后国活。”此惯理也。又曰：“有国方有家，爱家必爱国。”故爱国之道多矣！诸如保护国家尊严，遵章纳税，争做贡献，视国旗、闻国歌肃然起敬，等等，均属爱国行为，望我族人务必养成爱国之心态。

孝父母。孝顺父母，人之天性，亦为人子之道。忤逆者，天理不许，国法难容。侍奉老人，当养其口体，尤养其心志。兄则友弟则恭。天伦之乐，其乐无穷。

端志趣。个人志趣应以振兴民族、振兴国家为中心。相信族人既能适应环境，又可征服自然。奋发图强，努力向上，勿卑贱，毋苟且。

抓教育。儿童是祖国的花朵，家族的未来，民族的希望。亲人教育，必须从小抓起。治穷必先治愚，家族的兴旺在于教育。希我族重视，他族仿效。族族如斯，则家兴国盛矣！

重科学。未来世界必为科学主宰。脑力劳动，体力操作，耕种粮田，栽培果木，改进手工业，发展养殖；走科技兴农、科学致富的道路。

崇忠信。受人之托，必忠人之事；不面有谄容，不退有后言；权贵不惧，老实不欺；一言之诺，重于九鼎。

尚侠义。救危扶困，见义勇为。牺牲自己，在所不惜；支持他人，全力以赴。若人人如此，则社会纯正，国家稳定，人民幸福，共享升平盛世之乐。

敬贤良。对乡贤族老及有功于社会之人，应致敬仰赞颂之忱。人皆有老，难得者“贤”，必须尊之，敬之。

习礼仪。礼仪为我族所创，不可废弃，明尊卑、别长幼，尤为重要。因此，相见相别，婚丧喜庆，定当言之以礼，行之有貌，毕恭毕敬，仪式隆重、庄严。

倡简朴。言词避猥琐，行事避迂拘，应酬不奢侈，服饰不纷华。

拜节俭。勤俭为立家之本，两者缺一不可。无勤，难以广家业；不俭，失之于积累。为此，凡事得讲究节约，不铺张，不浪费，爱惜器物，衣着朴素，家有剩余，心中不慌。此常理也。

务严肃。仪容端庄，精神振作；言出不苟，行不戏谑；循规蹈矩，谨言而慎行。

求果断。遇事不拖，即知即行。今日事今日毕。不迟疑，不犹豫，力求认真与果断。

守法纪。国家法纪，乃维护人民合法权益不受侵犯。王子犯法与庶民同罪。凡我族众须学法，懂法，养成遵纪守法的良好习惯。

睦族邻。不鲁莽，不躁妄，不以大欺小，不恃强凌弱，敦邻睦族，相处诚挚，与人无争，与物无争。

广仁爱。同情之心，人皆有之。希我族众泛爱博容，仁民爱物，恤孤怜贫，救急济人，遇丧知哀，见灾知助。

慎交友。交益友，远小人。俗云："近朱者赤，近墨者黑。"赤者，如良师益友，不以权谋私，不损人利己。

树公德。不妨害公共秩序，不损污公共器物；热心公益事，不望求回报；不损人利己，乐施仁善。

求宽厚。己所不欲，勿施于人。严以律己，宽以待人。不斤斤计较，不耿耿于怀。事事处处为他人着想。

戒烟赌。烟内含毒质，有害健康。赌博费时、损财、耗神，实为凶杀、堕落之阶，盗窃、倾家之媒。

注：贺氏家训，历五代、宋、元、明、清、民国而至今，虽时过境迁，改朝换代，内容有所增删，但其精华始终不变，对其家族振兴，族人奋发向上，养成高尚的情操和良好的行为，有着十分重要的作用。

# 山西灵石王家家训

清乾隆十八年（1753）创建王家大院五堡之一“和义堡”时，王氏十六世祖王廷璋借用北宋张思叔的《座右铭》立下家训：

“凡语必忠信，凡行必笃敬。饮食必慎节，字画必楷正。容貌必端正，衣冠必肃整。步履必安详，居处必正静。做事必谋始，出言必顾行。常德必固持，然诺必重应。见善如己出，见恶如己病。凡此十四者，我皆未深省。书此当坐隅，朝夕视为警。”

注：以上家训为王氏族人处世立身的依据，影响极为深远。王家以农兴商、以信取利、以义助民、以忠报国，做事先做人，发达后惠及桑梓、兼济四方，其发家史上书写着诚信之德、仁义之举、守规之事。该家族历经八代而长盛不衰，其世代恒守的礼仪规矩是重要纽带。

# 钱氏家训

——摘自《剡西长乐钱氏宗谱》

## 个人篇

心术不可得罪于天地，言行皆当无愧于圣贤。曾子之三省勿忘，程子之四箴宜佩。持躬不可不谨严，临财不可不廉介。处事不可不决断，存心不可不宽厚。尽前行者地步窄，向后看者眼界宽。花繁柳密处拨得开，方见手段；风狂雨骤时立得定，才是脚跟。能改过则天地不怒，能安分则鬼神无权。读经传则根柢深，看史鉴则议论伟。能文章则称述多，蓄道德则福报厚。

家庭篇

欲造优美之家庭，须立良好之规则。内外六闾整洁，尊卑次序谨严。父母伯叔孝敬欢愉，妯娌弟兄和睦友爱。祖宗虽远，祭祀宜诚；子孙虽愚，诗书须读。娶媳求淑女，勿计妆奁；嫁女择佳婿，勿慕富贵。家富提携宗族，置义塾与公田；岁饥赈济亲朋，筹仁浆与义粟。勤俭为本，自必丰亨；忠厚传家，乃能长久。

社会篇

信交朋友，惠普乡邻。恤寡矜孤，敬老怀幼。救灾周急，排难解纷。修桥路以利人行，造河船以济众渡。兴启蒙之义塾，设积谷之社仓。私见尽要铲除，公益概行提倡。不见利而起谋，不见才而生嫉。小人固当远，断不可显为仇敌；君子固当亲，亦不可曲为附和。

国家篇

执法如山，守身如玉，爱民如子，去蠹如仇。严以驭役，宽以恤民。官肯著意一分，民受十分之惠。上能吃苦一点，民沾万点之恩。利在一身勿谋也，利在天下者必谋之；利在一时固谋也，利在万世者更谋之。大智兴邦，不过集众思；大愚误国，只为好自用。聪明睿智，守之以愚；功被天下，守之以让；勇力振世，守之以怯；富有四海，守之以谦。庙堂之上，以养正气为先；海宇之内，以养元气为本。务本节用则国富，进贤使能则国强。兴学育才则国盛，交邻有道则国安。

注：吴越钱氏，代代人才辈出，巨擘云集，被公认为“千年名门望族，两浙第一世家”。其先祖钱镠为杭州临安人，五代十国时吴越国的创建者。到了近现代，钱氏一族更是孕育了“一诺奖、二外交家、三科学家、四国学大师、十八院士”，钱学森被誉为“中国导弹之父”。

# 山东琅琊王氏六字家训

山东琅琊王氏家族从东汉至明清一千七百多年间，跨越诸多劫难，经受住各种考验，培养出了三十六位皇后、三十六位驸马，三十五位宰相，成为中国历史上最为显赫的家族，被称为“中华第一望族”。王氏家训仅六字：“言宜慢，心宜善。”

“言宜慢”，就是说话要经过认真思虑再出口，遇事要谨慎、稳重、冷静；其次说话防“躁”，语调要舒缓，这样听的人才会感到受尊重、亲切、舒服而易被接受。

“心宜善”，心善的人，乐于助人，救人危难。这样大家都愿意与他交往，更愿帮助他。人行善积德做好事，就会受到大家的尊敬和爱戴，心境自然快乐。

“言宜慢，心宜善”，这六个字看似简单平淡，却蕴含着深刻的道理，即仁爱之心，进退之道。人年轻时就该“言宜慢”，这样才能遇事深思熟虑少犯错误，从而保护自己谋求发展；而人到壮年，心智成熟，实力雄厚，这时就应“心宜善”，这样才能少树对手，泱泱有长者风范，受人尊崇。

# 诫儿铭

黄炎培

理必求真，事必求是；言必守信，行必踏实；事闲勿荒，事繁勿慌；有言必信，无欲则刚；和若春风，肃若秋霜；取象于钱，外圆内方。